Eduard Wildschrey

Die erdgeschichtliche Vergangenheit des Niederrheins

und weitere Schriften zur Geologie des Duisburger Raumes

Eduard Wildschrey

Die erdgeschichtliche Vergangenheit des Niederrheins

und weitere Schriften zur Geologie des Duisburger Raumes

herausgegeben von

Michael Voith

Bibliografische Information der Deutschen Nationalbibliothek:
Die Deutsche Nationalbibliothek verzeichnet diese Publikation in der Deutschen Nationalbibliografie; detaillierte bibliografische Daten sind im Internet über http://dnb.dnb.de abrufbar.

Titelbild: Ausschnitt aus der geologischen Karte von Preußen, Blatt 4506 Duisburg, Stand 1927, hrsg. 1930. Quelle Geologischer Dienst NRW, Krefeld.

Herstellung und Verlag: BoD – Books on Demand, Norderstedt

ISBN: 9783753471860

Inhalt

Vorwort

Die in Wildschreys Veröffentlichungen beschriebenen Geländebegehungen und Exkursionen vermitteln trotz ihrer sprachlichen Zeitgebundenheit auch noch dem heutigen Leser ein anschauliches Bild von der Duisburger und niederrheinischen Landschaft und ihrer geologischen Entstehung.
Die hier zusammengestellten Texte von Eduard Wildschrey sind überwiegend Zeitungsbeiträgen bzw. kleineren Veröffentlichungen der zwanziger Jahre des letzten Jahrhunderts entnommen. Auf dem damaligen Stand der Geologie basierend richteten sie sich vornehmlich an interessierte Laien. Sprachliche, methodische und didaktische Mittel waren auf einen breiteren Leserkreis gerichtet.
Die in den Schriften zum Ausdruck kommende Begeisterung Wildschreys für die landschaftsgestaltenden Phänomene unserer niederrheinischen Heimat kann auch bei den heutigen Lesern ihr Interesse für geologische und geomorphologische Prozesse wecken - vielleicht auch über die vorliegende Textsammlung hinaus auf jüngere Darstellungen.
Den fortdauernden Wandel der Landschaft beschrieb Wildschrey gerne mit dem „Panta rhei" („alles fließt") der griechischen Philosophen. Seine Texte vermitteln zudem einen Einblick in den damaligen Stand der geologischen Wissenschaft.
Die niederrheinische Landschaft und ihre geologischen Erscheinungen aufmerksam zu betrachten und sich an ihnen zu erfreuen, dazu forderte Wildschrey seine Leser immer wieder auf: *„Unsere Heimat kann sich den interessantesten Gegenden Deutschlands an die Seite stellen. Wir sollten sie nur mit offeneren Augen betrachten. Wir sollten uns mehr der Natur hingeben."*[a]

---

[a] Die hier abgedruckten Texte sind in ihrem Aufbau und Gliederung den Originalvorlagen entsprechend wiedergegeben. Lediglich die Rechtschreibung ist grundsätzlich den heutigen Regelungen angepasst worden. Soweit die Originaltexte Abbildungen enthielten, sind diese hier ebenfalls aufgenommen. Die Veröffentlichungen sind in chronologischer Reihenfolge ihres Erscheinens aufgeführt.

1. Sedanwiese und Versunkenes Kloster

Aus: Rhein-Ruhr-Zeitung vom 11.08.1919.

Die Wanderungen im Rahmen des vom Duisburger Ortsausschuss für Jugendpflege veranstalteten Wanderführerkursus haben, wie bereits mehrfach erwähnt wurde, u.a. die Ausbreitung und Pflege der Heimatkunde zum Ziel. In welcher Art dabei vorgegangen wird, lassen die nachstehenden Ausführungen erkennen, die dem einschlägigen Stoffgebiet entnommen sind:

Nicht immer hat es auf der Erdoberfläche so ausgesehen wie heute. Es gab einmal eine Zeit, da dehnte sich das Mittelmeer über Deutschland bis nach England hinaus. Allerdings ist dies schon viele, viele Millionen von Jahren her. Und umgekehrt: dort, wo sich heute das Meer erstreckt, wie im Atlantischen Ozean, da bestanden früher große Kontinente. Heute erheben sich im Süden Europas die Alpen; vor – geologisch gesprochen – gar nicht so langer Zeit – da blaute dort der Ozean. Auch hier – im Herzen von Europa, wo heute kein Mensch etwas Derartiges suchen würde, gab es früher einmal ein riesiges Gebirge – weit größer, wie die Alpen – vielleicht so groß wie der Himalaya.

Hier am Niederrhein befinden wir uns ungefähr an der Nordgrenze dieses vorsintflutlichen Alpengebirges – dort etwa, wo es in sanften Wellen in die Ebene überleitete. Wo ist es geblieben? – In Schutt und Asche ist es zerfallen. Ein beständiges Werden und Vergehen ist die Erdgeschichte. Hier gibt es tatsächlich nichts Beständigeres als den Wechsel. Alles gerät in Fluss. Gewaltige Gebirge türmen sich auf – riesengroß, wie für die Ewigkeit geschaffen. Aber ein noch stärkerer Riese kam und berührte sie mit seinem Zauberstabe. Und sie sanken dahin in den Staub. Und wer war dieser Riese? – Der Wassertropfen. –

Das rinnende Wasser ist der geschworene Feind aller Erhebungen. Man muss nur sehen, welche Mengen Schutt und Gerölle die Wildbäche der Alpen tagtäglich in die Flüsse, die Flüsse hinaus ins Meer schleppen – um einen Begriff zu bekommen, welche geologische Großmacht das Wasser darstellt.

Aber um das zu erkennen brauchen wir nicht einmal eine Schweizer Reise zu unternehmen. Schon hier in Duisburg kann man einen Blick in die Werkstätte der Natur – Dezernat für Geologie, Unter-Abteilung Tiefbauamt, tun. Gehen wir durch die Koloniestraße hin, aus zum Steinbruch – da hinter der Unterführung der Rheinischen Bahn rechts von der Steinbruchstraße, sehen wir in einem Abstand von einigen hundert Metern den Bahndamm, der von der Wedau nach Hochfeld leitet. Vor dem Kriege hat man an seinem Hang Sand aufgeschüttet, man wollte ihn offenbar verbreitern. Die Arbeit ist aber, wie so vieles, liegen geblieben. Umso energischer hat sich das Wasser seiner angenommen. Mächtige Gräben und Rinnen hat es hineingesägt, sie sind schon bis zum alten Damm vorgedrungen; der ganze Schutt liegt unten am Fuße des Dammes. Man möchte fast versucht sein auszurechnen, wie lange es noch dauern wird, bis dass das Wasser den ganzen Damm niedergelegt hat. Oder vielmehr haben würde, wenn die Eisenbahnverwaltung sich seiner nicht annähme.

Ähnliche Beobachtungen kann man da unten in der Ruhrau (obere Au), nordöstlich vom Schnabenhuck machen, zwischen der Köln-Mindener und der Bergisch-Märkischen Strecke. Man muss vom Schnabenhuck aus bei der Großhoffschen Ziegelei die Unterführung des Bergisch-Märkischen Bahndamms passieren. Wenn man dann den Weg weiter nach rechts verfolgt, so sieht man nach vielleicht hundert Metern, unmittelbar vor den neuen unvollendeten Betonbauten, rechts vom Wege direkt am Bahndamm, eine kleine Schütte von grauem Ton. Sie mag vielleicht ein Meter hoch sein. Als ich vor 1 ½ Jahren hier in Urlaub war, hatte der Regen in die Abhänge kleine Furchen hineingenagt. An manchen Stellen hatten diese schon die Oberfläche der Schütte erreicht und sich eine kurze Strecke, etwa 2 Meter weit, hineingefressen. Jetzt sind die Rinnen schon vielleicht 5 Meter lang und haben sich vielfältig verzweigt. Lange wird diese Darbietung wohl nicht mehr zu sehen sein. Ein Trampelweg führt darüber hinweg, und vom Bahndamm und vom Wege her wird Asche angeschüttet.

Es ist ein Schulbeispiel im Kleinen dafür, wie ein einzelnes Flusstal entsteht – ja noch mehr: wie ein großes verzweigtes Flusssystem sich bilden kann. Man muss nur nicht denken, die Flüsse seien von Urbeginn aller Dinge an gewesen. Die heutigen Flüsse lassen sich nur bis in die Erdperiode hin verfolgen, die der Jetztzeit unmittelbar vorhergeht. Und das ist im Vergleich zu der ganzen Zeit, die in der Erdgeschichte bekannt ist, nicht überwältigend viel. Heute noch entstehen neue Flusstäler. Wer in schöner Sommerzeit mit einem Köln-Düsseldorfer Dampfer den Rhein hinauf fährt, sieht im Gebirge zu beiden Seiten des Stromes Nebentalbildungen in sämtlichen Entwicklungsstadien: vom Talküken an bis zum ausgewachsenen gebrauchsfertigen Tale. Da sieht man zunächst kleine, flache Mulden. Noch reichen sie nicht einmal das ganze Gehänge hinauf und führen nur bei

Regen Wasser. Weiter erblickt man Bachrisse mit ziemlich steilem Gefälle – endlich auch vollendete Flusstäler mit breiter Sohle, ausgeglichenem Gefälle und vielen Kilometern Länge, wie etwa die Täler der Ahr, Lahn und Mosel. Ein schönes Beispiel für ein sich entwickelndes Tal, das vielleicht noch einmal zu den schönsten Hoffnungen berechtigen könnte, haben wir hier auf dem Kaiserberge an der Sedanwiese.

An ihrer tiefsten Stelle entspringt im Walde nördlich vom Wege ein Quell; sein Wasser sucht sich plätschernd seinen Weg durch den tiefen, kühlen Einschnitt im Walde. Ein Kloster ist hier nicht versunken. – Die Duissernschen Nonnen, die hier einmal vor undenklichen Zeiten für ein paar Jahre lang angesiedelt waren, haben ihr Kloster vielmehr freiwillig geräumt. Wohl aber sinkt das Gehänge des Baches andauernd nach und nimmt dabei ganze Bäume mit in die Tiefe. Ein jeder kann sich davon überzeugen. Und daran ist der Bach schuld. –

Jedes jugendliche Tal setzt sich in seinem Berggebiet aus zwei Abschnitten zusammen: aus dem Sammelbecken und dem Abzugskanal. Der Sammeltrichter hat gewöhnlich die Form eines Amphitheaters, das ist in diesem Falle eben die Sedanwiese. Hier läuft beim Regen das Wasser von allen Seiten zusammen. Die getrennten Rinnsale sind aber einzeln sehr schwach und können infolgedessen nicht viel in die Tiefe arbeiten. Daher ist die Mulde ziemlich flach. Anders aber in dem Abzugskanal. Da ist die ganze Wassermenge eines großen Sammelgebietes auf einen kleinen, schmalen Raum vereinigt. Da fühlt es seine Kraft und da befasst es sich infolgedessen in intensivster Weise damit, die Böschungen anzuknabbern. Man hat seinen Lauf sanft verbauen wollen, um die Wirkung etwas zu mildern. Genutzt hat es aber nicht viel. Man sieht große Partien, die abgerutscht sind. Und was da als Gerölle im Bachbett liegt und auf die Wiese hinausgeschleppt wird, das zeigt so recht die Kraft des fließenden Wassers. Die ganze Talform: Sammeltrichter mit seinem Abzugskanal, der birnförmige Grundriss des ganzen Gebietes ist recht typisch. Im Gebirge findet man solche Bildungen überall. Die Freunde des Siebengebirges werden sich ihrer aus dem östlichen Teil des Gebirges erinnern. Da unter dem Margarethen- und Sophienhof im Quellgebiet des Mittelbaches und ebenso unter dem Löwenburger Hof im Quellgebiet des Rhöndorfer Baches, befinden sich ähnliche Amphitheater. Hier in Duisburg haben wir kein so großes Gebirge. Infolgedessen können wir auch so großartige Talformen nicht erwarten. Die Sedanwiese ist aber doch das schönste Beispiel weit und breit. Warum in die Ferne schweifen...

2. Die Steppenzeit bei Duisburg

Aus: Rhein-Ruhr-Zeitung vom 17.10.1920 u. 24.10.1920.

I. Wir haben hier in Duisburg auf der Heide und im Wald ... an der Monninger Delle und im Eselsbruch und an vielen anderen Stellen an Berg und Tal viel Sand umherliegen. Von jeher hat mir dieser Sand viel Kopfzerbrechen gemacht. Wie kommt er hierher?

Am Mittelrhein, wo ich früher viel in eiszeitlichen Fluss-Ablagerungen gearbeitet habe, sah ich natürlich auch viel Sand. Er war aber immer im Wasser abgesetzt und trug auch deutlich Spuren dieses Ursprunges an sich: Schichtung, entweder waagerecht oder Kreuzschichtung, wie es sich für Wasserabsatz, der etwas auf Reputation hält, eignet und gebührt. Dazu hin und wieder Geröllablagerungen schichtweise dazwischen gepackt, und schließlich auch ein verhältnismäßig grobes Korn. Die Körnchen gehen ohne deutliche Grenze in kleine Steinchen und so in die gröberen Gerölle über. Das sind die Merkmale, die den wässerigen Absatz auszeichnen. Nimmt man gerade die Kreuzschichtung und zahlreiche Geröllablagerungen heraus, so hat man speziell Flussablagerungen gekennzeichnet, im Gegensatz zu den Meeresablagerungen (z.B. Gerresheimer Sande). Sehr schön lassen sich die Merkmale des Flussabsatzes in der Sandgrube an der Oranienstraße studieren ..., da, wo die Fundamente des Duisserschen Klosters aufgedeckt sind, von denen ich kürzlich hier berichtete.

Bei unserem Wald- und Heideland dagegen nichts von alledem. Ein gleichmäßig feines Korn, keine Spur von Geröllablagerungen (Wo sie vorhanden sind, sind sie stets von dem Gehänge nachträglich herabgerutscht). Keine Spur von Schichtung, sondern gleichmäßige, massige Struktur der ganzen Ablagerungen. Wie kommt dieses Gebilde nur hierher?

Mit ihm ging es mir, wie mit allen wissenschaftlichen Problemen. Erst ganz allmählich reifte in mir die Überzeugung, dass hier ein Problem vorläge. Die Erleuchtung kam dann aber blitzartig. Durch ein paar glückliche Funde.

Schon vor Jahren führte mich einer meiner ersten Besuche, die ich zusammen mit Prof. Athenstädt unternahm, in die große Sandgrube in dem Speldorfer Siepen. Es ist dies ein kleines Tälchen, dicht an der Duisburger Grenze, in dem Sattel zwischen Wolfsberg und Wolfsburg, da wo die Erfrischungsbude steht, wenige hundert Meter südlich von der Monning, und es endet an der Saarner und Duisburg-Mülheimer Straße. Die Sandgrube, von der ich sprach, liegt am Nordgehänge, nahe bei der Prinzenhöhe. Hier steht der Sand ungefähr 8 Meter mächtig an. Ein weicher, feiner Sand ... ganz anders als der Flusssand und trotz dieser Mächtigkeit keine eigentliche Schichtung. Aber er zeigt doch so eine Art schichtiger Zusammenpackung. Diese aber läuft nicht waagerecht, wie bei Wasserabsatz, sondern konstant dem Gehänge parallel. Das brachte mich auf die richtige Spur.

Das Gehänge war mit genau derselben Neigung schon vor dem Absatz des Sandes vorhanden. Der Sand hat das Gehänge also gewissermaßen austapeziert. Wer kann das gemacht haben? Wasser nicht. Denn abgesehen von vielen anderen Gründen, könnte diese Schichtung nicht dem Gehänge parallel laufen, sondern müsste waagerecht verlaufen.

Es kann nur der Wind gewesen sein. Ein Sturm, der große Staub- und Sandmassen emporwirbelt ... wir können es heute noch in den Steppen erleben. Woher ist dieser Wind aber gekommen?

Um diese Frage zu lösen, habe ich das Tal genauer untersucht. Auf der Nordseite steht eine mächtige Ablagerung von ungefähr 8 Meter Sand an. Am Südgehänge – dicht unter dem Wald – liegt auch eine alte Sandgrube. Da steht er aber nur wenige Meter mächtig. Daher ist der Betrieb dort auch längst wieder eingestellt. Der Wind hatte seine Hauptlast schon im Norden abgegeben und konnte für das Südgehänge nichts mehr übrig haben. Es muss der Nordwind gewesen sein. Er kam aus der Gegend der Monning – Wald gab es damals überhaupt noch nicht, Pflanzenwuchs spärlich – und fegte über den Bergrücken, der von der Prinzenhöhe ausgeht, hinweg. Dahinter liegt der Windschatten. Dort kam die Luft zur Ruhe und ließ den Sand fallen, den sie mitgebracht hatte. In Russland haben wir es ja bei den großen Schneestürmen beobachten können, dass der Schnee sich immer hinter einer Hecke, hinter einem Hause usw. absetzte. Als der Wind dann das Tal durchquert hatte und an dem Südgehänge ankam, hatte er kaum mehr Material bei sich. Daher dort die spärliche Sandbedeckung. Für den Sand des Siepens war damit die Frage entschieden.

In diesem Frühjahr setzte ich die Untersuchung an der Kiefernstraße am Kaiserberg fort. Ich wollte dort die alte Tongrube von Scheerer – zuletzt Kox – einsehen. Ich fand denselben Sand an den Gehängen. Auch mit derselben schaligen, schichtenähnlichen Absonderung. Und auch diesmal wieder dem Gehänge parallel – in Bezug auf die Himmelsrichtung also ganz anders geneigt, als im Siepen. Dort nach Südosten – hier nach Westen. Dieser Sand musste also auch Flugsand sein. Auch vom Wind abgesetzt. Dann musste aber auch der ganze Sand, der am Westgehänge des

Duisserschen (Kaiser-)Berges in so großer Mächtigkeit ansteht, Flugsand sein. Und da war es mir mit einem mal klar: all der Sand, der zwischen beiden Stellen überall im Duisburger Wald, in Berg und Tal – z.B. im Hanielschen Forst, in der Monninger Delle, im Eselsbruch, an der Wolfsburg usw. – auftritt, und der genau dieselbe Beschaffenheit hat alles das musste Flugsand sein. Vom Winde dahingeschleppt. Damit war die Frage im Wesentlichen entschieden.

Nun hatte ich auch die Erklärung dafür, warum dieser Sand als verhältnismäßig dünner Schleier so gleichmäßig über Berg und Tal dahinzieht. Warum er keine Richtung in sich hat, sondern stets der Richtung folgt, die vom Gehänge vorgeschrieben ist. Warum er sich besonders in den Tälern anhäuft. Und vor allen Dingen, warum er keine Schichten zeigt, die sich durch die materielle Beschaffenheit ihrer Teilchen unterscheiden, so wie man das vom richtigen Flusssand verlangen muss.

Bis dahin hatte ich um die Pfingstzeit schon im Verein für Heimatkunde berichtet. Kurz darauf gelang es mir aber, für diese Flugsand-Theorie noch ein besonderes Paradestück aufzufinden. Nämlich Dünen. Dünen hier in Duisburg?

Ach ja, und sie sind nicht einmal so sehr selten. Sogar in unserer allernächsten Nähe. Das Auge muss sich nur erst an sie gewöhnt haben. Ich fand sie zuerst südlich an der Wedau – schon jenseits von der Duisburger Grenze – in dem Gebiet der Kolonie Bissingheim. Da fand ich – gerade an der Grenze beginnend – eine Reihe von Geländewellen in der Sandheide. Bis an die 100 Meter lang, 20 Meter breit, wenige Meter hoch. Manchmal in ganzen Reihen, mit der Breitseite hintereinander gelagert. Alle bestehen aus Sand, den ich schon beschrieben habe. Wenn das Frühere Flugsand war – dann musste dieser hier auch Flugsand sein. Und dann mussten diese Geländewellen hier Dünen sein. Richtige Dünen. Wie können diese sich aber hier in Duisburg bilden?

Unter den heutigen Verhältnissen natürlich nicht. Sobald alles bewachsen ist, kann der Wind keinen Sand mehr ausblasen. Aber z.B. auf den Truppenübungsplätzen – Friedrichsfeld. Wohin - da, wo kein Hälmchen wächst, da sieht man heute noch, wie der Wind mit dem Sand verfährt. Da kann man sich ein Bild machen. Heftige Stürme können die Dünen natürlich nicht hervorgebracht haben. Die sind vielmehr erforderlich, um den Sand auf die Berge hinauf und über die Höhen zu treiben. Dünen können nur durch gleichmäßig wehende, verhältnismäßig schwache Winde zusammengetragen werden. Diese müssen gerade so stark sein, um die Körnchen ins Rollen zu bringen, müssen sie sogar eine schiefe Ebene hinaufrollen können – dürfen sie aber nicht ganz in die Luft heben.

Wann und unter welchen Umständen kann das aber hier in Duisburg geschehen sein? Die geologische Neuzeit wird in Tertiär und Quartär eingeteilt. Das Tertiär hat mehrere Millionen Jahre gedauert – ihr Ende mag um 1-2 Millionen Jahre zurückliegen. Es ist die Zeit, in der bei uns z.B. der Ton des Kaiserberges abgelagert wurde. Es folgt dann das Quartär, das – in den Alpen wenigstens – in vier Eiszeiten zerfällt. Jede Eiszeit hat eine besondere Flussablagerung hervorgerufen. Der ältesten Eiszeit entspricht der älteste Rhein, dessen Überreste man auf dem Kaiserberg, am Heiligen Brunnen und weiter nördlich und südlich davon auf allen Waldhöhen findet. Nach Osten bis Kettwig – dort verläuft das älteste Rheinufer. Der vierten Eiszeit entsprechen dagegen die Sande und Kiese, die die Talebene bis zum Waldesrand bilden, und auf der alle Städte liegen – soweit sie hochwasserfrei sind. Auch Duisburg. Dieselben Ablagerungen sind es auch z.B., die in den Sand- und Kiesgruben der Wedau ausgebaggert werden.

Die Dünen am Bissingheim liegen auf den Rheinablagerungen dieser jüngsten Eiszeit. Sie sind also jünger als diese. Sie mögen rund 20000 Jahre alt sein. – während der älteste Rhein oben auf den Bergen schon eine Million Jahre zählt. Nach der Eiszeit hat sich die hochnordische Tundra nach Norden zurückgezogen und einer Steppenzeit Platz gemacht. In dieser war der Pflanzenwuchs erst spärlich. Der Boden war also noch kaum befestigt. Da hatte der Wind freies Spiel. Da konnte er den feinen Sand aus den Rheinabsätzen ausblasen und als Staubwolken anderswohin transportieren.

Allerdings muss ich hier einen Punkt erwähnen, den ich noch nicht habe aufklären können. Im Rheintal liegt der Flugsand auf den Absätzen der jüngsten Eiszeit – der sogenannten „Niederterrasse“. Im Ruhrtal, schon hinter dem Kaiserberg, ist aber die Niederterrasse der Ruhr frei von Sand, wenigstens von nennenswerten Sandablagerungen. Die mächtigen Ablagerungen beginnen da erst – schon unmittelbar hinter dem Kaiserberg – auf den Ablagerungen der vorletzten Eiszeit, der sogenannten „Mittelterrasse“. Daraus müsste man aber schließen, dass der Sand schon nach der dritten Eiszeit abgesetzt worden ist. Diesen Zwiespalt habe ich bislang noch nicht aufklären können.

II. Unter welchen Umständen sind nun die Dünen gebildet worden? Ich muss vorausschicken, dass sich die Dünen stets quer zur herrschenden

Windrichtung einstellen. Die meisten von den Dünen des Bissingheims – nicht alle – streichen nach Nordwest. Die herrschende Windrichtung muss damals also aus Südwesten gewesen sein. Genauso wie sie es heute noch ist. Auch das spricht für ein verhältnismäßig junges Alter der Dünen. Nun haben wir auch eine Erklärung dafür, weswegen sich dieser Flugsand stets an der Ostseite der Talebene vor und in den Wäldern findet. In der ganzen Rheintalebene – auch linksrheinisch – blies der Südwestwind aus den noch unerwachsenen Flussablagerungen den Sand heraus und jagte ihn nach Osten. Zuerst mussten sich die gröberen Körner niedersetzen. So ist das ja auch bei der Aufbereitung durch Wasser. Daher kommt es, dass das Korn des Flugsandes umso größer wird, je weiter die Ablagerungen nach Westen liegen. Auch auf den Ehinger Bergen bei Mündelheim habe ich ihn gefunden. Das war der gröbste Flugsand, den ich bis jetzt angetroffen habe. Korngröße – soweit ich es in Erinnerung habe, 1 Millimeter oder darüber. Zugleich ist dies aber auch die westlichste Stelle, wo ich ihn bis jetzt entdecken konnte. In unserem engeren Stadtgebiet beginnt die Ablagerung einige 100 Meter vor dem Wald. Der Wald selbst existierte damals noch nicht. Wohl aber der Höhenzug, auf dem er steht. Dieser zieht sich vom Kaiserberg über Heiligen Brunnen, Elsenberg, Hölzenberg usw. nach Süden und ragt ungefähr 50 Meter über die Talebene empor. An diesem Höhenzug musste eine Stockung des Windes eintreten. Und sobald seine Bewegung aufhört, verliert er seine Tragkraft – er lässt fallen, was er mitgeschleppt hat. So sehen wir gerade vor dem Höhenzug den Sand besonders stark angehäuft, er mildert den Winkel zwischen Talebene und Berghang. Eigentlich müsste die Talebene, die ja aus dem Wasser abgesetzt ist, bis an den Fuß des Berges waagerecht verlaufen. Wer geschickt im Beobachten ist, sieht es aber schon draußen auf dem Felde – sonst auf der Karte 1:25.0000 – dass die Ebene nach dem Berge zu allmählich ansteigt. Das macht eben der Flugsand. Er beginnt etwa in der Gegend der Grabenstraße oder vor der Schweizerstraße. Am besten kann man das Ansteigen der Ebene gegenüber Wirtschaft Schwerdt nach dem Berge zu beobachten. Auf dem freien Platz, wo zuweilen der Kirmestrubel ist. Da ist die Neigung der Ebene recht auffällig. Da sieht man aber auch schon an den Wegeböschungen, , dass es nur der weiche, staubige Flugsand ist, der diese Neigung hervorruft. Ungefähr 100 Meter nördlich von dieser Stelle liegt unmittelbar am Fuße des Berges vor Waldesrande eine Sandgrube. Aus ihr wurde das Material für die rheinische Bahn ausgehoben. Da liegt der Sand 8-10 Meter hoch. Geht man aber von da aus den Berg hinauf, dann wird die Sanddecke immer dünner – ich habe das durch Nachgraben festgestellt. Und oben am Grat – kurz unterhalb des Weges von der Sedanwiese zum Schnabenhuck – hört er überhaupt auf. Da tritt auf den Wegen und an den Böschungen der nackte rotbraun verwitterte Ton des Kaiserberges zutage.

So zieht sich der Sand als Schleier von wechselnder Stärke über Berg und Tal. Meist füllt er die Tiefen an, weil diese im Windschatten liegen. Dieser Sandschleier, er ist es, der die geologische Untersuchung unserer Gegend so erschwert, weil er alles verhüllt.

Wer den Unterschied zwischen Flugsand und Flusssand studieren will, findet Aufschluss in der Neudorfer Heide. Da liegt der Flugsand als dünne Decke – 1 bis 1 ½ Meter – über den Sanden der Niederterrasse des Rheins. Flugsand der Decke ist ein sog. „weicher" Sand, d.h. feinkörnig mit etwas Lehmstaub. Korngröße unter 1 Mllm. Darunter liegt dann der weit gröbere Flusssand, der „scharfe" Sand der Verbraucher – sauber ausgewaschen, geschichtet und mit Geröllablagerungen. Für Bauzwecke ist er weit eher geeignet.

Überall soweit dieser Flugsand verbreitet ist, finden sich Stellen, in denen er zu Haufen zusammengeweht ist. Sandverwehungen, genauso wie Schneeverwehungen. An dieser unruhigen, welligen Oberfläche kann das Auge, wenn es erst einmal auf diese Erscheinungen eingestellt ist, den Sandboden schon von weitem erkennen. Auch wenn er durch Pflanzenwuchs verdeckt ist. Auf freiem Felde – auf einer großen tischebenen Fläche, wo der Windstrom durch nichts behindert ist, ordnen sich diese Verwehungen zu den bereits erwähnten Dünenzügen an. Am schönsten sind sie da zu sehen, wo ich sie auch zuerst auffand: südlich von der Wedau am Bissingheim. Da liegen sie in großer Zahl – leider sind sie durch die Anlage der Kolonie zum Teil schon zerstört. Dann weiter nach Nordosten auf Forsthaus Curtius zu. Wenn man von hier kommt, findet man schon auf dem Wege, der von dem Forsthaus nach Süden zur Grenze führt, 3 solcher Wellen. Die eine ist von dem Wege nach Westen der Länge nach durchschnitten. Wer scharfen Blick hat, findet Reste von solchen Wellen auch auf der alten Neudorfer Heide außerhalb der Grabenstraße. Hier sind sie aber meist durch den Pflug eingeebnet. Zwei ausgezeichnete Beispiele von Dünen – es sind wohl die am bequemsten zugänglichen – kann man ohne jede Mühe an der Mülheimer Straße finden. Im Walde, hinter der Villa Klucken, indes noch vor der Bahn. Sie kreuzen die Landstraße unter 45 Grad und verlaufen Nordost. Diese merkwürdige Richtung – sie kommt übrigens auch am Bissingheim vor – erklärt sich an dieser Stelle dadurch, dass zwischen den Bergen die Windrichtung unregelmäßiger wird. Überhaupt gelten alle diese Regeln nur sehr im Allgemeinen. – Die erste Düne verläuft hauptsächlich links von der Straße, setzt aber auch noch ein Stückchen nach rechts herüber. Die andere wird durch die Straße ungefähr mitten durchgeschnitten. Links von der Landstraße hat sich der alte Schafsweg, der nun fast schon verwachsen ist, der Länge nach in sie eingeschnitten. Weiter finden sich sehr starke Sandanhäufungen und ausgesprochene Dünen nördlich davon in der Hanielschen Dickung. Dünen liegen auch an der Umgehungsbahn – ungefähr da, wo der Weg von der Sedanwiese zur Monning die Bahn kreuzt. Sie werden von der Bahn angeschnitten. Der Sand liegt da unglaublich mächtig.

Rechts von der Mülheimer Straße finden sich mächtige Sanddecken im Eselsbruch und am Stern; da deutet auch eine unruhige Bodenbewegung auf Verwehungen hin. Ferner von da an zur Wolfsburg. Die Sanddecke wird dann wieder sehr stark weiter östlich jenseits der Grenze auf Speldorfer Gebiet. Z.B. an dem ganzen Hang, der sich nach dem Plötterweg hin senkt. Überhaupt steht fast ganz Speldorf bis nach Broich kurz vor der Ruhr auf Sand. Der Wind hat da – besonders an dem Hang hinter der Grenze – offenbar allen Sand niedergesetzt, den er über die Hochfläche des Pferdekopfes – zwischen Heiligen Brunnen und Wolfsburg - hinweggefegt hat. Diese Hochfläche trägt nämlich nur eine ganz dünne Decke und ist stellenweise ganz davon frei, sodass sogar der bloße Kies zutage tritt. Wie z.B. am unteren Burgweg. Eine Stelle weiß ich aber doch, wo er auf dieser Hochfläche eine Düne zusammengebracht hat. Sie liegt allerdings schon jenseits der Grenze. Wenn man nämlich von der Wolfsburg den Grenzweg nach zur Bahn geht – da, wo der Weg anfängt, sich zu senken, - da merkt man wieder den Sand. Wenn man hier von der Terrassenkante den Weg halblinks verfolgt, findet man nach 50 bis 100 Schritt eine Sandgrube. Sie steht in dieser Düne. Sie ist meines Wissens die einzige, die bei Duisburger Gebiet oben auf der Hochfläche liegt. Auf Speldorfer Gebiet findet man sie in solcher Höhe häufiger, z.B. südwestlich vom Friedhof. Dann in der Nähe von Haus Hammerstein usw.

Das Verbreitungsgebiet des Flugsandes beginnt im Westen im Großen und Ganzen etwas westlich von der Ostgrenze der Rheintalebene. Also ungefähr am Wald. Der Sand ist eigentlich nur für Wald- und Heidekultur zu gebrauchen. Für Ackerflächen eignet er sich weniger. Von der Waldgrenze aus zieht er sich die Berge hinauf, diese sind ja alle bewaldet. Er verlangt hauptsächlich Nadelwald; daher die Menge Nadelhölzer in unserer Nähe. Die östliche Verbreitungsgrenze liegt etwas vor der Ruhr, die ja hier von Süden nach Norden fließt. Ich erinnere nur an die Sandmassen bei Haus Rott. Kurz vor Kettwig an dem Weg, der nah Haus Linnep nach Bahnhof Hösel führt, wird er von einem anderen Windprodukt abgelöst. Das ist der Löss. Oder besser gesagt, sein Verwitterungsprodukt, der Lösslehm. Auch dieser überzieht als dünner Schleier Berg und Tal. Östlich von der Ruhr bildet er die ausschließliche Bedeckung. Bis dahin dringt der Flugsand nicht mehr vor. (Nebenbei bemerkt, fällt merkwürdigerweise die Sandgrenze bis auf wenige Kilometer zusammen mit dem Ostufer des mitteloligozänen Tonmeeres, dieses verläuft ungefähr in Richtung der Straße Saarn-Ratingen. Und dem Ostufer des Rheins der ersten Eiszeit. Diese verläuft ungefähr längs der Ruhr. Bei Kettwig ist das Ufer ziemlich genau festzustellen.)

Nach Süden habe ich den Sand bislang verfolgt bis in die Gegend von Ratingen. In Wahn bei Köln findet er sich auch noch. In Bonn nicht mehr. Da wird offenbar die Rheintalebene durch die Gebirge zu sehr eingeengt. Nach Norden scheint er eine Grenze nicht zu haben. Das Sandfeld von Friedrichsfeld ist allgemein bekannt. Auch nördlich von der Lippe findet er sich. Er zieht sich von da mit Unterbrechungen durch die ganze norddeutsche Tiefebene (Lüneburger Heide), die Mark (des Heiligen römischen Reiches Streusandbüchse) über Polen nach Russland hinein. Überall tritt er auf, wo eiszeitliche Ablagerungen in großen Flächen zur Verfügung stehen.

Durch diesen Flugsand erklären sich bei uns mancherlei landschaftliche, kulturwirtschaftliche und vorgeschichtliche Eigentümlichkeiten. Die Feldmark der mittelalterlichen Stadt verlief bis Schweizer- und Grabenstraße. Dort war sie durch die „Lantert“, d.h. Landwehr begrenzt. Weswegen verlief die Grenze gerade längs dieses Zuges? Und weswegen wurde der Boden außerhalb der Lantert nicht in Kultur genommen? Nun, einfach deswegen, weil außerhalb der unfruchtbare Flugsand lag, und weil dieser an dem genannten Straßenzug begann. Außerhalb lag die Heide. Sowohl die Duisserschen als auch die spätere Neudorfer Heide.

Weiterhin ist ja wohl allgemein bekannt, dass sich von Großenbaum über die Wedau, den neuen Kirchhof, Neudorf und Kaiserberg bis zur Monning ein vorgermanisches Gräberfeld erstreckte. Die Hünengräber finden sich heute noch an der Wedau, am Friedhof und an der Monning. Sie stehen überall in diesem Flugsand. Da haben wir wohl den Grund, oder vielmehr einen Grund, weswegen sie hier so zahlreich liegen. Der Flugsand ist wie schon die landläufige Bezeichnung sagt, weich und lässt sich selbst mit den Händen graben. Flusssand dagegen ist hart, kann stellenweise sogar sehr hart werden. Der Mann der Vorzeit hatte noch nicht die Spaten von heute. Für ihn musste ein weicher Boden sehr ins Gewicht fallen. Daher wird es wohl kommen, dass das Gräberfeld ungefähr mit dem Verbreitungsgebiet des Flugsandes zusammenfällt. Westlich davon – in dem Lehm, Flusssand und Kies der Niederterrasse – sind mir keine bekannt geworden.

Allerdings kommt noch hinzu, dass gerade in der genannten Richtung ein uralter Handelsweg verläuft, auf den schon Prof. Averdunk aufmerksam machte. Beide Gründe werden wohl zusammengewirkt haben. [b]

---

[b] Anm. Hrsg.: Wildschrey hatte im Jahr 1934 anlässlich der Baumaßnahmen des Duisburger Tierparks nochmals die Dünen- und Flugsandablagerungen nun speziell im Gebiet des neu entstehenden Zoos erläutert und auf die aus seiner Sicht siedlungsgeschichtliche Bedeutung der Sand- und Heideregionen hingewiesen. DGA am 21. und 24.02.1934. „*Die Flugsanddünen – Naturstudien am neuen Duisburger Tierpark*" (Text hier nicht abgedruckt).

3. Ein Ur-Stromtal der Ruhr im Duisburg-Großenbaumer Walde

Aus: Duisburger General-Anzeiger vom 12.11.1920 (Vortrag beim Verein für Heimatkunde und Verkehrsinteressen Duisburg).

Der Verein für Heimatkunde und Verkehrsinteressen Duisburg hatte in der letzten Sitzung in der Tonhalle auch die Ortsgruppe des Sauerländischen Gebirgsvereins zu Gaste. Der Redner des Abends, Dr. Wildschrey, hielt einen Vortrag über: ein Ur-Stromtal der Ruhr im Duisburg-Großenbaumer Walde. Der Redner führte zunächst in die allgemeinen geologischen Geschehnisse ein, sprach von der Wirkung der Flüsse auf die Erdoberfläche und zeigte, wie man umgekehrt aus diesen Wirkungen alte verschollene Flussläufe wieder erkennen könne. Dann ging er zu seinem speziellen Thema über. In der städtischen Kiesgrube südlich der Kammerstraße im Walde, am Wege „Über Berg und Tal", hatte er eine Flussablagerung erkannt, die sich nicht auf den Rhein zurückführen ließ. Ihr Material wies vielmehr auf die Ruhr hin. Aus ihrer Höhenlage schloss er auf die vorletzte Eiszeit, die einzige Eiszeit, bei der das skandinavische Inlandeis bis hierher und bis ins Rheinland vorgedrungen war. Redner hat dann den Flusslauf weiter nach Norden verfolgt, bis vor den Kaiserberg. Hier wandte sich der Fluss nach Osten. Die ganze Fläche zwischen Kaiserberg, Monning und Wolfsburg stellte weiter nichts als den Talboden dieses Flusses dar. Kaiserberg und Wolfsberg sind die beiden ihn begrenzenden Uferberge. Dann konnte Redner den Ruhrlauf weiter nach Osten verfolgen, immer längs der Duisburg-Mülheimer Straßenbahn. In Mülheim gewann der Lauf den Anschluss an das ursprüngliche Ruhrtal. Dieser hatte sich zu der damaligen Zeit in Mülheim deltaförmig verbreitet. Das rechte Ufer ging nach Norden nach Oberhausen zu. Aus diesem Delta erhob sich der Kaiserberg als Inselberg und teilte das Flusstal. Der linke Arm nahm den beschriebenen Weg, bog am Lotharplatz scharf links, ging den Waldrand entlang und wird vor der rheinischen Bahn ein Stück unsichtbar. Einige Kilometer dahinter taucht er wieder auf und fließt längs der Bahn Wedau – Ratingen bis Lintorf. Da verschwindet es unter die Flugsandbedeckung. Es wird weiter nach Westen sich gewandt haben, seine Reste sind aber durch die spätere Rheinablagerung zerstört. Wodurch ist dieser ganz seltene Verlauf zustande gekommen? Das Inlandeis war damals von Nordosten her in das Rheintal eingedrungen, und hatte es etwa bis zur Linie Großenbaum – Krefeld abgesperrt. Der Rhein wurde nach Westen abgedrängt und musste durch das Nierstal zur Maas abfließen. Die Ruhr war gezwungen, um diesen südlichen Ausläufer des Eises herumzufließen, wurde also nach Süden abgedrängt. Von Lintorf aus wird sie wohl am Südrande des Eises entlang nach Westen weiter geflossen sein, und vielleicht hinter Krefeld den Anschluss an das damalige Rheintal gewonnen haben. Der Redner wusste den Vortrag besonders dadurch interessant zu gestalten, dass er nicht die fertigen Resultate vorführte, sondern sie aus den beobachteten Tatsachen entwickelte und so den Hörer an diesen Entdeckungen gewissermaßen mit teilnehmen ließ. [...][c]

[c] Anm. Hrsg.: In einem Zeitungsbeitrag vom 03.02.1934 griff Wildschrey die Thematik des „Urstromtals“ im Duisburger Wald nochmals auf. Wegen der Bau- und Rodungsarbeiten anlässlich des Duisburger Tierparks (Zoo) lag das Gelände damals zeitweise offen, sodass Wildschrey die Landschaftsgenese besser nachvollziehen konnte. Er fand dabei seine Entdeckung des „Monninger Durchbruchstals“ der Ruhr bestätigt (DGA vom 03.02 1934: „*Eiszeit-Katarakt rauschte am Kaiserberg – Das entschleierte Geheimnis des Monninger Durchbruchstals und der Oberhausener Bucht*“; Text hier nicht abgedruckt).

4. Beiträge zur Geologie Mülheims

Aus: Niederrheinisches Museum – Zwanglose Blätter für Heimatgeschichte und Heimatkunde vom 01.07.1921.

Alles, was ist oder geschieht, muss eine Ursache seines Seins oder Geschehens haben. Theoretisch gibt der Laie das ja wohl gerne zu. Mit der praktischen Anwendung hapert es aber gewöhnlich. Besonders, wenn es sich um die Gestaltung der Erdoberfläche handelt. Wie denn – diese Berge, diese Täler da – sie sollen erst entstanden sein? Sind die nicht immer da gewesen? Da hört man denn zuweilen: „Solange ich mich zu entsinnen weiß, ist das immer so gewesen. Schon zu meines Vaters sel. Zeiten. Ja sogar als mein Großvater noch lebte." Es berührte die meisten fremdartig, dass alle Dinge auf unserer Erdoberfläche im Laufe der Zeiten – allerdings sehr langer Zeiten – erst geworden sind, und das alles Gewordene seine Ursache hat.

Ich will das an einigen Beispielen aus der Geologie der jüngst verflossenen Erdperioden zeigen, die man in Mülheims Umgebung beobachten kann.

Bis Mülheim fließt die Ruhr in einer verhältnismäßig engen Flussrinne. Sie kann natürlich kilometerbreit sein. Aber immer ist sie doch ein deutlicher Kanal, der von verhältnismäßig steil geböschten Talhängen eingefasst ist.

Bei Mülheim selbst ändert sich mit einem mal der Charakter des Tales. Da tritt die Ruhr in eine deltaförmige Bucht ein, die sich schnell verbreitet. Das linke Ufer geht nach Westen über Broich, Speldorf und Monning, im Großen und Ganzen der Duisburger Straße parallel. Das rechte Ufer aber schlägt die Richtung nach Norden auf Oberhausen zu ein.

Wie kommt das? Die Ursache wird klar, wenn wir das Grundgestein betrachten. Bei Broich, bei Saarn, bei Mintard, ist das Gestein der Talhänge der feste Ruhrsandstein der Kohleformation. Unterhalb aber beginnt der tertiäre Ton. Die Grenze des alten Meeresbeckens – es war ein Zipfel der Nordsee – das diesen Ton (in der Oligocänzeit) absetzte, läuft von Ratingen aus so ziemlich der Landstraße nach Mülheim entlang. Das ist auch so ungefähr die Grenze der Niederrheinischen Bucht. In der Gegend von Mülheim tritt die Ruhr also in dieses Tongebiet ein. Er findet sich in Broich schon am Kassenberg, ferner in Speldorf (Krug- und Pfannenbäckereien), dann im Duisburger Wald und auf dem Kaiserberg. Die Ruhr musste sich ihr Tal in den Untergrund eintiefen. In das feste Felsgestein ging das nicht so einfach. Da beschränkte sie sich infolgedessen auf das Allernotwendigste – auf den verhältnismäßig engen Kanal, von dem ich oben sprach. So entstand die schmale Rinne bis Mülheim. Unterhalb aber geriet der Fluss in die Niederrheinische Bucht, in den weichen Ton. Mit dem konnte er schon eher anfangen, was er wollte. Der bot ihm keinen Widerstand, und da konnte er sich nach Herzenslust einem „ausschweifenden Lebenswandel" ergehen. Es mag vielleicht auch sein, dass hier Bruchspalten mitgespielt haben. Jedenfalls Gründe genug, um das Talgebiet hier zu verbreitern!

Die Verhältnisse sind gerade an dieser Stelle des Ruhrgebietes etwas verwickelt. Die verschiedenen Zeiten und später auch verschiedene Flussgebiete haben hier über- und durcheinander ihre Spuren hinterlassen. Das ganze Gebiet hebt sich im Laufe der Zeit. Die Flüsse aber suchen sich der Höhe des Meeresspiegels anzupassen und sägen sich ein. Auf diese Weise ist bei uns das Gebirge entstanden, und so kommt es auch, dass die älteren Flussbette immer oben auf den Bergen zu finden sind. Die ganze Hochfläche von Saarn über Mintard bis Kettwig vor der Brücke hat eine gleichmäßige Höhe von 100-110 Metern über dem Meeresspiegel. Bei Kettwig vor der Brücke wird sie durch das Vogelsangbachtal abgeschnitten. Östlich davon steigen die Höhen plötzlich auf 140-150 Metern an. Wie kommt das?

Auf den Höhen von Auberg an bis jenseits von Schloss Landsberg findet man überall Kies, denselben Kies, den man auf den Kuppen von gleicher Höhenlage nach Westen bis zur Linie Lintorf-Kaiserberg findet. Es ist Rheinkies. Die Hochfläche muss also ein altes Rheinbett sein! Der Geologe bezeichnet sie als Hauptterrasse. Östlich vom Vogelsangbachtal dagegen, da, wo die Höhen so plötzlich ansteigen, findet man auf den Kuppen Quarzkiesel von einer älteren Formation. Es handelt sich um das Pliozän, d.h. um das jüngste Tertiär. Zu der Zeit, als der Rhein in der Gegend floss, muss dieses Gebiet also trocken und ungefähr schon 30-50 Meter höher als das damalige Rheintal gelegen haben. Durch das Vogelsangbachtal etwa ging der Uferrand. Dieses Tal existierte damals noch nicht! An seiner Stelle muss man sich vielmehr einen sanft ansteigenden Uferhang denken. Dieser Uferhang wird von da aus etwa in dem heutigen Ruhrtal weiter nach Norden gegangen sein.

Von Mintard aus nach Osten, besonders auf der rechten Ruhrseite, ist der ganze Fels mit ockergelben Lehm schleierartig überzogen. Er geht über Berg und Tal. Es ist offenbar verlehmter Löss, die Überreste eines staubartigen Absatzproduktes aus derjenigen Steppenzeit, die der dritten Eiszeit folgte. Westlich von Mintard - schon in Saarn, Broich, Speldorf usw. – findet man dagegen Berg und Tal in derselben Weise mit einem weichen, schüttigen Sand überdeckt – offenbar Flugsand. In der Speldorfer Wald- und Gartenstadt bei Haus Hammerstein z.B., ist er auf dem uralten erwähnten Rheinboden (Hauptterrasse) zu ganzen Dünen zusammengeweht. Nach Westen zu lässt er sich weiter verfolgen auf die Talebene des heutigen Rheins hinab bis vor Uerdingen, d.h. bis auf die sog. Niederterrasse, die der 4. Eiszeit entspricht. In der Nähe von Bahnhof Wedau (Bissingheim) bilden sie auf dieser Niederterrasse z.B. ausgesprochene Wanderdünen, die da in Reihen hintereinander liegen. Unter diesen Umständen kann sich der Flugsand, da diese Niederterrasse der 4. Eiszeit entspricht, erst in der Steppenzeit, die der 4. Eiszeit folgte, abgesetzt haben.

Geht alles mit rechten Dingen zu, so müsste der Sand da, wo er mit dem Lösslehm zusammentritt, über diesem liegen. Denn bekanntlich liegt die jüngere Bildung immer über der älteren. Tatsächlich kann man eine solche Beobachtung auch in der Nähe von Mintard machen. Da öffnet sich ein kleines Seitental nach der Ruhr hin. Sand und Lehm bedecken hier gemeinsam den Felsen. Und in der Tat – es ist so, wie wir vermuteten: Der Sand liegt über dem Lehm. Eine hübsche Probe aufs Exempel!

Die Hauptterrasse entspricht der ersten alpinen (Günz-) Vereisung, die Niederterrasse der vierten alpinen (Würm-) Vereisung. Die Terrasse der zweiten alpinen Vereisung ist unterhalb Bonn nicht mehr nachzuweisen.

Wohl aber die der 3., der Risseiszeit. Bei uns wird sie auch Hauptvereisung genannt. Es ist nämlich diejenige Eiszeit, in der das skandinavische Inlandeis bis zur Ruhr und noch weiter südlich, bis nach Großenbaum und Crefeld vordrang. Die ihr entsprechende „Mittelterrasse" kennen unsere Leser bereits aus den vorjährigen Untersuchungen von Dr. Wildschrey. Es ist das „Urstromtal" der Ruhr, das er über Monning, Kaiserberg, Lotharstraße und Wedau bis Lintorf verfolgt hat.

Damit ist in groben Zügen die Geologie des Mülheimer Gebiets links der Ruhr gegeben. Wenigstens soweit sie durch die geologische Neuzeit bedingt ist! - E.W.

5. Zur Geologie des Niederrheins

Aus: Niederrheinisches Museum – Zwanglose Blätter für Heimatgeschichte und Heimatkunde vom 12.08.1921.

Die Decke der Niederrheinischen Bucht besteht fast ganz aus Ablagerungen tertiärer und diluvialer Zeiten. Darunter befinden sich paläopoische Schichten neben Kreide, Zechstein und Bundsandstein. Die südlich vorgelagerten Braunkohlenlager gehören dem Tertiär an. Tektonische Vorgänge, in den oben genannten Zeiten, ließen die Bucht als Einsturzbecken entstehen, deren Randhöhen Eifel, Hohes Venn und Bergisches Land sind. In der Diluvialzeit wechselte der Rhein oft sein Bett und bildete wohl zeitweise ein mächtiges Delta. Schottermassen, mit Steinblöcken der Eiszeit, lagerte er ab unter ständigen Bodenbewegungen; denn nur so erklärt sich die eigenartige Lagerung dieser Schichten. Die Erosion des Wassers ließ das Bild oft anders gestalten und die Auswaschungen überboten nicht selten die neuen Ablagerungen so stark, dass die jüngere Bodenschicht stets unter diejenigen älterer Zeiten geriet. Daher die Rheinterrassen, die den verschiedenen Perioden entsprechen. Haupt-, Mittel- und Niederterrasse hat man sie genannt, die höchste derselben ist zugleich die älteste, da diese Bildung der Terrassen nur die Folge der Talvertiefung sein kann. Der Hauptterrasse gehören die Hinsbecker, Gladbacher und Süchtelner Höhen an. In der Mittelterrasse liegen Kempen und Aldekerk, das Rheintal füllt die Niederterrasse aus. Gesteine der erstgenannten Terrasse sind Kies, wenig abgerundet und große Blöcke; die Mittelterrasse weist Sandstein, Tonschiefer, Quarz, Basalt, Trachyt, Porphyr, Melaphyr, Quarzit auf; Sand und Lehm, feinkörnig, gehören in ihren Hauptmassen der Niederterrasse an. Während Lössschichten der Hauptterrasse ihre Fruchtbarkeit geben, fehlen diese auf der dritten gänzlich; ein Zeichen dafür, dass die Lössbildung am Ende der Entstehung der Mittelterrasse erfolgt sein muss. Für das Vorhandengewesensein der Eiszeit sprechen Geschiebemengen am Hülser Berge und namentlich bei den Clever Höhen. Wahrscheinlich hat das Eis nicht die ganze Bucht außer der Haupteiszeit bedeckt, da südlich der genannten Höhen nur schwache Eiszeitspuren zu finden sind.

Der Rhein, der an der geologischen Gestaltung der Bucht immer stark beteiligt war und es auch jetzt noch ist, hat fast die ganze Bucht zeitweilig zu seinem Strombette genutzt. Die Tümpel, Teiche, „Meere“ und alten Flussläufe sind zumeist Hinterlassenschaften seines wechselvollen Lebens. Durchfließt doch die Niers heute ein ehemaliges Rheinstrombett, die Issel ausgenommen. Sumpf, Bruch, Wald und Feld wechseln reichlich ab. Stille Weiher, üppige Saatfelder, saftige Wiesen mit strotzendem Vieh, blühende Heiden, düstere Wälder, ragende Wildmühlen, stille Städtchen und friedliche Dörfer, alte Edelsitze, stolze Bauerngüter, sie geben dem Niederrhein sein ureigendstes Gepräge.

Dazu der eigenartig graublaue Himmel mit dichten und schweren Wolkenballen, der ruhig dahinfließende breite Strom mit seinen flachen, baumbestandenen Ufern, Barke und Segelschiff auf seinen Fluten, und im Hintergrunde ein altes, an Geschichten reiches Städtchen, das gibt unserer Heimat Schönheit und Reiz!

6. Der Kassenberg bei Broich

Aus: Niederrheinisches Museum – Zwanglose Blätter für Heimatgeschichte und Heimatkunde vom 12.08.1921.

Ich will hier nicht die Geologie des Kassenbergs selbst auseinandersetzen. Das käme im Wesentlichen darauf hinaus, dass ich Bärtlings Führer abschreiben müsste, der gerade vom Kassenberg eine gute Beschreibung gibt. Nach der Methode nämlich, wie man die Geologie früher auffasste.

Ich will vielmehr das behandeln, was man vom Kassenberg aus in der Umgebung beobachten kann. Der Berg bietet, wie wohl die wenigsten wissen, eine sehr gute Übersicht über die ganze Landschaft. Eine Übersicht, wie wohl nirgends in der ganzen Runde. Von ihm aus kann man das ganze Gebirge von Kettwig bis Oberhausen und Mülheim überschauen. Nirgendwo vermag man vor allem die Hauptterrasse des Rheins so klar übersehen wie gerade hier. Bei der Fernsicht verschwinden alle einzelnen Täler und Schluchten, die sie zerschlitzen, und die sie stellenweise so unübersichtlich machen, wenn man sie begeht. Aus der Ferne gesehen, verschmelzen alle Teile zu einem einheitlichen Ganzen. Und so kann von hier aus der Laie mit einem einzigen Blick einen Gesamteindruck erzielen, der sonst nur durch mühselige wochenlange Einzelarbeit zu gewinnen ist.

Wir suchen die Spitze des Kassenbergs zu erreichen. Er liegt zwischen der Holzstraße und der Prinzess-Luisenstraße. Die Felder sind schon abgeerntet; es ist daher leicht hinaufzukommen. Auf dem Gipfel sind einige Löcher ausgehoben. Dort standen einige Flugabwehrgeschütze. Diese Stelle suchen wir auf.

Aus dem Messtischblatt ersehen wir, dass wir bei 83 Meter Meereshöhe stehen. Das ist also gerade die vorschriftsmäßige Höhe für die Hauptterrasse bei Duisburg. In solcher Höhe ist immer Rheinkies zu vermuten. Und in der Tat: wenn nicht schon die vielen Steine auf den Feldern, besonders auf dem westlichen Teil des Gipfels aufgefallen sind, den lehrt es der Aushub aus den Gruben. Hier liegt, in typischem gelben Rheinsand eingebettet, ausgesprochenes Rheingeröll: weiße Quarzkiesel, Bundsandstein usw. Die Flakbatterie hatte sich 4-8 Meter tief in diesen Schotter eingewühlt.

Nun werfen wir einen Rückblick auf das Panorama.

Im Westen sieht man in der Entfernung von einigen Kilometern das Duisburg-Speldorfer Waldgebirge. Rechts – im Nordwesten – endet es mit der bewaldeten Nase des Schnabenhucks. Die Spitze liegt gerade in der Gesichtslinie der Lutherkirche, d.h. über ihrem Turm. Von da aus erstreckt sich nach links der Kaiserberg. Kenntlich an dem Wasserturm, der sich in seiner ziemlich waagerechten Horizontlinie erhebt. Noch weiter links wölbt sich der Wolfsberg gegenüber der Monning über dieser Linie etwas empor. Er bildet scheinbar die Fortsetzung des Kaiserbergs, ist aber, wenn man genauer zusieht, doch durch eine blaue Luftschicht von ihm getrennt. Dieser Schlitz ist der Einschnitt des Urstromtales der Ruhr.

Der Sattel zwischen Wolfsberg – neuerdings auf Speldorfer Gebiet auch Prinzenhöhe genannt – und Wolfsburg ist von unserem Standpunkte aus nicht sehr stark ausgeprägt. In der Gegend dieses Sattels, d.h. rechts von dem großen Schornstein im Vordergrund, sieht man unter der Horizontlinie einen gelben Streifen nach rechts verlaufen. Bis etwa zu der Gesichtslinie der Michaelskirche, die zwar einen kleinen Dachreiter, aber keinen Turm trägt. Der gelbe Streifen ist die Kies- und Flugsanddecke, die in der Gerberdingschen Grube im Speldorfer Siepen über dem tertiären Ton abgedeckt wird.

Rechts hinter dem Turm der katholischen Kirche im Vordergrund sieht man über unserer Horizontlinie das breite Gebäude der Wolfsburg. Hier beginnt das große Waldplateau des Pferdekopfes, das sich ein ganzes Ende nach links erstreckt. Bis zu dem niedrigen Schornstein im Hintergrund, der der Sempelschen Tongrube westlich vom Blötter Weg angehört.

Ungefähr im Südwesten bemerkt man in halber Entfernung die beiden Schornsteine der „Speldorfer Tonwerke“. Von hier aus zieht sich eine Landzunge, d.h. ein schmaler Bergeshang, nach Norden hinab bis fast hinter die katholische Kirche. Von dem Plateau des Pferdekopfes dahinter ist sie wieder durch eine blaue Luftschicht, also durch einen deutlichen Einschnitt getrennt. Es ist der Einschnitt des Halbachs (fortgesetzt durch den Weißen Bach), durch den die Rheinische Bahn von Speldorf nach Hochfeld fährt. ---

Unmittelbar rechts von dem Schornstein beginnt unter der Horizontlinie wieder ein gelber Kiesstreifen, der sich etwa bis zur Gesichtslinie des kleinen Schornsteins über den Horizont (Sempelsche Tongrube hinter dem Blötter Weg) erstreckt. Wieder die Schuttablagerungen der Hauptterrasse des Rheins! Hier sind die Rheinabsätze sogar in ihrer größten Mächtigkeit aufgeschlossen: 2-10 Meter, die allerdings an die 30-40 Meter Mächtigkeit des Siebengebirges nicht im Entferntesten erreichen. Die Besitzer dieser

Speldorfer Kieswerke hatten seiner Zeit den sinnigen Gedanken, diesen Schutt als „Prima feuerfesten Quarzit“ an den Mann bringen zu wollen. Ob sie einen Mann dazu gefunden haben, vermag ich allerdings nicht zu sagen.

Im Süden folgt dann das Broich-Speldorfer Plateau mit Uhlenhorst usw. Weiter nach Osten ist es zum Teil schon entwaldet und lässt daher die Aufteilung in einzelne Berggruppen besser erkennen, ohne das aber dadurch die Gesamtlinie undeutlich würde.

Schließlich endet das Plateau im Südosten zwischen Mintard und Saarn unmittelbar an dem Steilabsturz ins Ruhrtal. Der Rücken besteht aus dem Auberg bei Saarn und den Mintarder Bergen. Links vom Auberg sieht man, unmittelbar anschließend, aber doch dahinter, in blauer Ferne die Fortsetzung der Hauptterrasse. Es ist der bewaldete Bergrücken, der sich über Schloss Landsberg bis Kettwig v.d. Brücke erstreckt.

Dass die beschriebene Hochfläche die Hauptterrasse ist, zeigt schon ihre ebene Beschaffenheit: Die Horizontlinie bildet eine waagerecht liegende Horizontale, die durch keine Erhebung durchbrochen ist. Ein weiterer Beweis sind die Kiesablagerungen, die nicht nur in den erwähnten großen Aufschlüssen, sondern überall auf dieser Hochfläche nachgewiesen werden können. Sie sind deutlich geschichtet und enthalten typisches Rheingeröll. Wir haben hier also das älteste Rheinbett aus der ältesten (alpinen) Eiszeit vor uns, das der Rhein vielleicht vor einer Million Jahr benutzte. Dass es jetzt so hoch liegt, hat seinen Grund darin, dass sich das Land langsam hebt, und in demselben Maße die Flüsse sich einschneiden.

In größerer Entfernung, oberhalb Kettwig v.d. Brücke, sieht man eine Reihe von Bergkuppen, die zum Teil entwaldet sind. Schon aus der Ferne kann man feststellen, dass sie höher als die Hauptterrasse sein müssen. Und in der Tat: Während die Hauptterrasse da etwa 110-120 Meter hoch ist, haben diese Kuppen etwa 150-160 Meter Meereshöhe – sind also 30-40 Meter höher als die Hauptterrasse. Man könnte sie wohl für die Fortsetzung der Hauptterrasse halten und meinen, der Sprung dazwischen sei durch eine Verwerfung zu erklären. Auf diesen Kuppen aber findet man Quarzgeröll, das nach Bärtling pliocän ist, also einer älteren Formation angehört. Es kann also unmöglich noch zur Hauptterrasse gehören. Dann wird der Höhenunterschied auch ursprünglich sein.

Schon in der ersten (alpinen) Eiszeit also, als der Rhein noch die Hauptterrasse als Boden benutzte, da ragten diese höheren Kuppen wahrscheinlich als zusammenhängende Hochfläche (Fastebene) über dem Tal empor. Der Übergang zwischen beiden bildete dagegen das Talgehänge.

Diese Berglehne ist nur oberhalb Kettwig auf der westlichen Ruhrseite erhalten. In Wirklichkeit nicht mal vollständig. Das Vogelsangbachtal geht nämlich der Länge nach hindurch. Da es aber schmal ist, sind wenigstens die angrenzenden Flächenteile noch erhalten, und die ursprünglichen Verhältnisse kann man sich noch recht gut zurechtkonstruieren. Unterhalb Kettwig setzt sich dieser alte Uferrand aber nicht weiter fort. Dort müsste man ihn sich an Stelle des heutigen Tales denken. Diese ist aber gerade an dieser Stelle sehr breit und hat bei seiner Entstehung offenbar die benachbarten Partien der Hauptterrasse und die ältere pliocäne Hochfläche (Rumpfebene, Peneplaine) mit weggewaschen. So kommt es, dass die Linie Auberg-Mintarder Berge augenblicklich die östliche Begrenzung der Hauptterrasse darstellt.

Auf die andere Ruhrseite setzt sich die Hauptterrasse nicht weiter fort. Die Terrasse des Kahlenberges, auf der der Bismarckturm steht, gehört nicht mehr dazu.

In der Horizontlinie der Hauptterrasse lässt sich schon mit bloßem Auge eine Erscheinung beobachten, die sonst nur durch angestrengteste Einzelarbeit unter Benutzung der Höhenschichtenkarte gewonnen werden kann: die Hauptterrasse senkt sich deutlich nach dem Rhein zu. Noch am besten kann man das unmittelbar rechts vom Auberg sehen. Hier gewinnt die Hauptterrasse fast die Gestalt einer Schüssel, deren Rand eben die Ruhrberge sind. Das Messtischblatt zeigt, dass unmittelbar an der Ruhr die Höhen bis 120 Meter betragen, weiter westlich und nördlich 90 Meter, am Kassenberg 83 Meter, im Duisburger Wald 80 Meter und am Kaiserberg gar nur 70 Meter. Ich kann noch hinzufügen, dass auf dem linken Rheinufer, jenseits Moers, wo die Hauptterrasse auch in großer Erstreckung auftritt, die Höhe noch weit geringer ist.

Wie soll man sich diese eigenartige Erscheinung nur erklären? Es ist ganz ausgeschlossen, dass sie schon bei der Entstehung der Hauptterrasse vorhanden war. Denn das Wasser würde dann ohne weiteres an der tiefsten Stelle – jenseits des Rheins also – zusammengelaufen sein. Offenbar müssen hier nachträgliche Senkungen mitgespielt haben. Es ist wohl anzunehmen, dass es dieselbe Senkung war, die um die Mitte der Tertiärzeit bereits einsetzte, und die die niederrheinische Bucht eintiefte. (Es ist wohl kein Zufall, dass die Grenze des pliocänen Tonmeeres ganz in der Nähe des

Ostufers der Hauptterrasse verläuft.) Solche Krustenbewegungen können manchmal lange nachzittern. Sie wird also auch noch in der Hauptterrassenzeit angehalten haben. Vor der Mittelterrassenzeit, d.h. 3. alpinen (Riß-) Eiszeit muss sie aber schon im Wesentlichen zu Ende gekommen sein. Denn in der Mittelterrasse finden sich von Mülheim bis Duisburg höchstens 5 Meter, in der Hauptterrasse von Landsberg bis Duisburg aber schon 50 Meter Niveauunterschied.

Der Kaiserberg, ist wie gesagt, nur 70 Meter hoch. Dass er eine so ungewöhnlich niedrige Höhe hat, war wohl auch der Grund, weswegen Bärtling ihn in seinem geologischen Wanderbuch als Mittelterrasse ansah. Eine ganz merkwürdige Flüchtigkeit! Denn die echte Mittelterrasse, die er genau kennt, schließt sich im Osten unmittelbar an. Das ist die Monninger Delle mit 40 Meter Meereshöhe (vom Kaiserberg als bewaldete, dem Kaiserberg vorgelagerte Terrasse deutlich sichtbar). Sie ist also 30 Meter tiefer als der Kaiserberg. Da nun eine Terrasse immer den Talboden zu ein und derselben Zeit darstellt, sieht doch jeder Laie, dass ein Fluss nicht gleichzeitig über Kaiserberg und Monninger Delle geflossen sein kann. Ich würde hier nicht so eingehend darauf eingehen, wenn diese Gedankenlosigkeit nicht von vielen Laien, die wohl geologische Interessen, aber kein geologisches Verständnis besitzen, mit Hartnäckigkeit wiederholt würde. Am Kaiserberg eine Mittelterrasse des Rheins suchen zu wollen, würde auch aus dem Grunde wahrscheinlich vergeblich sein, weil in der damaligen Zeit infolge der Gletscherverhältnisse der Rhein nach dem Westen abgedrängt war.

Damit ist noch lange nicht alles erschöpft, was man vom Kassenberg aus sehen kann. Nächstens werde ich aber mehr darüber reden.

7. Geologie in der Unterwelt

Aus: Rhein-Ruhr-Zeitung vom 21.08.1921 u. 05.09.1921.

Wer die Lehrbücher der Geologie durchstudiert, der wird das Gefühl nicht los, er müsse in den Schwarzwald oder in die Alpen, wenn nicht gar zum Himaalpha, beta, gamma, zu bezeichnen und dann in wissenschaftlichen Werken zu bestatten. Dass Geologie ihr höchstes irdisches Glück darin erblickte, die Schichten feinsäuberlich zu etikettieren, sie evt. mit alpha, beta, gamma, 2, 3, 8 zu bezeichnen und dann in wissenschaftlichen Werken zu bestatten. Das war einmal. Als nämlich die Geologie noch in den Kinderschuhen steckte. Gewiss – Schichtenlehre muss sein. Ganz ohne Jahreszahlen kommt ja auch die Geschichte nicht aus. Und Schichten sind materialisierte Groß-Jahreszahlen. Aber heute ist die Schichtenlehre nur noch ein kleiner Bruchteil der Geologie. Ihre Hauptaufgabe ist heute, nicht das Sein, sondern das Werden zu erklären, Entstehen und Vergehen in der Erdoberfläche deutlich zu machen. Dazu braucht man aber nicht erst in die Alpen zu reisen. Ein Spaziergang in die Unterwelt tut's auch schon. Dort kann jeder, der sich dafür interessiert, sich mit der Hauptkraft bekannt machen, die die Geologie bereitstellt. Mit dem Wirken des Wassers. Dem Entstehen der Flusstäler.

Zunächst müssen wir uns mit dem Gedanken vertraut machen, dass alles, was wir sehen – vor allen Dingen die Oberflächenformen – nicht von Urbeginn aller Dinge gewesen sind. Dass sie geworden sind. Oder besser gesagt – dass sie werden, denn das spielt sich heute noch vor unseren Augen ab. Da fragt nun jeder gleich: wie sind sie geworden? Die Flusstäler z.B.! Da hat sich denn ein Laie glücklich zu dem Gedanken durchgequält: dass auch sie einstens entstanden sind. Fragt man ihn aber: an welchem Ende sind sie zuerst entstanden – dann antwortet er totsicher: an der Quelle natürlich. Und ist höchst erstaunt, wenn nicht entrüstet, dass der Kenner ihm nicht beistimmt. Wenn er aber ungefähr das Gegenteil davon meint, was er sagt, dann mag er ja wohl Recht haben. In Wirklichkeit entsteht nämlich jedes Tal an der Mündung. Im Kleinen kann man das, wie ich schon vor Jahren hier ausführte, heute noch an dem neuen Bahndamm sehen, der von der Wedau nach Hochfeld führt. Man braucht nur von dem Endpunkt der Linie 3 an der Koloniestraße durch die erste Unterführung (Umgehungsbahn) zu gehen. Da sieht man rechter Hand in greifbarer Ferne die sandigen Aufschüttungen des genannten Dammes, mit einer Reihe mehr oder weniger tief eingeschnittener Regenrillen. Auch Kriegserzeugnis

– sie sind nämlich dadurch entstanden, dass im Kriege der Damm nicht beseitigt werden konnte. Dem Ordnungseifer zum Ärgernis, dem Naturfreund aber zur Erbauung. Wer die Rillen in den letzten Jahren verfolgt hat, sieht, dass sie sich immer tiefer einfressen.

Und zwar rückwärts!
Genauso macht es jedes Tal.

Nun mag ein großes Tal gut und willig ein paar Millionen Jahre alt sein. Ein Menschenleben aber währet 70 Jahre, und wenn es hoch kommt 80 Jahre. Da kann man eigentlich nicht gut verlangen, dass ich Zeugen beibringe, die sich des ganzen Verlaufes noch „ganz gut erinnern".

Indirekten Verweisen wird man aber vielleicht doch auch glauben.

Nehmen wir vielleicht einmal an, wir besuchten einen Hühnerhof, der sich der Maienblüte seines Daseins erfreut. Wir hätten nur eine halbe Stunde Zeit, sollten aber in dieser Zeitspanne die ganze Entwicklungsgeschichte des Hühnchens herausfinden. Vom Ei bis zum alten Hahn, der mit dem Leben abgeschlossen hat und vom Dasein weiter nichts erwartet als einen möglichst sanften Schlag ins Genick. – Da sehen wir uns zunächst um. Vielleicht haben wir Glück. Vielleicht ertappen wir gerade eine Henne in flagranti, wie sie – ein Ei legt bzw. die nötigen Vorbedingungen dazu schafft (Nestbau). Eine andere beobachten wir wohl, wie sie brütet. Möglicherweise sehen wir wohl auch ein Küken mit Eifer damit beschäftigt, zum ersten Mal das Licht der Welt zu erblicken. Ganz bestimmt werden wir aber kleinere oder größere Hühnchen sehen, vielleicht auch einen jungen Hahn, der sich mit Liebe und Hingebung dem Geschäfte weiht, die Tonleiter zu studieren usw. Kurz und gut – es gehört keine große Phantasie dazu, alle diese Individuen nur als verschiedene Stufen desselben Entwicklungsganges aufzufassen. Die kleineren als Jugendstadien der größeren.

Diese Hühnerhofmethode kann man mit Vorteil auch auf die Entstehung der Täler anwenden. Vielleicht gelingt es uns, die Talküken nebeneinander zu beobachten. Ich will gleich von vorne herein erwähnen, worauf es schließlich heraus soll: Jede Talrinne, und sei sie noch so groß oder klein – die flachste Mulde ist durch fließendes Wasser ausgewaschen worden. Jeder kann sich davon überzeugen, dass das fließende Wasser eine Menge Schutt vor sich herschiebt. Man braucht nur den Sand zu besehen, der sich in dem Klärbassin des Baches am versunkenen Kloster ansammelt und regelmäßig herausgeschafft werden muss – er liegt rings umher. All dieser Schutt wird aus dem Tal heraus geschafft; um eben so viel wird die Talrinne tiefer und breiter. Dabei ist es ganz gleichgültig, ob das Wasser immer fließt, wie im Bach oder Fluss, oder ob es eine sog. Trockenmulde ist, die nur zur Regenzeit Wasser führt. Gerade ihre Tätigkeit darf man nicht unterschätzen. Man braucht nur zu sehen, welche Schuttmengen ein einziger Wolkenbruch – ein einziger Platzregen in eine solche Trockenmulde zu Tal flözt. Das ist unter Umständen weit mehr, als ein Wasserfaden, der beständig fließt, das ganze Jahr hindurch zu Tal schaffen kann. Schließlich wird eine Mulde so groß, dass in ihr fortwährend Wasser fließt. Und außerdem – wenn man genau zusieht, wird man am Berghang selten eine Mulde finden, - sei sie auch noch so klein – in der ganz und gar keine Spuren von Wasser zu finden wären. Etwas feuchter als in der Umgebung ist es da immer. Und wenn nur saftigere Pflanzen da stehen das genügt. Wir werden sehen.

Die Vorrede ist etwas lang ausgefallen. Was ich da allgemein erörtert habe, wollen wir in der Natur selbst beobachten. Ich würde einen Spaziergang in die Unterwelt vorschlagen. Am besten verfolgen wir die Umgehungsbahn von der Mülheimer Straße an. Da treffen wir schließlich auch den Weg, der von der Sedanwiese zur Monning führt. Auch jenseits der Überführung folgen wir zunächst der Bahn – der Weg läuft hier der Kante eines Hochplateaus entlang. Das Plateau ist mit trockenem Flugsand bedeckt – man sieht es am Rand, und auch an der Bewachsung mit Trockengras. Etwa 150 Meter weiter, da wo die Blockstation steht, löst sich der Bahndamm vom Berghang ab. Der durch die Umgehungsbahn neu geschaffene Berghang ist noch ziemlich frei von Bewachsung und bietet einen guten Überblick in das Ruhrtal. An der Blockstation aber stoßen wir auf den ursprünglichen Berghang. Zwischen Bahndamm und Berglehne entsteht ein wasserreicher kühler Grund – hier beginnt die eigentliche Unterwelt. (Wegen der dichten Bewachsung ist Blockstation und Gabelung nicht deutlich zu sehen.) Ungefähr 10 Meter weiter verlässt der Pfad das Sandplateau und geht rechts in die Tiefe. Wieder 10 Meter weiter gabelt er sich. Wir verfolgen den rechten Weg. Er führt noch ein Stück weiter abwärts, geht dann aber auf halben Hang weiter.

Unmittelbar dahinter zieht sich ein Streifen Adlerfarn den Berg hinab. Selbst in diesem trockenen Sommer ist das Grün auffallend. Adlerfarn ist im Allgemeinen eine Trockenpflanze. Allzu dürren Boden verträgt aber auch er nicht. Und gerade an dieser Stelle macht es den Eindruck, als ob er feuchteres Erdreich ankündigte. – Der Boden selbst ist allerdings nicht so feucht, dass man es sofort merken könnte. Am Wege stehen aber doch noch einige spärliche Büschel von frischem Grün, und sogar Binsen, die sich deutlich von dem trockenen Gras des übrigen Hanges abheben.

Und wie kommt diese Feuchtigkeit hierher?

Wer genau zusieht, wird bemerken können, dass sich hier in den glatten Hang eine Mulde hineingefressen hat. Sie ist besonders nach oben deutlich zu sehen. Sie ist da schon bis zum Plateaurand vorgedrungen und zwingt da den Randpfad zu einer kleinen Biegung von einigen Metern landeinwärts. Sehr tief hat sich die Mulde aber noch nicht hineingenagt. Offenbar ist es erst ein Mulden-Embryo. Ganz interessant ist aber die Feststellung, dass selbst in der trockensten Jahreszeit die Mulde feucht ist. Wie wird es erst bei einem gehörigen Guss sein?

50 Meter weiter passiert der Weg eine noch größere Mulde. Sie ist so deutlich, dass man kaum auf Feuchtigkeit und Begrünung zu achten braucht. Nach oben zu ist sie sogar sehr auffallend. Sie zwingt den Randweg zu einer ziemlich merklichen Ausweichung. (Die Stelle liegt etwa 200 Meter von der Brücke nach N., auch hier 50 Meter hinter der ersten Mulde.) Man erkennt diese Mulde daran, dass ihre Achse nicht senkrecht zum Berge steht, sondern sich schräg hineingenagt hat. Wer hinauf steigt, muss nach rechts (N.) abbiegen.

In dieser Mulde ist der Zusammenhang mit der Feuchtigkeit noch deutlicher. Links vom Wege – etwa in gleicher Höhe mit der feuchten Stelle aus der ersten Mulde – findet sich auch hier eine ähnliche Erscheinung. Ein feuchtes Plateau von 20-30 qm um einen Ebereschenstrauch herum. Es ist mit allen möglichen Feuchtigkeitspflanzen bestanden: Kräutlein Rührmichnichtan oder Springkraut (Impatiens paryt. Florum), saftiges Gras, Pfennigkraut (Lysimachia munmularia). Nach unten zu Sträucher vom Streifenfarn (Asplenium silix femina). Noch im Juli fand sich hier eine Naturmerkwürdigkeit: rechts lag den Weg entlang ein umgefallener Birkenstamm, zwei seiner Zweige waren schön zu neuen Stämmchen emporgewachsen. Jetzt hat man den Stamm weggeholt; nur ein paar weiße Späne und der kleine Graben, in dem er gelegen hat, erinnern noch an ihn, und die beiden Stämmchen sind halb umgefallen. Rechts und links vom Wege sieht man Sauerklee (Oxalis acetasella). Kurz und gut – alles Feuchtigkeitspflanzen. Und wenn man genauer zusieht, findet man, dass das Plateau oberhalb des Weges sumpfig-moorig ist und zeitweise große Wasserlachen enthält – es bildet sich sogar schwarzbrauner Torf. Offenbar liegt eine wasserundurchlässige Schicht darunter. Ton – den man weiter nach dem Schnabenhuck hin (besonders bei Regenwetter!) deutlich bemerkt und der längs der Schweizerstraße jahrhundertelang abgebaut worden ist. Anscheinend tritt hier eine Art Quelle zu Tage. Aber so niedrig erst – auf halbem Hang! Gewöhnlich tritt doch die Quelle unmittelbar an der Sohle einer wasserführenden Schicht zu Tage. Hier ist die Sandbedeckung des Plateaus aber nur wenige Meter mächtig. Ich denke mir die Sache so: Der Sand ist als Gehängeschutt herabgerutscht und verbirgt den eigentlichen Quellaustritt; die nasse Stelle auf halbem Hang ist dann der sog. scheinbare Quellaustritt. Ebenso war es an der ersten Stelle. Das Wasser läuft hier also offensichtlich in der Mulde zusammen. Ebenso deutlich kann man aber auch gerade hier erkennen, dass das Wasser es ist, dass die Mulde auswäscht. Dass das Erdreich heute nachrutscht, beobachtet man an denjenigen von den hochstämmigen Buchen, die in der Mulde stehen. Der unterste Teil des Stammes ist nach der Muldenachse zu geneigt; 1-2 Meter über dem Boden krümmen sich die Stämme dann senkrecht empor. Wie kommt das? Offenbar sind die Stämmchen ursprünglich einmal senkrecht aus dem Boden herausgekommen. Da wurde der Hang vom Wasser unterwaschen und rutschte in die Mulde hinein. Die Stämmchen mit. So mussten sie sich gegen die Mulde neigen. Wir haben das ja vor einigen Jahren noch an der Sedanwiese gesehen. Die Wurzeln wachsen aber tiefer, damit wurden die Stämmchen denn auch fest verankert. Der Teil der Krone, der nun noch hinzukam, wuchs senkrecht in die Höhe – so kam die Krümmung zustande. Wer genau Acht gibt, findet sie überall an den Tallehnen und in den Mulden, z.B. am Bach des versunkenen Klosters.

Wo blieb aber das aus der Mulde ausgewaschene Erdreich?

Wenn wir uns den Berg ganz hinabbemühen, werden wir finden, dass der Talweg, der am Fuße des Berges entlangführt, einen Schuttkegel von vielleicht 1 Meter Höhe aufsteigen muss. Das südliche Ende ist allerdings durch den Bahndamm undeutlich geworden – das nördliche ist aber gut sichtbar. Dieser Schuttkegel enthält einen Teil des Erdreiches, das aus der Mulde herausgewaschen ist. Diese Mulde kann man schon mehr ein junges Talküken nennen.

Wir gehen den Berg auf halben Hang weiter. Unmittelbar – etwa 30 Meter – hinter unserer Mulde stoßen wir wieder auf eine beginnende Mulde. Man kann sie eigentlich noch nicht einmal eine Mulde nennen. Nur geologischer Scharfblick verrät sie uns. Erst wenn man den Hang aufwärts schaut, bemerkt man eine flache Einsenkung. Vielleicht ein Talei, dass noch erst ausgebrütet werden soll. Aber selbst diese werdende Mulde, die möglicherweise einmal eine glänzende Zukunft, jetzt aber kaum eine Gegenwart hat, kann ihre Funktion nicht verleugnen; auch hier finden wir frisches Grün in Gestalt von Adlerfarn und einigen Binsen, die Feuchtigkeit anzeigen. Genau wie das Gesetz es verlangt. Außerdem kann die Mulde mit einem deutlichen Schuttkegel aufwarten. Den bemerkt allerdings nur derjenige, der hinabsteigt und den Talweg längs des Fußes verfolgt. Da wird er aber den Kegel deutlich abgesetzt finden. Am besten von Süden aus sichtbar.

Der Halbhöhenweg senkt sich jetzt. Ungefähr 130 Meter weiter ist der Durchlass durch die Bahn. Wer an dieser Stelle nach Norden schaut, sieht gerade vor sich in einer lichten Stelle eine Bodenwelle mit aufsteigendem Weg. Höhe der Welle vielleicht 1,50 Meter. Es ist wiederum ein Schuttkegel. Und zwar zu einem Bach, der fast immer fließt. Wir sind hier nämlich in dem Grunde „Zum versunkenen Kloster". Über diese Stelle habe ich schon öfters geschrieben. Hier begann ich vor Jahren meine geologischen Studien bei Duisburg („Die Sedanwiese", Rh.-Ruhr-Ztg., Sept. 1919) [Anm.: tatsächlich schon August 1919]. Als ich dann später das Urstromtal der Ruhr an der Mülheimer Straße entdeckte und seinen Spuren längs der Umgehungsbahn nachging, konnte ich auch die geologischen Gründe aufklären, weswegen das alte Kloster, das Averdunk mit Recht hier vermutete, versunken sein musste. Der Bach hat keinen Namen. Ich schlage vor, die mittelalterlichen Namen wieder zu neuem Leben zu erwecken. Nach Averdunk (Geschichte der Stadt Duisburg, S. 125) führte um 1230 die Quelle den Namen Marienquelle. Danach könnte man den Bach Marienbach nennen.

Ich will nicht alles wiederholen, was ich damals über diese Stelle geschrieben habe. Ich will nur noch einmal feststellen, dass wir in diesem Tal des „Marienbachs" das beste Erosionstal der Gemarkung Duisburg und seiner Umgebung vor uns haben. Wir haben im Gegensatz zu den vorhin besprochenen Mulden ein vollendetes, wenn auch noch sehr jugendliches Tal vor uns. Ein Tal in den besten Flegeljahren seines Alters. Von seinen Flegelstreichen weiß die städtische Garteninspektion und auch die Eisenbahnverwaltung manch kummerhaftes Lied zu singen. Nur das will ich noch erwähnen: ein Tal ist ein fester Organismus mit einzelnen Gliedern, die getrennte Funktion haben, aber auf engste zusammengehören. Das sind: Sammeltrichter (Sedanwiese), Anzugskanal (eigentliches Tal, Schuttkegel. Das Tal mit seinem V-förmigen Querschnitt kennzeichnet sich als ein typisches, jugendliches Erosionstal, bei dem das Wasser noch in die Tiefe arbeitet. Im Gegensatz zu den reifen Tälern mit trogförmigem Querschnitt und flacher Sohle (Ruhrtal am Kaiserberg).

Wenden wir jetzt endlich die vergleichende Hühnermethode auf unsere Mulden und Talformen an. Offenbar ist die dritte Mulde – die letzte vor dem versunkenen Kloster – die jüngste. Sie ist die kleinste und kaum feucht.

Aus der ersten Mulde hat das Wasser schon etwas mehr herausgeschafft, wenngleich der zugehörige Schuttkegel durch den neuen Bahndamm undeutlich geworden ist. Immerhin hat die Mulde es schon verstanden, oben am Plateaurande festen Fuß zu fassen.

Die zweite Mulde ist die größte; von den dreien mithin die älteste. Sie hat die Eroberung des Bergplateaus vollendet. Bei ihr sieht man schon deutlich das werdende Tal heraus.

Der „Marienbach" aber hat sich bereits ein ganz ausgesprochenes Tal ausgenagt; seine Quelle liegt schon ein ganzes Ende rückwärts vom Plateaurand – vom oberen Rande der Sedanwiese ganz zu schweigen.

Entsprechend der Größe wird es sich auch mit dem Alter verhalten. Das Tal des „Marienbachs" wird schon 25000 Jahre hinter sich haben. Wie ich zu dieser Schätzung komme, kann ich für diesmal nicht auseinandersetzen. Die Mulden sind jünger. Die dritte Mulde mag kaum ein Jahrtausend – vielleicht sogar erst ein paar Jahrhunderte alt sein.

So hat es denn also die „Hühnermethode" möglich gemacht, auch die Talformen in Entwicklungsreihen anzuordnen, das räumliche Nebeneinander in ein zeitliches Hintereinander zu verwandeln – die kleineren Formen als Jugendstadien der größeren aufzufassen. Das Tal verändert sich fortwährend – wird größer. Ein Punkt aber bleibt als der ruhende Pol in der Erscheinungen Flucht: der Mündungspunkt unten am Fuße des Berges. Ich kann mir gut vorstellen, dass der Anfangspunkt sich verlegt – in der Verlängerung nach rückwärts einschneidet. Der Mündungspunkt aber kann sich nicht verlegen. (Von Seitenschwankungen natürlich abgesehen.) Es ist ja durch den Schnitt der Talachse mit dem Fuße des Berghanges bestimmt – beide aber liegen fest. Die Mündung muss also immer unten liegen. Der Anfang aber – das Quellgebiet – mag sich ruhig weiter nach rückwärts einfressen, indem die Bergmasse als Schutt nach unten rutscht. So sehen wir denn den Rand der Sedanwiese schon weit nach Westen vorgedrungen. So finden wir aber auch hier im Großen bestätigt, was wir am Bahndamm vor dem Steinbruch vor unseren sichtlichen Augen im Kleinen sich abspielen sahen, und was wir – aller landläufigen Meinung zum Trotz – schon zu Anfang behauptet haben. Jedes Tal beginnt an der Mündung und schreitet nach der Quelle, d.h. besser gesagt über die Quelle hinaus fort. So hat die Ruhr vor Zeiten am Rhein angefangen (allerdings ursprünglich weiter nördlich). Und der Rhein hat einstmals vor vielen, vielen Jahren – es ist sogar vor der Eiszeit gewesen – seine Laufbahn an der Nordsee oder besser gesagt in den Gefilden des Niederrheins begonnen. Damals ahnte er allerdings noch nicht, wie weit nach Süden ihn seine Karriere noch einmal führen sollte. ---

8. Der Duisburger Steinbruch, eine Stromschnelle der Ur-Ruhr

Aus: Niederrheinisches Museum – Zwanglose Blätter für Heimatgeschichte und Heimatkunde vom 22.09.1921.

Die Geschichte ist die Anwendung des gesunden Menschenverstandes auf die Vergangenheit.
Die Geologie ist die Anwendung des gesunden Menschenverstandes auf die Erdgeschichte.

Sie ist keine Geheimwissenschaft für die Auserwählten des Herrn. Jedermann kann sie einsehen. Und es ist auch hoch interessant zu verfolgen, wie sich im Laufe unendlich langer Zeiten die Oberfläche unserer Gemarkung Schritt für Schritt herausgebildet hat. Wir betrachten zunächst Abb. 3. Niemand wird im ersten Augenblick recht klug daraus. Im Ganzen eine schräge Fläche; unten mehr nach links und oben mehr nach rechts durch eine waagerechte Ebene abgeschnitten. Zwischen beiden an der schrägen Fläche, aber doch mehr nach unten, eine vorspringende Leiste. Das ist der Abhang unseres Waldgebirges längs der Lotharstraße.

Wir verfolgen die Kammerstraße weiter. Gleich hinter der Umgehungsbahn führt sie in den Wald. Dort beginnt unmittelbar hinter dem Waldrand der Wald stark aufzusteigen, kenntlich daran, dass er jetzt für kurze Strecken durch einen Hohlweg geht. Hier macht also der Hang einen deutlichen Buckel. Wir ersteigen ihn und finden dahinter ein Plateau, das sich kaum 100 Meter breit ausdehnt (es mag 6-7 Meter höher als die Talebene liegen). Dieses Hängeplateau hat die deutliche Form einer Terrasse: Nach dem Berg zu begrenzt durch das weitere Ansteigen des Hangs, nach dem Waldrand zu abgeschlossen durch den Buckel, der sich als Terrassenkante beiderseits des Weges nach Norden und Süden weiter fortsetzt. Nach Norden allerdings biegt sie nach links d.h. nach Nordwesten aus und überschreitet hinter dem Kühlen Born die Umgehungsbahn. Doch ist am Bahndamm das Ansteigen deutlich zu verfolgen: Sobald die Bahn die Terrassenfläche erreicht hat, hat sie einen Damm nicht mehr nötig. – Nach Süden zu überschreitet die Terrassenkante den Weg „Berg und Tal" und geht bis zur Rheinischen Bahn: Der Lärchenpfad läuft ihr parallel. Er ist unmittelbar unter der Terrassenkante angelegt.

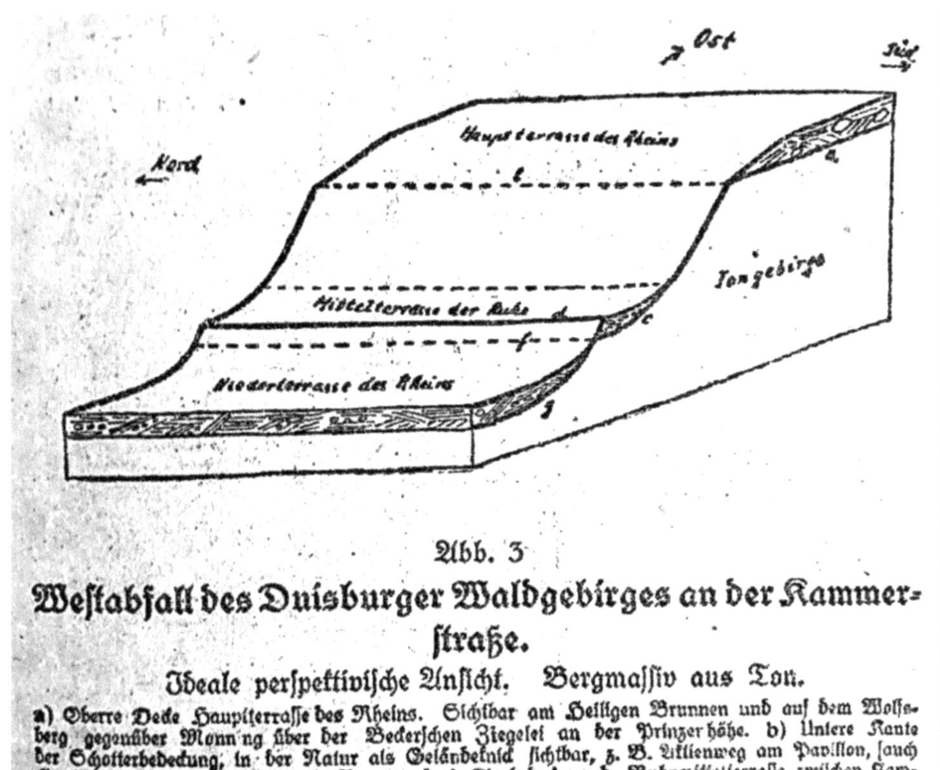

Abb. 3

Westabfall des Duisburger Waldgebirges an der Kammerstraße.

Ideale perspektivische Ansicht. Bergmassiv aus Ton.

a) Oberre Decke Hauptterrasse des Rheins. Sichtbar am Heiligen Brunnen und auf dem Wolfsberg gegenüber Monning über der Beckerschen Ziegelei an der Prinzerhöhe. b) Untere Kante der Schotterbedeckung, in der Natur als Geländeknick sichtbar, z. B. Lilienweg am Pavillon, [auch Quellaustritt, z. B. am Heiligen Brunnen.] c) Kiesbedeckung d. Ruhrmittelterrasse zwischen Kammerweg und der städtischen Kiesgrube an „Berg und Tal“. d) Terrassenkante, einige Meter oberhalb des Lärchenweges sichtbar. f) Sohle der Schotterauflagerung, meist durch Sand verdeckt. g) Schotter der Niederterrasse des Rheins, aufgeschlossen an der Lotharstraße südlich der Kammerstraße in der Sandgrube von Prosahn.

Der Boden dieser Terrasse besteht auch aus Kies. Aber was das Merkwürdige ist: Es ist ein ganz unbestrittener Ruhrkies. Er ist südlich von der Kammerstraße in den Löchern von Klein-Pompeji gewonnen worden – wahrscheinlich als der Damm der Rheinischen Bahn von Hochfeld nach Speldorf bebaut wurde. In der städtischen Kiesgrube bei „Berg und Tal“ wird er heute noch gegraben. Überall, wo im Wald oder auf den ungepflasterten Wegen von Neudorf und Duissern (Mülheimer Str. nicht ausgeschlossen!) brauner Kies gestreut ist, kann man sicher sein, das er von dieser Grube herstammt. Die Terrasse ist Ruhrmittelterrasse.

Wie aber kommt die Ruhr hierher?

Wir wollen diese Frage vorläufig nicht weiter untersuchen. Dass aber die Terrasse die Leiste ist, die auf der Zeichnung unten aus der schrägen Fläche herausdringt, wird der Leser jetzt leicht einsehen. Es ist hier eine Terrasse in der landläufigen Bedeutung des Wortes. Danach hat man aber den Begriff der Terrasse in der Geologie erweitert und alle hochgelegenen Ablagerungen der Flüsse so bezeichnet. Auch wenn die Form einer Hängeterrasse nicht auf den ersten Blick zu erkennen ist. –

Einstweilen wollen wir unseren Weg auf der Kammerstraße weiter verfolgen. Wir kommen am Krähenweg vorbei, passieren den Weg am Hang und erreichen kurz vor dem Heiligen Brunnen ein fast tischebenes Plateau, das sich bis zur Wolfsburg, ja ein ganzes Stück weiter nach Speldorf hineinzieht. (Abfall nach dem Blöterweg). Überall finden sich hier wieder Rheinkiese und Rheinsande. Allerdings meist gröbere, als unten in der Talfläche. Augenblicklich sind sie z.B. gerade ein paar Schritte nordöstlich vom Heiligen Brunnen aufgeschlossen. Die Quelle selbst tritt an der Sohle dieser Schicht zutage, da wo sie dem Ton auflagern (wie überhaupt die meisten Quellen in unserem Waldgebiet, z.B. die „Marienquelle“ am Ausgang der Sedanwiese). Diese hochgelegene Fläche mit Kiesablagerung nennt man die Hauptterrasse des Rheins. Der Name „Terrasse“ scheint zu fordern, dass das Gebirge dahinter noch weiter aufsteigt, denn eine Terrasse ist doch gewissermaßen eine Treppenstufe am Hang. In Wirklichkeit ist sie das auch. Doch davon später. Jetzt ist kein großer Scharfsinn mehr nötig, um zu ermitteln, dass die Fläche, auf der wir stehen, die Ebene sein soll, die in der Abbildung 3 das ganze zeichnerische Gebilde nach oben abschließt.

Es will dem Laien zunächst nicht recht gelingen, in solch stark schematisierten Zeichnungen die Wirklichkeit wiederzufinden. Sie sollen auch nicht die Wirklichkeit selbst darstellen, wie etwa eine Photographie, sondern nur ein schematisches Bild der Natur geben, in dem das Wissenswerte und Wesentliche hervorgehoben ist. Sie sollen den Laien nur anleiten, bei seinen Naturbeobachtungen dieses Wesentliche herauszufinden, d.h. das Schema in der Natur wiederzusehen. Nicht aber eine Natur, die er nicht kennt, in dem Schema. Es gehört allerdings etwas Phantasie dazu. –

Wir kehren zu der Frage zurück: wie kommt der Ruhrkies hierher? Als ich diese Ablagerungen hier entdeckte, war diese Frage auch mein erster Gedanke. Eine Lösung konnte ich aber so schnell nicht finden. Da blieb mir denn nichts weiter übrig, als die Ablagerungen Stück für Stück weiter zu verfolgen. Zunächst auf der Karte. Das klingt etwas paradox. Aber ich muss von vornherein bemerken, dass ich die meisten geologischen Entdeckungen – wenigstens bei alten Flussläufen – auf der Karte gemacht habe. Zu diesem Zwecke verfolgt man die betreffende Höhenschichtlinie (Messtischblatt 1:25.000). Hier an der Kammerstraße zeigt die Karte an der Terrassenkante die 40 Meter-Linie. Der gesunde Menschenverstand sagt nun, wenn hier einmal die Ruhr geflossen ist, dann muss sie auch überall in derselben Höhe geflossen sein. Denn über Berg und Tal zu hüpfen, dass fällt heutzutage keinem Fluss ein, der irgendwie auf Reputation hält. Früher wahrscheinlich auch nicht. Ich habe also die 40 Meter-Linie weiter verfolgt, zunächst nach Norden. Da habe ich denn gefunden, dass sie tatsächlich ungefähr mit dem Verlauf der Terrassenkante übereinstimmt. Weiterhin, dass sich diese Terrasse an dem ganzen Westgehänge des Waldes bis zur Lotharstraße verfolgen lässt, dass die Terrassenfläche dann aber in dem Taleinschnitt zwischen Kaiserberg und Wolfsberg (gegenüber Monning) sich nach rechts, d.h. nach Osten biegt – die ganze Talfläche der „Monninger Delle“ stellt die Terrassenfläche dar. Bis hinter dem Raffelsberger Hof lässt sie sich verfolgen und wird da an dem Wege „Am Sprüttchen“ durch eine Terrassenkante mit ihrem Steilrand vorläufig abgeschnitten. Mit Unterbrechungen an den Mündungsgebieten der Speldorfer Bäche geht sie aber bis Mülheim weiter und gewinnt dort endgültig den Anschluss an das enge Ruhrtal. Terrassenplateau, Terrassenkante, Ruhrkies – alles lässt sich auf dieser ganzen Strecke nachweisen.

Nun fragt der gesunde Menschenverstand aber weiter: Wie kommt die Ruhr nur da oben hin? 40 Meter über dem Meeresspiegel? Heute fließt sie nur in 24 Meter Meereshöhe! Da muss ich zunächst daran erinnern, dass der Bogen des Pulverweges, der bis vor 30 Jahren Wiesengelände einschloss, die äußere Begrenzung eines alten Ruhrlaufes darstellte, der höchstwahrscheinlich vor 1.000 Jahren noch Wasser führte – wenn auch damals schon nur noch als tote Schlenke. Seit Jahrhunderten ist sie aber bereits ausgetrocknet. Ebenso war der alte Rheinlauf vor dem Schwanentor, den der Strom erst vor 650 Jahren verlassen, 200 Jahre später schon vollkommen trocken. Und unsere ganze Rheintalebene bis zur Lotharstraße ist ein altes Rheinbett (es stammt allerdings schon aus der Eiszeit). Denn vor kurzem habe ich noch Mammutreste darin gefunden. Und diese alte Talsohle fällt am Pulverweg und nördlich der Duissernschen Straße gegen das Überschwemmungsgebiet der Ruhr schon um ungefähr 6 Meter ab. Am Eichelkamp gegen den Rhein hin sogar noch steiler und tiefer. Heute liegt diese Talsohle über jeder Überschwemmung. Es bleibt also nichts anderes übrig, als anzunehmen, dass sich das Land langsam gehoben hat.

Das wird wahrscheinlich auch weitergehen, und so wird es früher wohl auch der Fall gewesen sein. Daher braucht es uns nicht Wunder zu nehmen, dass der alte Ruhrlauf da in der Monninger Delle und in der Kammerstraße so hoch liegt. Wohl dürfen wir annehmen, dass es sehr lange her sein muss, als die Ruhr sich hierher verirrte. Länger als die letzte Eiszeit. Denn da hat sich die Talsohle (Niederterrasse) abgesetzt; unsere Mittelterrasse liegt aber noch ungefähr 8 Meter höher. Es kann höchstens die vorletzte Eiszeit gewesen sein. Denn dass auch diese Ruhrmittelterrasse mit einer Eiszeit zusammenhängt, konnte ich dadurch nachweisen, dass ich in der städtischen Kiesgrube bei „Berg und Tal" nordisches Geschiebe in Massen auffand. Ganz abgesehen von viel zwingenderen Beweisen, die sich in derselben Terrasse südlich von der Wedau finden (Entenfang bei Block Rott).

Je höher, umso älter. Also muss der Rheintalboden da oben auf der Hochfläche Heiliger Brunnen – Wolfsburg noch älter sein. Ich will hinzufügen, ohne es aber zu beweisen, dass diese Terrasse wahrscheinlich in der ersten alpinen (Günz-)Eiszeit entstanden ist. Ich rechne überhaupt immer nach alpinen, nicht nach nordischen Vergletscherungen. In der nordischen Rechnung hat man im Wesentlichen 3 statt 4 Eiszeiten.

Eine andere Frage wird der gesunde Menschenverstand jetzt totsicher stellen: Was waren die Motive, die die Ruhr zu solch ungewöhnlichen Abwegen veranlasste? In der dritten alpinen, d.h. der Rißeiszeit, kam der skandinavische Gletscher bis hierher, ja bis Großenbaum. Er hat auf dem Duissernschen Berg und am Schnabenhuck z.B. seine Visitenkarte in Gestalt einer Grundmoräne abgegeben. Dieser Gletscher kam auch in das Ruhrtal, verstopfte es und zwang so die Ruhr, sich nach einem anderen passenden Lauf umzusehen. Da entschied sie sich dafür, über die Monning zu fließen und vor dem Duissernschen Berg links abzubiegen. Hierbei wird sie wohl ein Tal benutzt haben, das von Bächen schon so weit vorbereitet war. Ähnlich so wie der Speldorfer Einschnitt (Rheinische Bahn) vom Halbach und vom Weißenbach ausgesägt ist. – Hinter dem Berg, an der Ecke Mülheimer Straße und Lotharstraße (dort habe ich auch ausgesprochene Ruhrablagerungen gefunden) traf sie auf die Rheintalebene. Bis dahin war leider Gottes der Gletscher aber auch schon vorgedrungen. Er hatte den Kaiserberg umgangen (eine umfassende Bewegung nennt man das in der Strategie), und machte auf die Ruhr einen Flankenangriff von Westen her. So blieb ihr in ihrer Not nichts anderes übrig, als in dem schmalen Spalt zwischen Gletscher und Duisburger Waldgebirge nach Süden einen Ausweg zu suchen – „Ausweichen“ sagte man in den Heeresberichten. Ich will es hier nebenbei schon bemerken, - sie floss bis fast Lintorf, umging dann die Zunge des Gletschers und gewann da erst die Freiheit ihres Handelns wieder. Sie wird dann nach Westen geflossen sein und sich hinter Krefeld in den Rhein ergossen haben, der damals durch das Tal der Niers zur Maas abfloss.

Ich habe das alles schon im vorigen Jahre auseinandergesetzt.

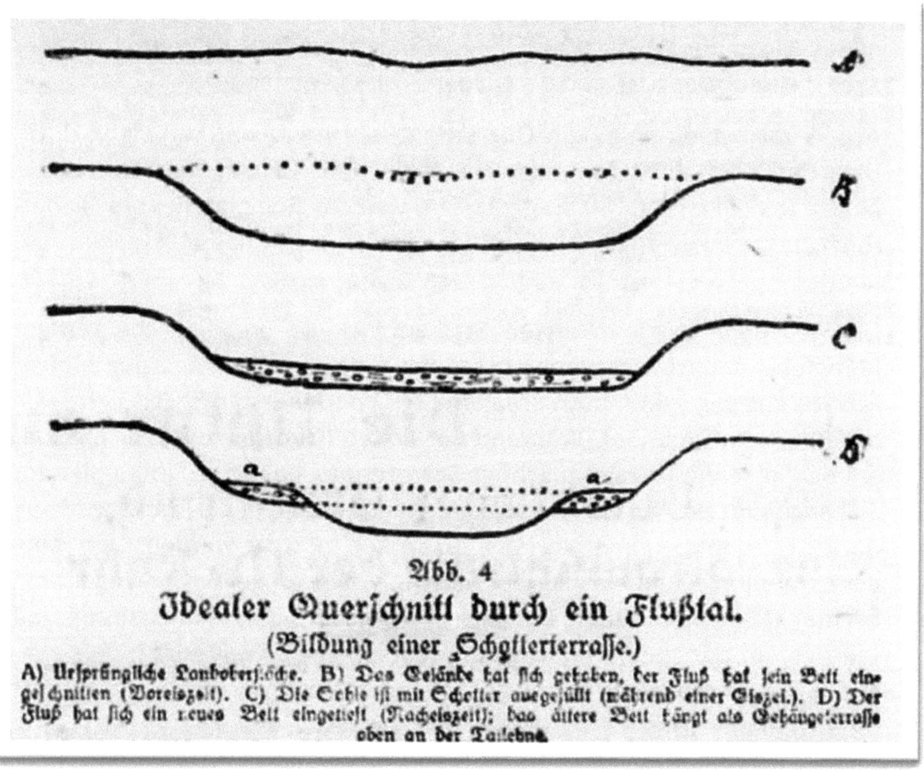

Abb. 4

Idealer Querschnitt durch ein Flußtal.

(Bildung einer Schotterterrasse.)

A) Ursprüngliche Landoberfläche. B) Das Gelände hat sich gehoben, der Fluß hat sein Bett eingeschnitten (Voreiszeit). C) Die Sohle ist mit Schotter ausgefüllt (während einer Eiszeit.). D) Der Fluß hat sich ein neues Bett eingetieft (Nacheiszeit); das ältere Bett hängt als Gehängeterrasse oben an der Talebne.

Ich möchte hier nur noch auf Abbildung 4 verweisen. Sie zeigt in einem idealen Fall, wie eine Terrasse entsteht. Und zwar eine Terrasse mit Aufschüttung. Der Beginn eines Flusstales besteht immer darin, dass in einer Zwischenzeit oder einer Voreiszeit der Fluss sich in das Gelände einnagt. Das wird dadurch möglich, dass sich, wie erwähnt, das Gelände langsam hebt. Auf diese Weise ist bis zu Beginn einer neuen Eiszeit die Sohle einer Terrassenfläche entstanden (Abb. 4b). In der Eiszeit wird – hauptsächlich infolge der zerstörenden Kraft des Frostes, der auch die festesten Felsen zerspringen lässt – so viel Schutt von Bergen herabgeflözt, dass die Talsohle mit einer mächtigen Schotterschicht bedeckt wird (Abb. 4c). In der Gegend des Siebengebirges wird diese 30-40 Meter mächtig. Die Oberfläche dieser Schuttablagerung bildet das Plateau der zukünftigen Flussterrasse. – In der nun folgenden Zwischeneiszeit oder Nacheiszeit tieft der Fluss sich von neuem ein, zerstört den größten Teil des vorigen Tales und präpariert den Rest als leistenförmige Terrassenkante an der Tallehne heraus (Abb. 4d). Die rechte Hälfte dieser Abbildung drückt ungefähr dasselbe aus, was Abb. 3 in perspektivischer Aufsicht darstellen soll. – Man muss versuchen, dieses Bild in der Wirklichkeit wiederzufinden. – Auf diese Weise sind aber auch die Hauptterrasse und die Niederterrasse entstanden.

Abb. 5 zeigt dann an einem Querschnitt, der etwa von Kettwig v. d. Br. Über den Hölzenberg geht, die vollständige Entwicklung unseres Waldgebirges. Die linke Hälfte ist weggelassen, weil das Rheintal hier am Niederrhein zu breit geworden ist. Es greift nämlich bis in das Maasgebiet hinüber.

Die Abbildung zeigt im ersten Stadium (A) die ursprüngliche tertiäre Rumpfebene, die in einzelnen Köpfen mit pliozäner Kiesbedeckung südöstlich von Kettwig v.d.Br. noch erhalten [ist]. Vor der ersten Eiszeit tiefte sich der Rhein ein (Abb. 5b). Während der ersten (Günz-)Eiszeit schichtete er auf der Sohle dieses Tales mächtige Schottermassen auf, die im Gebiet des Siebengebirges 40 Meter, bei uns in den Kiesgruben in der Nähe des Speldorfer Friedhofes immerhin noch 10 Meter mächtig werden. Der Hang dieses uralten Rheintales lag bei Kettwig v.d.Br. ungefähr im Vogelsangbachtal. Reste der Talsohle finden sich dann fast bis zur Lotharstraße und tauchen auf der anderen Rheinseite westlich von Krefeld und Moers wieder auf. Dazu gehört die Bönninghardt und der Reichswald bei Cleve. Es ist die sog. Hauptterrasse.

Bis zur dritten (Riß-)Eiszeit hob sich das Land weiter. In demselben Maße schnitten sich zusammen mit dem Hauptstrom auch die Nebenflüsse und Bäche ein. Sie zerstückelten die ursprünglich einheitliche Terrassenfläche in eine Reihe von unzusammenhängenden Hochflächen oder einzelnen Köpfen, die man im Bergischen bezeichnenderweise „Kiesköpfe" nennt. Der Kaiserberg, der Wolfsburg gegenüber der Monning (auf Speldorfer Gebiet nennt man ihn neuerdings Prinzenhöhe), die Hochfläche des Pferdekopfes zwischen Heiligen Brunnen und Wolfsberg, das Plateau der Speldorfer Wald- und Gartenstadt gehören dazu. Wer sie finden will, braucht auf dem Messtischblatt 1:25.000 nur die Höhenschichtlinie 80 Meter mit dem Bleistift zu umfahren. (Nach Osten steigt die Terrasse infolge nachträglicher Gebirgsbewegungen allerdings bis 120 Meter an). Überall wird man da kleine Köpfe oder Hochflächen finden, und wenn man sie in der Natur aufsucht, wird man feststellen, dass sie mit Rheinkies bedeckt sind.

Dann kam später in der dritten alpinen Eiszeit die Hauptvereisung. In ihr schoben sich die nordischen Gletscher bis hierher vor.

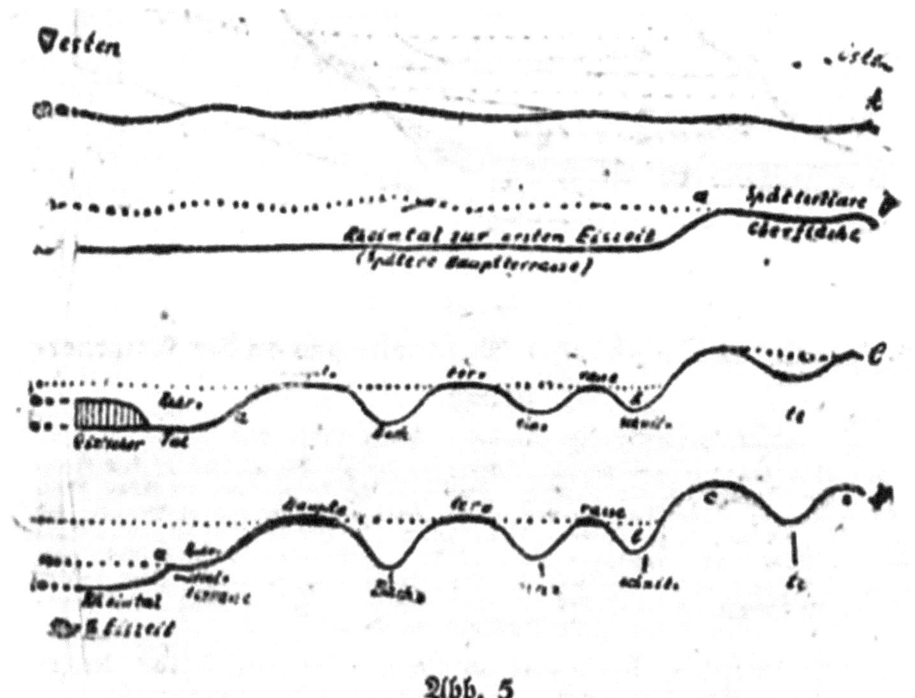

Abb. 5

Querschnitt durch die östliche Hälfte des Rheinthales, etwa von Kettwig bis Wedau, von Süden gesehen (die linke Hälfte des Rheintales ist weggelassen; sie zieht sich bis zur Maas hin).

A) Voreiszeit (Spättertiäre Rumpffläche) B) Rheintal um die erste erste Eiszeit. a) Damaliges Talgehänge in der Gegend von Kettwig v. d. Br. C) Dritte Eiszeit. In der Linie Lotharstraße—Lintorf hat die Ruhr sich eingenagt, nach Westen vermutlich begrenzt durch den Gletscher. Ältester Rheintalboden ist zur Hauptterrasse geworden. Diese, sowie die ältere tertiäre Landoberfläche werden durch Bäche zerschnitten. b) Beginn des Vogelsangbachtal. D) Vierte Eiszeit. Die Ruhr hat sich wieder zurückgezogen, ihr Tal ist durch den Rhein größtenteils abgehobelt, sodaß nur noch am Gebirge eine schmale Gehängeleiste übrig bleibt. a) Kante dieser Leiste, b) Vogelsangbachtal bei Kettwig, c) Kiesköpfe mit spättertiärer (pliozäner) Kiesbedeckung südöstlich von Kettwig v. d. Br

Während dieser Zeit bildete sich im Westen des Gebirges, wie beschrieben, das Ruhrtal: Stadium C in Abbildung 5, links. Durch die vierte Eiszeit bildete sich dann in der Weise, wie es durch Abbildung 4 veranschaulicht ist, die Niederterrasse des Rheines, auf der wir wohnen. Gleichzeitig wurde das Urstromtal der Ruhr zu einer Gehängeleiste (Ruhrmittelterrasse) reduziert: Abb. 5 Stadium D, links.

Alles das hatte ich schon seit langer Zeit gefunden, und im vorigen Jahr im Verein für Heimatkunde und in den Blättern bekannt gemacht. Als ich meine geologischen Aufnahmen anfangs dieses Jahres in einem Reliefmodell für die hiesige Gegend niederlegte, wollte in der Gegend des Steinbruchs die Sache auf dem Modell nicht stimmen. Das veranlasste mich, das Gelände nochmals nachzuprüfen. Und da ergab sich, dass die Oberfläche des Steinbruchs gleichfalls ein Stück der Talsohle der Ur-Ruhr ist, also zur Mittelterrasse gehört. Ich war auf den Gedanken nicht sofort gekommen, weil ich dort im vorigen Jahre keinen Ruhrkies gefunden hatte. Ich schlage vor, wir besuchen den Steinbruch einmal gemeinsam. Ich würde aber raten, hinter der letzten Unterführung am Restaurant (Bahndamm Speldorf-Wedau) nicht den kleinen Fußweg geradeaus durch das junge Kiefernstangenholz zu verfolgen, sondern sich links am Bahndamm entlang auf dem Fahrweg zu halten. Nach 120 Metern bekundet der Fahrweg eine entschiedene Neigung nach rechts. Wir aber gehen unbeirrt geradeaus auf dem Feuerschutzpfad der Bahn weiter. Wieder ungefähr 150 Meter weiter werden wir vielleicht bemerken, dass der Weg beginnt, sanft zu steigen. Und diese Steigung wird immer intensiver. Wer es aber nicht bemerkt, der braucht nur den Bahndamm linker Hand im Auge zu behalten. Da wird er schon sehen, wie das Gelände an ihm emporklimmt. 200 Meter (ungefähr 4 Minuten) östlich von dem Fahrweg sind wir an einer ziemlich scharfen Kante auf einem Plateau angelangt. Wer die Differenz am Bahndamm im Auge behalten hat, wird feststellen, dass sie sich ungefähr 6-7 Meter über der Tiefebene erhebt. Also genau die vorschriftsmäßige Höhe für die Mittelterrasse! – Unmittelbar rechts neben dem Schnitt des Fußweges mit der Terrassenkante sehen wir in einem kleinen Schurf bröcklichen grauschwarzen Schiefer entblößt. Wir können die Terrassenkante nach Süden weiter verfolgen und werden finden, dass sie hier an der Westgrenze des Steinbruchs entlang streicht. (Zwischen Steinbruch und Bahndamm allerdings auf kurzer Erstreckung unterbrochen durch eine Mulde oder Wasserriss.) Man kann diese Terrasse auch auffinden, wenn man von der Bahnunterführung geradeaus durch den erwähnten Kiefernbruch und dann über den Rehweg an der Gabelung halblinks zum Steinbruch geht. Und zwar am Steinbruch selbst. Der Terrassenaufstieg ist dadurch gekennzeichnet, dass hier der Abfuhrweg des Steinbruchs sich als Hohlweg hat eingraben müssen und durch einen kleinen Steg überbrückt wird. Offenbar besteht hier die ganze Geländeterrasse aus Fels (Schiefer oder Grauwackensandstein der Kohlenformation). Der Bruch ist so angelegt, dass man von der Niederterrasse aus in waagerechter Richtung in das Gehänge der Mittelterrasse einarbeitete. – Auch wer in dem Bahndreieck des Papenbruch zwischen der Hochfelder und der Wedauer Bahn von der Lotharstraße aus (Eingang neben dem Weißen Bach gegenüber dem Hause Nr. 264) nach Osten geht, wird dort dieselbe Terrasse ersteigen müssen. Auch da findet er neben der Terrassenkante in Schürfen und Gräben Fels aufgeschlossen. Und wer nördlich von der Hochfelder Bahn von der Lotharstraße aus nach Osten zum Nachtigallental geht, der wird finden, dass wiederum nach etwa 250 Metern der Weg sich in das Gelände einschneiden muss. Also auch hier wird eine Terrasse von gleicher Höhe durchschnitten. (Es ist dieselbe Terrasse, die sich östlich vom Lärchenweg bis zur städtischen Kiesgrube und weiter fortsetzt.) Es ist streng verboten, die Bahn zu überschreiten. Wer es dennoch tut, setzt sich nicht nur der Gefahr aus, unter Umständen auch mal überfahren zu werden – er erwirbt sich dazu noch die Anwartschaft auf ein Strafmandat. Außerdem verscherzt er sich leichtfertigerweise die Wirkung von etwa 10 Minuten langer gesunder Bewegung, die darin besteht, dass man einen großen Umweg macht, bis zur Lotharstraße zurückgeht, die Schritte zählt und mit innerer Genugtuung feststellt, dass auf der Südseite der Bahn in genau derselben Entfernung wie von der Lotharstraße, eine gleiche Terrasse durchsetzt. Wer den Bahndamm verbotener Weise übersteigt, sieht die Fortsetzung der Terrasse ja unmittelbar. Es fragt sich aber, ob diese Erkenntnis mit dem Verluste eines guten Gewissens nicht zu teuer erkauft ist. –

Südlich vom Steinbruch lässt sich die Terrasse weiter verfolgen. Sie wird allerdings allmählich niedriger, und anfangs durch Schürfe und Halden, später durch die Bewachsung mit Stechpalmen verdeckt. Sie zieht sich näher nach dem Berge hin und läuft ungefähr mitten zwischen dem Berge und der Lotharstraße, doch mehr nach dem Berge hin, weiter. In der Gegend von Forsthaus Curtius ist sie durch den Bummelbach unterbrochen. Doch habe ich sie noch bis zur Stadtgrenze am Kreuz verfolgen können. In diesem südlichen Teil ragt sie nur höchstens 3 Meter über die Talebene hinaus. Es gehört schon viel Ausdauer, guter Wille und ein geübtes Auge dazu, sie hier zu sehen.

Wie kommt es aber, dass am Steinbruch kein Ruhrkies liegt, der doch sonst immer der deutlichste Hinweis auf ein früheres Flusstal ist? Dazu muss ich etwas länger ausgreifen. Im Norden, Süden und Osten besteht der ganze Grund und auch das Bergmassiv aus Ton. Damit konnte das Wasser leicht fertig werden. In dieser Tonbettung steckt aber da in der Gegend des Steinbruchs (nach Norden über Forellenteich bis „Berg und Tal" hin) ein Felskern. Es war offenbar in dem Tonmeer, das von der Nordsee aus bis nach Ratingen brandete, eine Felsenklippe – eine Schäre -, die das Meer nicht ganz hat abhobeln können. Diesen im Ton eingebetteten Steinkern zu durchsägen, fiel auch der Ruhr nicht so ganz leicht. Er stellte sich ihr als Barre entgegen. Bis zu einem gewissen Grade ist sie mit ihr ja wohl fertig geworden. Sie wird ihn wohl zunächst als Wasserfall überstiegen haben, der sich später ganz allmählich zu einer Stromschnelle abschloss. Das Wasser war hier offenbar sehr seicht, schoss dafür aber in umso rasenderem Lauf dahin. Unter solchen Umständen wird sich Kies hier kaum hat ablagern können. – Solch eine Barre wirkt noch ein ganzes Stück vorher und nachher. Es ist daher gar nicht verwunderlich, wenn man ein paar hundert Meter weiter nach Norden und nach Süden ebenso wenig Schotterbedeckung findet.

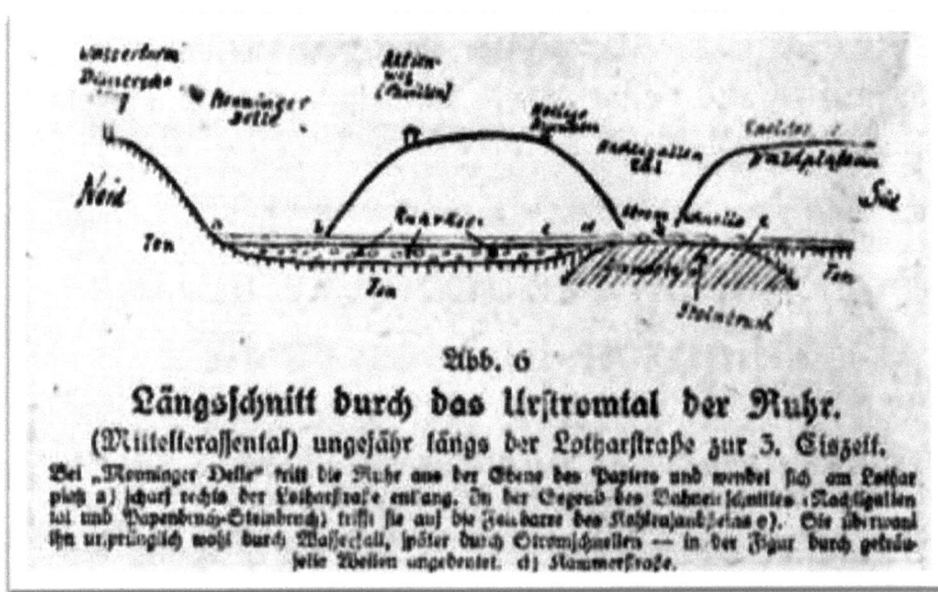

Abb. 6

Längsschnitt durch das Urstromtal der Ruhr.

(Mittelterassental) ungefähr längs der Lotharstraße zur 3. Eiszeit.

Bei „Menninger Delle" tritt die Ruhr aus der Ebene des Papiers und wendet sich am Lotharplatz a) scharf rechts der Lotharstraße entlang. In der Gegend des Bahneinschnittes (Nachtigallental und Papenbruch-Steinbruch) trifft sie auf die Felsbarre des Kohlensandsteins c). Sie überwand ihn ursprünglich wohl durch Wasserfall, später durch Stromschnellen — in der Figur durch gekräuselte Wellen angedeutet. d) Kammerstraße.

Wie der Fluss damals wohl ausgesehen haben mag, zeigt vielleicht Abb. 6. Sie bietet einen Längsschnitt durch das Ruhrtal zur dritten Eiszeit, von Neudorf aus gesehen. Ich bitte den Leser, darin nicht Papier und linear angeordnete Druckerschwärze zu sehen, sondern vor seinem geistigen Auge die Wirklichkeit entstehen zu lassen. Links aber noch südlich vom Duissernschen Berg – da wo „Monninger Delle" steht – muss man sich den Fluss aus der Ebene des Papiers herauskommen denken. Nämlich von Raffelberg-Monning her. Nach links (vom Beschauer aus gesehen) begrenzt vom Duissernschen Berg, der in der Abbildung durchschnitten ist. Die letzten spärlichen Reste von Kiesablagerungen am nördlichen Flussufer habe ich am Nordrande des Lotharplatzes gefunden. Der Fluss macht da eine scharfe Wendung und fließt, vom Beschauer aus gesehen, nach rechts, so dass die Zeichnung von da an einen Längsschnitt darstellt. Die Berge Pavillon-Aktienstraße – Heiliger Brunnen und Speldorfer Waldplateau liegen hinter der Ebene des Papiers; sie bilden die linke Lehne des Ruhrtales. Das Nachtigallental mit dem Weißen Bach war zu jener Zeit ein Nebenfluss der Ruhr. (Ich hatte es eine Zeit lang für das Tal angesehen, aus dem die eigentliche Ruhr herausgekommen war. Der Talboden erreicht aber östlich vom Speldorfer Grenzweg 60 Meter Meereshöhe. Und das ist für die Mittelterrasse der Ruhr um 20 Meter zu hoch.) Man sieht aus der Zeichnung, wie vor dem Nachtigallental die Talsohle nach rechts ansteigt bis etwa „Berg und Tal". Kurz vor dem Nachtigallental erreicht sie die Wasseroberfläche und besitzt dort die gleiche Höhe wie das südlicher gelegene Felsmassiv des Steinbruchs. Über diesem sind die Stromschnellen durch kleine Wasserwellen angedeutet. Sollte denn nirgendwo im Gebiete des Felsens sich eine Spur von Ruhrkies erhalten haben? Sollte im Gebiete dieser Stromschnellen sich keine Tasche in den Fels hineingenagt haben, in der nur ein paar Kiesel sich verstecken und der Gewalt der Stromschnellen entgehen konnten? - Doch! Wer sucht, der findet!

Ich habe in diesem Herbst immer und immer wieder gesucht, und habe ihn schließlich gleich an mehreren Stellen gefunden. Wer zum Beispiel von der Lotharstraße innerhalb des Bahndreiecks den Weg durch das Papenbruch zum Forellenteich verfolgt, er findet hinter der Terrassenkante in der Mitte vor der Porzellanunterführung an der Nordseite des Weges bis zum Weißen Bach sich erstreckend einen großen Graben, der stellenweise selbst im trockensten Sommer sumpfig ist. Im Aushub liegt seitlich typischer Ruhrkies. Auch wer südlich von der Wedaubahn den Feuerschutzstreifen der Bahn nach Osten verfolgt, den wir früher bereits begangen haben, der findet einen ähnlichen Graben ungefähr 55 Meter hinter der Terrassenkante. Hier ist der Aushub sogar noch deutlicher als Ruhrkies zu erkennen. Denselben Kies haben auch einige Schürfe in der Nachbarschaft ausgeworfen.

Wo aber der Kies heute nicht mehr oben auf der Terrasse angetroffen wird, da findet er sich wenigstens unten am Fuß des Gehänges, unter Umständen 1-2 Meter unter der Sandoberfläche. Z.B. kam ich an der Lotharstraße an der Ecke der Hochfelder Bahn vor einigen Wochen gerade dazu, wie der Maurer Herr Willich Sand aushob. Bereitwillig grub er tiefer, als für seine Zwecke notwendig war. Und da stieß er bei 2 Meter Teufe auf ganz ausgesprochenen Ruhrkies. Er war offenbar kurz nach der 4. Eiszeit zu Beginn der Steppenzeit durch den Weißen Bach von der Mittelterrasse herabgeschwemmt worden. Vieles kann ja von vornherein dort nicht gelegen haben. So braucht man sich denn nicht zu wundern, dass man heute dort gar nichts mehr findet. Ebenso liegt ein Steinstrom von großem Ruhrgeröll unter der Sandoberfläche im Garten des Herrn Förster Höhne (Forsthaus Curtius). Er stammt natürlich von der Terrassenpartie südlich des Steinbruchs.

Damit ist wohl endgültig nachgewiesen, dass auch der Steinbruch und seine Umgebung einstmals zum Urstromtal der Ruhr gehörten. Wie es sich südlich der Duisburger Grenze weiter fortsetzt, das habe ich im vorigen Jahr bereits herausgefunden und verschiedentlich in Wort und Schrift auseinandergesetzt. Dazu gehört z.B. das große Plateau südwestlich von Hölzenberg. Ferner die Kiesgrube des Entenfang, die man bisher ausschließlich als Moräne reklamierte. Noch weiter südlich habe ich den Ruhrkies zwar nicht mehr in deutlichen Aufschlüssen, aber doch wenigstens im Aushub von Telegraphenstangen und von Hausbauten bis Lintorf verfolgen können.

Schwer ist es nicht, alles das einzusehen.
Es gehört nur etwas gesunder Menschenverstand dazu.
Wer sich aber sträuben möchte, das Gesagte gleich zu glauben, - dem empfehle ich ein paar Spaziergänge. Am besten immer zur Terrassenkante.

9. Das Kreidemeer am Kassenberg bei Broich

Aus: Niederrheinisches Museum – Zwanglose Blätter für Heimatgeschichte und Heimatkunde vom 31.01.1922.

Für die Geologie gibt es nichts Ewiges. Wer mit geologischem Augenmaß unsere Erde betrachtet, wer mit offenen Ohren und scharfem Blick ihre leisen Veränderungen beobachtet, für den kracht und zittert die scheinbar festverankerte Erdrinde in allen Fugen. Denken wir uns mit einem Geist begabt, für den tausend Jahre gleich einem Tag, gleich einer Sekunde sind, versetzen wir uns auf einen Standpunkt außerhalb der Erde (ich würde dazu den Mond empfehlen), was sehen wir da von der Erde selbst? Alles, aber auch alles ist im Fluss! Gebirge werden aufgetürmt, recken sich titanengleich empor in des Äthers Blau, so, als wollten sie den Himmel stürmen, um im nächsten Moment lautlos wieder zusammenzustürzen. Ich sage „im nächsten Moment". Natürlich ist auch das unter geologischem Gesichtswinkel zu verstehen. Eine Million Jahre kann man immerhin dazu rechnen. ... Und auch das Meer verlässt seinen festen Platz, wogt hin und her, wie die leisen Atemzüge eines schlafenden Riesen. Hier tauchen aus dem unendlichen Ozean inselgleich neue jugendliche Festländer empor, dort werden alte, verbrauchte Festländer vom Meere wieder überflutet und zahlen so ihren Tribut dem Geschick, dem nichts auf Erden entgehen kann, und ihre Stätte kennt sie nicht mehr. ---

Im Mittelalter der Erde war es, kurz vor Schluss dieses Erdzeitalters. Gegen Ende der Kreidezeit nämlich. Wenn ich sage: „Mittelalter", so meine ich das natürlich auch im geologischen Sinne. Vor rund einem wohlgezählten Dutzend von Jahren mag es immerhin gewesen sein. Aber bitte, nageln Sie mich auf diese Zahl nicht fest. Zu dieser Zeit hatte die Weltkarte ein gar absonderliches Aussehen. Ein großer Kontinent erstreckte sich von Asien aus über Skandinavien nach England. Afrika existierte schon einigermaßen, war aber zeitweise noch mit Südamerika und über Madagaskar mit Indien verbunden. Und was sagen Sie dazu, wenn ich erzähle, dass dort, wo heute Europa liegt, ein lachender, tropischer Himmel über einem inselreichen Weltmeer blaute ... ähnlich so wie heute über einem Archipel des Stillen Ozeans? Eine von diesen Inseln muss damals wohl unser Rheinland gewesen sein. Und gerade bei Mülheim war die merkwürdige Stelle, wo das Meer seine Grenze fand. Bis Mülheim brandete, von Norden anstürmend, die Flut. Die Küstenlinie zog dann zur Monning und in mannigfaltigen Windungen westlich bis nach Aachen weiter. – Woher wir das wissen?

Ich bitte Sie, folgen Sie mir nach Broich zu den Ziegeleien am Kassenberg. Die Beckersche Ziegelei an der Prinzeß-Luisen-Str. zeigt bis zur Sohle allerdings in großer Mächtigkeit nur die Meeresablagerungen, ohne aber den liegenden Fels zu entblößen. Oben in dem Weyandschen Bruch findet man dagegen fast nur diesen Fels mit einer verschwindend geringen Decke von Meeresabsatz. Am besten lassen sich die Verhältnisse aber im Rauenschen Bruch studieren. Er bietet sowohl den liegenden Fels wie die hängenden Meeresablagerungen in gleich schöner Ausbildung, und zeigt vor allen Dingen die Grenzfläche zwischen beiden, die einen alten Meeresboden darstellt. Es ist ein Aufschluss, wie er auf hunderten von Kilometern nicht seinesgleichen findet und ist berühmt unter allen geologischen Punkten Westdeutschlands.

Ich schlage vor, wir steigen von Norden her die Holzstraße herauf. Schräg gegenüber der Flurstraße oder der Lederstraße liegt der Eingang zum Bruch mit dem Kontorhaus. Dort holen wir uns die Erlaubnis zur Besichtigung. Sie wird gern gewährt. Allerdings, wie in allen Steinbrüchen, auf Gefahr des Besuchers. Die Firma übernimmt keine Haftpflicht.

Wir gehen zunächst in die Mitte des Bruches und nehmen unseren Standpunkt in der Nähe des Ziegelschuppens. Vor uns liegt ein großes Loch, zum Teil mit Grundwasser ausgefüllt. Hier hat man schon seit undenklichen Zeiten den Ruhrsandstein der Kohlenformation herausgeholt. Er wird wegen seiner außerordentlichen Festigkeit sehr geschätzt. Schon manch einer hat daran seinen schönen geologischen Hammer aus Böhler- oder Wolframstahl zuschanden gehauen. Ich z.B. --- Der Fels ist nicht massig, er lässt deutlich Schichten erkennen ... ein Zeichen, dass seine Bestandteile einst aus dem Wasser abgesetzt wurden. Die Schichten sind sanftwellig gebogen, nicht übermäßig stark geneigt. Lassen aber doch erkennen, dass sie oben durch eine im Ganzen ziemlich ebene Fläche glatt abgeschnitten sind. Darauf liegen dann, genau waagerecht, die losen Schichten, die das Kreidemeer abgelagert hat. Die festen, leicht geneigten Felsschichten der Steinkohlenzeit und die lockeren, fast genau waagerechten Lagen der Kreidezeit stoßen also unter einem Winkel zusammen. Diskordante oder ungleichförmige Lagerung nennt der Geologe diese Erscheinung. Ein geologischer Vorgang von weltgeschichtlichem Ausmaß wird von diesem einfachen Wort umspannt. Es will nämlich besagen: Die Schichten der Steinkohlenzeit waren einst vom Wasser in waagerechten Schichten abgelagert. Sie wurden dann gehoben, trocken gelegt, verfestigt und zu einem gewaltigen Gebirge aufgetürmt, das sich vom Riesengebirge bis Mittelfrankreich erstreckte und die heutigen Alpen in hohem Bogen umzog. Das Variskische Gebirge nennen die Geologen es; dieses Gebirge hat auch die erwähnte sanfte Neigung der Schichten auf dem Gewissen. Es hat, geologisch gesprochen, nicht lange bestanden: Frost und fließendes Wasser haben ihm arg zugesetzt, haben gewissermaßen die Festung sturmreif gemacht, bis ihm zuletzt das Meer der Kreidezeit den Fangschuss gab. Es drang von Norden aus vor und hobelte es mit scharfem Hobel völlig glatt. Wie das sehen wir an der Unterstadt von Helgoland oder an der Küste von England.

So mussten dann die waagerechte und im Ganzen genommen glatte Oberfläche des Felsens entstehen. Dasselbe Meer drang dann aber weiter vor und setzte die aufgelagerten Schichten darüber ab.

Wie konnte aber das Meer solche Massen vom Felsen zerstören? Das gerade können wir hier im Rauenschen Steinbruch fast noch besser studieren als an einer brandenden felsigen Meeresküste selbst. Und das macht den Bruch so wertvoll. Um des Rätsels Lösung zu finden, müssen wir allerdings die Beschaffenheit des frischen Steines von der Sohle des Bruches bis oben zur Decke verfolgen. Natürlich beachten wir nur den Kern des Steines, der mitten zwischen den Gebirgsklüften liegt. Die Rinde ist durch die Verwitterung, die von den Spalten aus konzentrisch vordrang, verändert. Unten ist der frische Stein graublau und sehr hart. Nach oben wird er, fehlt in dem Kern, braun, sogar orangefarben und gleichzeitig mürbe. Ganz oben hat er im Anschlag eine ganz sonderbare gelbe Färbung und ist ziemlich weich geworden. – Woher kommt das?

Von oben her ist offenbar das Meerwasser eingedrungen und hat den Stein so verändert, zermürbt. Auf hartes Gestein wirkt Salzwasser auf die Dauer ähnlich, so wie eine scharfe Säure. Es ist also eine ausgesprochene chemische Zerstörung.

Nun kommt aber noch dazu die mechanische Tätigkeit des bewegten Wassers. Wasser allein kann gegen solch festen Fels nichts ausrichten. Es weiß sich aber zu helfen. Es schafft sich nämlich Sturmböcke. Dazu dienen abgesprengte Felsbrocken. Die schleudert es hin und her; sie dienen gewissermaßen als Mahlsteine und kriegen den festen Stein klein. Und wie sie so zu mahlen verstehen, das bezeugen die Löcher in den Felsen. Wir sehen uns diese Einzelarbeit jetzt aus der Nähe an und gehen am linken Stoß des Bruches vorbei nach hinten (Osten). Dort, wo die Mergel- und Sandlagen über dem Ton abgedeckt werden. Ein ganzes Stück der Felsfläche ist schon frei. – Aber wie sieht sie aus?

Flachwellig, mit runden Buckeln und meterbreiten, tiefen Löchern - genauso, wie man es heute noch an felsigen Meeresküsten finden kann. Dort bezweifelt niemand, dass das Meer die Felsklippen so rund gewaschen hat. Hier muss offenbar derselbe Urheber tätig gewesen sein. Und unten in den Löchern findet man noch die corpora delicti: abgerundete Blöcke – die erwähnten Mahlsteine, die das Meer immer und immer wieder hin und her geschleudert hat und mit denen es die Löcher ausschliff.

Dass tatsächlich das Meer hier gewesen ist, lässt sich auch dem hartgesottensten Zweifler gegenüber leicht beweisen. Niemand wird in Abrede stellen, dass Haifische im Meere leben, oder dass Austern nur im Salzwasser existieren können.

Sobald nach der letzten Eiszeit die Ostsee ausgesüßt wurde, zogen sich die Austern daraus wieder zurück.

Wer Glück hat, findet dort Austern; sie sind an den radialstrahligen Rippen kenntlich. Für den Menschen musste es also schon der Austern wegen eine Wonne gewesen sein, in Mülheim zu leben, d.h. hauptsächlich dann, wenn er damals schon existiert hätte. Aber daran dachte er noch lange nicht. --- Überhaupt findet man häufig Muscheln gerade an den Felsen festgewachsen. Haifischzähne, dreieckig, spitz, mit scharfen seitenkanten, sind in dem darüber liegenden Grünsand nicht selten. Und wer das Glück hat, führt nicht nur die Braut heim, sondern auch ein Ammonshorn – schneckenartige Tiere, bis über tellergroß. Früher spielten sie in der irdischen Lebewelt eine große Rolle. Seit jenen Zeiten haben sie aber vom Dasein Abstand genommen und sind in der nachdrucksamsten Weise ausgestorben.

Wer fleißig sammelt, findet überhaupt eine Menge Versteinerungen. Bislang sind sie in alle Welt verschleudert oder achtlos beiseite geworfen worden. Hier könnte das Heimatmuseum, das wohl bald wieder seine Pforten auftun wird, eine dankbare Aufgabe erfüllen: Mülheim hat sehr viel naturhistorische Sammelgegenstände.

Mammutreste, Kohlenversteinerungen aus den Broicher Sandsteinbrüchen, Kreideversteinerungen usw. Eine solche Abteilung des Museums würde, wenn sie systematisch ausgebaut würde, die Gelehrten von weither herbeiziehen. Ganz abgesehen von der Aufklärung, die sie den Mülheimern selbst bieten würde. Herr Oberbürgermeister Lembke bringt allen diesen Fragen ein lebhaftes Interesse entgegen und so können wir wohl voller Vertrauen in die Zukunft blicken. Aber eines dürfen wir dabei nicht vergessen: Die Versteinerungen sind nicht Selbstzweck. Dann käme das Sammeln nur auf eine bloße Liebhaberei hinaus. Das wichtigste sind die Aufschlüsse, die sie gewähren – die allgemeinen Gesichtspunkte, die wir aus ihnen gewinnen können. Aufschlüsse über die Entwicklung der Lebewelt, über die Entwicklung der Kontinente – überhaupt über die ganze damalige Erdoberfläche. Wer nur Versteinerungen oder Mineralien sammelt, für den gilt Goethes Wort aus der Schülerszene:

> „Er hat dann wohl die Teile in der Hand
> Fehlt leider nur das geistige Band.“

Dieses geistige Band haben wir hier aus den Fundumständen, aus den Lagerungsverhältnissen, aus der alten Oberfläche zu entwickeln versucht. – So sehen wir überall in unserer Heimat Spuren der größten erdgeschichtlichen Begebenheiten – Erinnerungen an gewaltige Dramen, die sich hier abgespielt haben. Unsere Heimat kann sich den interessantesten Gegenden Deutschlands an die Seite stellen.

Wir sollten sie nur mit offeneren Augen betrachten. Wir sollten uns mehr der Natur hingeben. ---

10. Die erdgeschichtliche Vergangenheit des Niederrheins

Aus: Niederrheinisches Museum – Zwanglose Blätter für Heimatgeschichte und Heimatkunde vom 12.05.1922, 16.06.1922, 18.08.1922, 10.04.1923, 12.06.1923, 04.07.1923.

Wenn ich bei einem meiner Vorträge oder Kurse über Duisburgs geologische Konduite etwas davon erzähle, dass einst über die Spitze des Duisserschen Berges (Kaiserberges) der Rhein geflossen sei, oder dass gar die Nordsee einen Zipfel bis nach Ratingen und noch weiter bis ins Bergische Land vorgetrieben hatte – dann begegnete ich bei Laien (an sie wende ich mich in erster Linie) auf milde, aber bestimmte Ablehnung. Vorausgesetzt, dass der Gegenpaukant höflich ist. Das ist er aber nicht immer. Und dann findet er den ganzen Roman zwar reizend, aber doch „lögenhaft tu vertelle", wie es in dem Märchen vom Hasen und Igel heißt.

Sowas möchte ich mir aber doch nicht gerne nachsagen lassen. Wenn ich daher von der geologischen Vergangenheit unserer Heimat etwas erzählen will, dann muss ich zunächst zeigen, wie es möglich ist, dass sie eine „Vergangenheit" haben kann.

Ich hatte einst einen Freund und Kollegen, der unter meiner Anleitung seinen geologischen Doktor gemacht hat. Als er z.Zt. als Bonner Husar einjährig diente, machte er eines Tages mit seinem Leutnant einen Ritt ins Gebirge. Es war übrigens Devongebirge. Beim Anblick all der zerrissenen Felsspalten trieb ihn der Geist, seine geologischen Kenntnisse auszustülpen. „Sehen Sie, Herr Leutnant, dieses ganze Gebirge (weitumspannende Handbewegung) wurde früher einmal im Meere abgesetzt. Später sind dann die Schichten trocken gelegt und so steil aufgerichtet worden." Der Leutnant (zweifelnd): „Aber, Verehrtester, das ist ja ganz interessant. Wenn Sie sich – äh – nur nicht irren! Als ich – äh – vor sechs Jahren das ersten Male hier war, da sah die Schose – äh – schon ganz genauso aus." – Die Leutnants und die Fähnrichs, das sind die klügsten Leute. Denn also sprach Heinrich Heine. Diesmal hatten aber beide Unrecht. Heine sowohl wie der Leutnant. Hauptsächlich aber wohl der letztere. Er hatte nämlich die Zeit nicht in Betracht gezogen. Und gerade in diesem Punkte denkt der Geologe kolossal großzügig. Es mögen schon viele Dutzende von Millionen Jahren her sein, dass all die Grauwacken abgesetzt wurden, auf denen im Herbst unser Wein kocht. (Oder auch nicht kocht, was jetzt leider die Regel ist!) Aber bitte, nageln Sie mich auf die Zahl nicht fest. Wenn einer die Hälfte oder noch weniger nennt, kann ich nichts dagegen sagen. Auf ein paar Millionen Jahre mehr oder weniger kommt es wirklich nicht an. In diesem Punkt ist die Geologie sehr nett und entgegenkommend.

Auf der Erde hat es jedenfalls nicht immer so ausgesehen wie heute. Oben auf dem Himalaya - vielleicht 5.000 Meter hoch – liegen Meeresablagerungen. Und das aus der Neuzeit – d.h. nach geologischem Maß gemessen. Ein paar Millionen von Jahren kann es doch schon her sein. Das wird manchem Leser doch wohl stark – na, drücken wir uns mal so aus: etwas unwahrscheinlich vorkommen. Ist aber trotzdem Tatsache. Aber bis nach Indien brauchen wir schließlich nicht einmal zu gehen. Wer in den vergangenen Jahren auf einer meiner Führungen mitgewesen ist, wird sich z.B. entsinnen, dass im Neandertal zwischen Mettmann und Erkrath in den Kalkschichten Korallen gefunden werden, dass auch diese Schichten also Meeresablagerungen sind. –

Auch entgegengesetzte Tendenzen hat die Erde zeitweilig vertreten. Nicht nur, dass sie Teile der Erdkruste hob. Andere Teile senkte sie wieder. In der Steinkohlenzeit - also etwas nach der eben genannten Devonzeit – zog sich von Mittelfrankreich aus das „Amorikanische Gebirge" bis in den Raum des Atlantischen Ozean hinaus.

Heute ist es unter den Meeresfluten des Ozean begraben. Und dass sich selbst in neuerer Zeit, als die Säugetiere (wie Büffel, Biber) schon existierten – dass da Europa mit Nordamerika verbunden war, wird wohl dem einen oder dem anderen unter den Lesern bekannt sein. - Das sind alles Tatsachen, an die zu zweifeln nicht gestattet ist.

Wie aber sind sie zu erklären? Diese Fragen haben sich die Geologen schon seit langer Zeit vorgelegt. Da dozierte vor 100 Jahren in Paris Cuvier, der Begründer der wissenschaftlichen Versteinerungskunde. Er glaubte, diese Veränderungen würden durch große Katastrophen verursacht, die hin und wieder auf der Erde auftraten. Wenn dann die Zeit erfüllt war, dann wären mit einem Male ganze Erdteile im Qualm und Zischen der Flut versunken. Wer kennt nicht das schöne Kommerzlied:

Es rauscht in den Schachtelhalmen.
Verdächtig leuchtet das Meer,
Da schwimmt, mit Tränen im Auge
Ein Ichthyosaurus daher ---

In dem Victor v. Scheffel einer solchen Weltkatastrophe so tief ergreifenden Ausdruck verliehen hat. Nach dieser Anschauung wären also die Erdperioden alle hübsch scharf voneinander getrennt. Ebenso auch die Teile der Erdrinde, „die in ihnen entstanden sind, und die man als Formationen" bezeichnet. Diese Anschauung konnte sich aber nur so lange halten, als unsere Kenntnis von der Erdoberfläche eben auch nur „oberflächlich" war. Bald indes wurde man darauf aufmerksam, dass die Formationen sich durchaus nicht immer so nach Vorschrift benahmen. Sie fingen an, aus der Reihe zu tanzen, ineinander überzugehen. Solche unerlaubten Seitensprünge mehrten sich. Und schließlich bildeten sie die Hauptsache. Und es ließ sich beim besten Willen nicht mehr umgehen: Die Geologie musste eine andere Theorie ersinnen. - Der englische Geologe Lyell, der geologische Vater Darwins, war es, der diesen Schritt tat.

Ich bitte den Leser, mir in die Bretagne zu folgen. Auch da haben die Römer ihre bekannten und vielbewunderten Heerstraßen angelegt. Das ist ja an und für sich nicht so sonderbar. Weit merkwürdiger ist, dass diese Kunststraßen meilenweit ins Meer hineinführen, und selbst bei tiefster Ebbe mehrere Meter hoch vom Wasser bedeckt werden. Wozu das nur? Die Römer waren viel zu praktisch, um ihre Straßen ausgerechnet unter dem Meeresspielgel anzulegen. Und ganz abgesehen von der Zweckmäßigkeitsfrage: wie hätte man in der damaligen Zeit das machen wollen? Taucherglocken und Caissons waren noch lange nicht erfunden.

Nur eine Möglichkeit gibt es, sich einen Vers darauf zu machen: damals muss das ganze Gebiet noch hoch gelegen haben und kann nicht überflutet gewesen sein. Erst nachträglich ist es dann abgesunken. Ähnlich so sieht es mit der ganzen Nordseeküste aus. Welche Kämpfe müssen wir nicht führen, um Helgoland und die friesischen Inseln zu erhalten! Ohne die heutigen Anstrengungen der Wasserbaubehörden würde das Land von Jahr zu Jahr mehr abbröckeln. Noch im 13. Jahrhundert – also zu der Zeit, als der Rhein am Schwanentor entlangfloss – war Helgoland 5mal so groß wie heute. Und die Zuidersee war damals noch ein Binnensee. Überhaupt wäre ohne den rastlosen Fleiß der Holländer, die die gierig andrängende Nordsee in einem fort abdämmen müssen, ein großer Teil Hollands längst von den Fluten verschlungen.

Und nun der Gegensatz dazu: Ravenna war zur Römerzeit eine bedeutende Hafenstadt – ja eine Lagunenstadt ähnlich wie Venedig (man denke an Dahn, Ein Kampf um Rom!) -, heute liegt die Stadt fast ein Meile vom Wasser entfernt. Hier muss sich das Meer zurückgezogen haben. Oder noch ein anderes Beispiel: Wo eine Felswand steil ins Meer hinabsinkt, pflegt das Wasser an seiner Oberfläche eine Rinne, eine sog. „Brandungskehle" auszunagen. Sie frisst sich weiter in den Fels hinein und bildet einen kleineren oder größeren Absatz – eine Art Terrasse. Wie z.B. das Unterland von Helgoland. Überhaupt ist dieses Instrument auch die Waffe, mit der die Nordsee der Insel so scharf zusetzt.

Nun gut – solche Strandlinien, sogar mit Meeresmuscheln, sieht man auch in Norwegen. Dort aber hoch über dem Meeresspiegel. Offenbar ist da also das Land aus dem Wasser emporgetaucht.

Die Gebirge könnten uns noch Sorge machen. Ich sprach eben schon vom Amorikanischen Gebirge, dessen Reste jetzt zum Teil auf dem Grunde des Wassers begraben liegen. Die Teilnehmer unserer Wanderungen erinnern sich wohl meiner Ausführungen am Duisburger Steinbruch, bei Kettwig und im Neandertal. Ich konnte da den Beweis führen, dass diese Felsen, ebenso wie das ganze deutsche Mittelgebirge (Rheinisches Schiefergebirge, Harz, Thüringer Wald usw.) die letzten kümmerlichen Reste eines riesigen Faltengebirges sind, das sich vor vielen Millionen Jahren hier im Herzen von Europa erhob, und das den Raum der heutigen Alpen (die damals längst noch nicht daran dachten, zu existieren), im riesigen Bogen umspannte. Riesenhoch türmte es seine Wälle gen Himmel – vielleicht noch höher als das Himalayagebirge. Lange hat seine Herrlichkeit nicht gedauert – d.h. nach geologischen Begriffen gemessen. Ein paar Millionen von Jahren wird es aber immerhin bestanden haben. Doch eine Erdperiode später war es wieder verschwunden – in Staub und Schutt zerfallen.

Und das Meer ging darüber hinweg. --- So etwas kann doch sicherlich nicht ohne gewaltige Katastrophen abgegangen sein – denkt der Laie.

Wer einmal tief unten im Schacht gewesen ist, wird da wohl ein merkwürdiges Geräusch gehört haben. So eine Art Knistern. Die Bergleute sagen, das Gebirge ist in Bewegung. Und sie haben Recht. –

Als ich im Schwarzwald (Badenweiler) im Lazarett lag, wurde mir ein alter „Alpenblick" gezeigt. Eine Stelle, wo die Alpen sichtbar – gewesen waren. Alte Leute wussten sich dessen noch genau zu erinnern. Jetzt aber ist dieser Alpenblick verschwunden. Eine Felswand hat sich wie eine Kulisse davor geschoben. Und das ganz langsam und unbemerkt. ---

Das eigentliche Gebirge ist in beständiger Bewegung. Immer unruhig. Als man bei der allgemeinen Nivellierung Preußens nach einem Nullpunkt suchte, da hat man sich über diese Frage notgedrungen ausgiebig unterhalten. Es sind sogar mit wissenschaftlichem Ernste dicke Arbeiten darüber geschrieben worden. Und schließlich entschied man sich für einen Punkt bei Berlin, in „des Heiligen Römischen Reiches Streusandbüchse". Dort ist nämlich der harte Fels von einer dicken Lage von angeschwemmten Kies und Sand bedeckt. Und dieses Polster fängt alle Bewegungen des Gebirges auf. ---

Weiterhin schlage ich vor, wir studieren einmal im Sommer bei niedrigem Wasserstand das Flussbett der Ruhr oder der Düssel. Es ist voll von Schutt. Das ist das Material, das der Frost von Felsen absprengt (im Frühjahr, wenn der Frost „aus dem Stein herauskommt"). Der Gesteinskundige kann mit leidlicher Gewissheit das Gebiet oder sogar den Ort angeben, auf dem der Stein gewachsen ist. In der Ruhr ist das Gerölle stark gerundet. Da ist der Flusslauf und die durchrollte Strecke sehr groß. In der Düssel aber, oberhalb Gerresheim, sind es noch ganz eckige Klötze. Da ist es bis Erkrath, wo der feste Fels anfängt, nur 4 Kilometer. – So arbeitet das Wasser jahraus jahrein an der Abtragung der Gebirge. Welche Schuttmengen schaffen z.B. die Wildwässer aus den Alpen heraus! Man kann diese Gesteinsmengen bestimmen. Das ist z.B. ganz leicht, wenn der Bach einen Teich durchläuft. Dieser wirkt als Klärbassin und muss alle paar Jahre gereinigt werden. Ich habe z.B. bei meinen Führungen in Badenweiler im Schwarzwald die Kurgäste mit Vorliebe zum Vogelbach geführt. Dieser durchfließt auch einen solchen Reinigungsteich – ich glaube, es war ein alter Mühlteich – und der war seit 3 Jahren nicht geräumt worden. Was sich da nicht alles schon wieder gesammelt hatte! Ähnlich so als Ablagerungsstätte wirkt für den Rhein der Bodensee. Es fällt daher gar nicht schwer, zu bestimmen, wie viele Jahre das fließende Wasser notwendig hat, um ein solches Gebirge um 1 Millimeter – um 1 Zentimeter im Durchschnitt zu erniedrigen. Danach kann man auch bestimmen, welche Zeit erforderlich ist, um ein ganzes Gebirge – und wäre es noch so hoch – dem Erdboden gleichzumachen. Auch die Alpen sind heute nur noch Ruinen – ein bescheidener Rest ehemaliger Größe! –

Oder sehen wir die Talsohle, auf der wir wohnen, nahe an ihrer Endkante (Terrassenkante) an. Sie ist z.B. in der Brinkskuhl an der Oranienstraße (hinter Klostermanns Hof) oder in den Curtiuschen Gruben am Eichelkamp angeschnitten. Der Geologe beweist klipp und klar, dass alle diese Sande und Kiese Rheinablagerungen sind. Heute steigt selbst bei stärkstem Hochwasser der Fluss nicht mehr zu solcher Höhe, dass er die Tafel überschwemmt. Also muss sich seit der Zeit, dass sich die Talsohle abgesetzt hat, das Gebiet angehoben haben – möglicherweise eine Art Gebirgsbildung im Kleinen! ---

Alles das, was wir heute beobachten können, sind so kleine, unauffällige Erscheinungen, an denen der Durchschnittsmensch gewöhnlich achtlos vorübergeht. Und doch bilden sie „eine Kette der tiefsten Wirkung ringsumher". Es ist nur das, was der Mensch in wenigen Generationen hat erleben können, aber was ist das menschliche Leben gegenüber geologischen Epochen! Zeiträume werden ja von der Geologie in jeder gewünschten Größe zur Verfügung gestellt. Denken wir uns alle diese kleinen so unscheinbaren Veränderungen in den Meeresgrenzen, in den Höhenlagen große Zeiträume hinweg fortgesetzt – dann freilich können wir uns vorstellen, wie auf natürlichem Wege alle diese riesigen Umwälzungen zustandekommen, von denen oben die Rede war. Also Zeit – Zeit und abermals Zeit – das ist der Faktor, mit dem die Geologie alles erklärt. Denken wir uns in phantasievollem Sprunge auf einen geeigneten Standpunkt außerhalb der Erde versetzt – ich würde den Mond dazu vorschlagen – denken wir uns ferner mit einem Geist begabt, für den tausend Jahre gleich einem Tag – ja gleich einer Sekunde sind, was sehen wir dann? Die scheinbar so starke Erdfeste gerät ins Schwanken. Festländer werden vom Ozean verschlungen – neue Ozeane tauchen inselgleich aus dem unendlichen Weltmeer empor. Die Wasser überfluten riesige Länder, fluten wieder zurück, so wie die leisen Atemzüge eines schlafenden Riesen. Gebirge werden zusammengeschoben und türmen sich auf – himmelhoch – um im nächsten Augenblick wieder zusammenzusinken. Um dem Erdboden gleich zu werden. Nichts Festes, nichts Beharrliches gibt es mehr.

Nichts ist beständig als der Wechsel.
Alles ist im Fluss, sagt der griechische Philosoph. ---

Geschichte ist Geschehen! Veränderung.

Die geologische Geschichte unserer Heimat ist eine Art Chronik. Ähnlich so wie Averdunk sie über Duisburg herausgegeben hat. Nur mit dem Unterschied, dass sie mit Schöpfungsepochen statt mit Jahren rechnet. Was bedeutet das armselige Menschenleben gegen die Äonen des Weltgeschehens!

Ich werde merkwürdige Dinge berichten müssen: dass einstmals das Mittelmeer bis hierher und noch weiter in die Nordlande vorgedrungen ist. Dass wieder in einem anderen Schöpfungsabschnitt sich hier im Herzen von Deutschland ein riesiges Himalayagebirge erhob. Woher ich das alles weiß? –

Als Schüler hatte ich einstmals bei einem Duisburger Buchhändler das Neumaische Handbuch der Geologie durchgesehen. Neumai[d] ist auch der erste gewesen, der überhaupt den Versuch machte, von längst vergangenen Epochen Weltkarten wieder herzustellen. Es handelt sich um die Jurazeit – also um die Mitte des Mittelalters der Erde. Der Buchhändler – übrigens ein sehr gebildeter Mann, wie alle modernen Buchhändler – sah die Karte auch. „Nein, das glaube ich nicht. Woher will man das alles wissen? Es ist doch kein Mensch dabei gewesen!" Gegen diese Behauptung ließ sich nun allerdings nichts einwenden. Keines Menschen Auge hatte jene Welten je geschaut – ja, in jenen Zeiten gab es überhaupt noch keinen Menschen. Aber so viel Einblick hatte ich selbst als Schüler schon in die Zuverlässigkeit der Wissenschaft, das ich mir sagte: Der Verfasser muss seine Gründe dazu gehabt haben. Damals konnte ich sie allerdings noch nicht angeben. Und dargestellt fand ich sie auch nicht. Das ist eben der große Fehler, an der unsere ganze Bildungsarbeit krankt: Es klafft ein tiefer Spalt zwischen der Ideenwelt des Laien und der des Forschers. Dass die Wissenschaft ihre Ergebnisse häufig einfach dekretiert, dass sie überredet, statt zu überzeugen. Nicht als ob sie für ihre Ergebnisse keine Gründe hätte. Aber meist teilt sie sie nicht mit. Dem Forscher sind die Tatsachen, mit denen er tagtäglich zu tun hat, so vertraut, dass er überhaupt nicht auf den Gedanken kommt, sie könnten anderen fremd sein. So arbeitet er als Pfadfinder einsam an der Grenze des Wissens, in dem großen Urwald der Unkenntnis. Und wenn er etwas Neues entdeckt hat, dann vergisst er, die Pfade zu zeigen, die nach der Welt hinführen, wo andere Menschen wohnen. Auf Deutsch: Er denkt nicht daran, die Darstellung auf allgemein verständlichen Grundwahrheiten aufzubauen. Hat sie vielleicht auch gerade nicht zur Hand. Das kommt, wie ich aus Erfahrung weiß, gar nicht so selten vor. Ebenso wie man im späteren Leben die Muttersprache oder irgendeine fremde Sprache geläufig und gewissermaßen aus innerem Gefühl heraus richtig spricht und sich dann beeilt, die Schulregeln der Grammatik schleunigst zu vergessen, so geht es auch mit den meisten Grundwahrheiten der Wissenschaft. Auf diese Weise entsteht aber zwischen der Gedankenwelt des Laien und der der Wissenschaft die erwähnte große Kluft. Laien, berufene und unberufene, versuchen zwar, diese Kluft zu überbrü-

[d] Anm. Hrsg.: Gemeint ist Melchior Neumayr (1845-1890); österreichischer Paläontologe, der u.a geologische Kartierungen zum Juragestein vorgenommen hatte.

cken. Aber gewöhnlich geht es damit wie Onkel Bräsig mit Karl Havermann: „In der Fixigkeit war ich dir über, in der Richtigkeit aber warst du mir über."

Und gewöhnlich hapert es bei diesen populären oder populär sein wollenden Darstellungen mit der Richtigkeit ganz gewaltig.

Ich will nicht dogmatisch verfahren. - Wenn ich die geologische Vergangenheit unserer Heimat schildere, will ich zunächst angeben, aus welchen Quellen diese Wissenschaft schließt, auf welche Gründe sie sich stützt.

Angenommen, es schreibe einer ein Buch oder einen Artikel über ein geologisches oder geschichtliches Gebiet – woher weiß er das, was er schreibt? In den meisten Fällen schreibt er aus anderen Schriftstellen ab. Wenn man aber so für eine bestimmte Behauptung die Kette durch die Bücher hindurch verfolgt, kommt man schließlich doch einmal zu einem Ende. Der erste Verfasser, der die betreffende Behauptung in die Welt gesetzt hat, entnimmt sie entweder aus mündlichen Berichten, oder aus eigenen Ergebnissen, oder aus Urkunden und Dokumenten. Und dieses Quellenstudium ist der einzige Wege, zwar nicht für die Geschichtsschreibung, aber doch für die Geschichtsforschung.

Genau so geht es auch in der Geologie. Es gibt zwei Arten von Forschern. Die einen „forschen" mit emsigem Bienenfleiß in den Büchern, ihre „Forschungstätigkeit" besteht im Abschreiben. Nach dem bekannten Rezept: „ Wie schreibe ich ein Buch oder einen Artikel? Indem ich zwölf durchlese und daraus den 13. zusammenfasse." (Methode Stieglitz: aus jedem Töpfchen ein Restchen!) Die anderen lesen in dem lebendigen Buch der Natur.

Das ist Urquell nicht nur der geologischen, sondern überhaupt jeder Naturwissenschaft. Darin ist jeder geologischen Weisheit Anfang und Ende beschlossen.

Aber man muss darin zu lesen verstehen. Wunderlich genug sieht dieses Buch aus. Es ist nämlich die Erdkruste selbst. - Und wie der Kunsthistoriker aus den Bauten einer Stadt ihre ganze Geschichte abliest, so findet der Geologe die Vergangenheit seiner Heimat in der Erdrinde wieder. Aber wie?

Mancher hat wohl schon die großen Granitblöcke am Harz, am Fichtelgebirge oder in Schlesien gesehen (aus Schlesien kommen ja jetzt wohl unsere Duisburger Pflastersteine aus Granit her). Aber nein – soweit brauchen wir nicht zu gehen. Wir brauchen nur bis zum Siebengebirge zu fahren und die Trachytbrüche am Drachenfels (Domkaule oder am Eselsweg, der von den Fußgängern meist eingeschlagen wird; der Name ist übrigens offiziell und nicht etwa eine Bosheit von mir!). Oder die Andesitbrüche an der Wolkenburg oder hinten am Stenzelberg zu sehen. Da finden wir ein massiges Gestein, so genannt, weil es sich in seiner ganzen Masse gleichmäßig zusammensetzt. Allerdings ist es von Klüften zersplittert. Das sind aber bloße Risse, die mit der inneren Beschaffenheit nichts zu tun haben. Und außerdem – was sogar die Hauptsache ist – sie sind nachträglich erst hineingekommen.

Das alles waren ehemals feuerflüssige Massen eines Vulkans (der Drachenfelsvulkan ist vom Rhein zur Hälfte wie weggewaschen), die hier erkalteten, und beim Erkalten so zerklüfteten. –

Und nun eine andere Art von Gesteinen. Die meisten kennen ja wohl das rheinische Schiefergebirge, die Loreley usw. Und wer noch nicht so weit nach Süden gewesen ist, der findet das, was wir suchen, schon in unserer nächsten und allernächsten Umgebung: Im Neandertal, bei Kettwig, in den Broicher Ruhrsandsteinbrüchen – ja schon in unserem „Duisburger Steinbruch“. Die Teilnehmer an meinen Führungen werden sich dessen erinnern: Geschichtete Gesteine, grob oder fein, je nach der Korngröße des Gesteins, d.h. je nachdem, ob es sich um Sandstein oder feinem Tonschiefer handelt. Je nachdem sind die Schichten nämlich mächtige Bänke (vergl. z.B. die Klötze am Ehrenfriedhof) oder zarte Lamellen, wie z.B. der Dach- oder Tafelschiefer. Zwar sind die Schichten im ganzen Rheinland stark gefaltet, wüst zusammengestaucht und senkrecht aufgerichtet – das braucht uns zunächst aber nicht zu genieren. Das ist auch nachträglich erst gekommen. Ursprünglich lagen alle diese Schichten hübsch waagerecht, so nett in Ordnung wie die Seiten eines Buches. Auf diese Weise liegt da Schicht auf Schicht, abwechselnd gröberer Sandstein und feinerer Tonschiefer. Eben dadurch entsteht diese natürliche „Schichtung“, dass in der Querrichtung das Material sich ändert. (Sie ist also von vornherein da. Mit der oben erwähnten „Klüftung“, die nachträglich erst eintritt, hat sie nichts zu tun.) Eine solche Schichtung lässt sich meilenweit ins Land verfolgen. D.h., der Laie kann das so ohne weiteres nicht. Erst recht dann nicht, wenn die Schichten gefaltet oder sonst wie unterbrochen sind. Für ihn sieht eine Schicht genauso aus wie die andere; der Geologe aber findet selbst da noch Unterschiede heraus – welcher Art werde ich später auseinandersetzen. Vorläufig muss ich für die Fachleute, die das Kunststück fertig gebracht haben, ein Vertrauensvotum beantragen. Aber ein kleines

Licht mag vielleicht auch schon dem Laien aufgehen, wenn er nach Gerresheim bei Düsseldorf fährt und dort neben der Glashütte die große Sandgrube sieht. Diese Grube erstreckt sich im Düsseltal ein halb Kilometer lang, und eben so weit sind dort die Schichten hübsch waagerecht ausgebreitet. Und man würde sie noch weiter sich erstrecken sehen, wenn nur die Sandgrube dort nicht aufhören wollte!

Solche Schichten bilden den größten Teil der Erdfeste – den größten Teil des Festgesteins, das unsere Erdkruste zusammensetzt. Im Gegensatz zu den feuerflüssig entstandenen „Massengesteinen", von denen ich schon sprach, und die auf der Erdoberfläche, im Ganzen genommen, nur eine verhältnismäßig unbedeutende Rolle spielen.

Diese „Schichtgesteine" sind alle aus dem Wasser abgesetzt. Der Schichtwechsel entstand dadurch, dass aus irgendwelchen Gründen (Stromwechsel!) mit einem Male anderes Material zugeführt wurde. Je mehr das Wasser bewegt ist, umso gröber sind die Bestandteile, die sich da absetzen können. Aus ruhigem Wasser können sich dagegen auch die feinsten noch schwebenden Schlammteilchen niederschlagen, wie Tonschlamm oder Schlick. Wir können das schon an unseren Flüssen hier sehen (Ruhr und Rhein). Im Bett des rauschenden Stromes selbst findet man bei Niederwasser hauptsächlich grobes Geröll, an den ruhigen Stellen zwischen den Kribben dagegen überwiegend Sand. Auch in einzelnen toten Schlenken von einiger Größe, oder wenn das Hochwasser sich verläuft und ruhig wird, kann man Schlamm und Schlick vorfinden. (So war es z.B. in „der alten verschlammten Ruhrschleuse am Schlick" unterhalb der Ruhrbrücke, die danach auch ihren Namen führt.)

Diese meilenweit aushaltenden Schichten des Rheinischen Schiefergebirges können nicht von Flüssen abgesetzt sein. Man braucht nur in eine der vielen Sand- und Kiesgruben bei Duisburg und Umgebung zu gehen, deren Material der Rhein geliefert hat. Da geht alles kreuz und quer durcheinander. Sand, Lehm und Kies wechseln in buntestem Durcheinander miteinander ab. Die Schichten sind kaum einige Meter lang und werden dann von anderen schräg abgeschnitten. Selten habe ich Linsen bis zu 30 Meter Länge gefunden (Hauptterrasse am Vonderberg bei Osterfeld). Solche Schichten dagegen, wie die des Rheinischen Schiefergebirges, sind uralter Meeresschlamm und zwar versteinerter Meeresschlamm. Älter als jede menschliche Überlieferung.

Woher wir das trotzdem alles wissen? Nun, das es Wasserabsätze sind, die nachträglich versteinerten, dafür hat man Beweise. Alle Übergangsstufen hat man gefunden, von unzweifelhaften, noch lockeren „schüttigen“ Wasserabsätzen (Sand, Schlamm und dergl.) durch alle Grade der Verfestigung hindurch bis zum festen Sandstein oder Tonschieferfels. Und dafür, dass es einstige Meeresablagerungen sind, dafür gibt es noch ein ganz besonderes Beweismittel außer der bereits angeführten großen Erstreckung: Die Einlagerungen. Sie enthalten nämlich, fein säuberlich eingebettet Reste von Meerestieren, wie Seelilien, Korallen, Haifischzähne usw., ferner Tange - alles unzweifelhafte Meeresbewohner.

So stellt also der geschichtete Fels für unsere Heimat das Buch des Werdens, das Buch des Lebens dar. Die einzelnen Schichten sind die Blätter. ---

In einem Buch, oder besser gesagt, in einem losen Manuskript ist jedes einzelne Blatt nummeriert, und kann dadurch leicht von anderen unterschieden werden. Und wenn es nicht nummeriert ist, erkennt man die Ordnung an der Reihenfolge, in der die Blätter aufeinanderliegen. Wie kann man aber die Schichten voneinander unterscheiden? Lägen sie an allen Punkten der Erde fein säuberlich in der Reihenfolge, in der sie entstanden sind, übereinander, dann brauchten wir uns um diese Frage wahrhaftig keine grauen Haare wachsen zu lassen. Aber das ist ja eben das Unglück: An vielen, ja an den meisten Orten der Erde klaffen große Lücken. Natürlich hat zu keiner Zeit das Meer die Erdoberfläche ganz bedeckt. Es muss also stets Punkte geben, wo irgendeine Schicht überhaupt nicht abgesetzt worden ist. Die Küste des Kreidemeeres ging z.B., wie ich in einer früheren Nummer auseinandergesetzt habe, von Mülheim-Broich-Speldorf in der allgemeinen Richtung nach Aachen. Südlich davon war Land. Da wird man also Kreideablagerungen vergeblich suchen. Von anderen Stellen wissen wir genau, dass da bestimmte Schichten gelegen haben, sie sind aber wieder zerstört worden, und nur besonders glückliche Umstände (Grabenversenkungen, zurückgefallene Auswürflinge in den vulkanischen Schloten Schwabens, Gerölle von älteren Schichten in jüngeren Absätzen usw.) haben uns von jetzt verschwundenen Schichten noch einige kümmerliche Reste erhalten. Und schließlich, wenn noch etwas erhalten wurde, so ist es in den allermeisten Fällen zusammen- und übereinandergeschoben und aufgefaltet worden. Solche glücklichen Verhältnisse wie im Coloradogebiet (Kalifornien), wo die Ablagerungen von ganzen Schöpfungsperioden, ja fast eines halben Erdzeitalters, noch ungestört übereinanderliegen, findet man nur ausnahmsweise. Da muss man sich schon nach andren Hilfsmitteln umsehen.

Zunächst wird wohl jedem Laien einleuchten, dass von zwei Schichten die obere immer die jüngere ist. (Ich nehme natürlich ungestörte Lagerungen an. Manchmal kommt es allerdings auch vor, dass die Schichten auf dem Kopf stehen. Das sind aber seltene Ausnahmen, und man kann sie gewöhnlich leicht feststellen). Das ist das Grundgesetz der Schichtenlehre oder der Geologie.

Wie aber soll man die Schichten auseinanderhalten, wenn ihre Reste voneinander entfernt und durch große Lücken getrennt sind? Nummern, wie im Buch, pflegt ihnen die Natur ja gewöhnlich nicht mitzugeben. Aber vielleicht doch etwas Ähnliches.

Mancher hat wohl schon in einem illustrierten Geschichtswerk herumgeblättert. Er wird dabei wohl gefunden haben, dass die Menschen früher ganz andere Moden trugen als heute. Die Biedermeiermode ist ja wohl allen noch bekannt. Jeder weiß, dass man im Zeitalter Friedrich des Großen die Rokokomode trug: Puderperrücke mit Zopf, Galanteriedegen, Kniehosen, lange Strümpfe und Schnallenschuhe (vergl. Ausstellung Wintgens im Duisburger Museum). Oder wenn man eine Reitertracht mit mächtigem Schlapphut, Kolter und großen Reiterstiefeln sieht, so à la Wallenstein oder Gustav Adolf, dann wissen schon die meisten, dass es das Zeitalter des 30jährigen Krieges war. Oder dass die spanische Halskrause auf das Ende des 16. Jahrhunderts, die „altdeutsche" Landsknechtstracht vor die Mitte des 16. Jahrhunderts hindeutet usw. Bei einiger Übung kann man in dieser Weise aus Portraits bis auf einige Jahrzehnte genau die Zeit bestimmen. Und wenn ein bebildertes Geschichtswerk ganz aus dem Leim gegangen wäre und die Bogen keine Nummern trügen, dann könnte man trotzdem noch nach den Bildern die Blätter in ihre ursprüngliche Ordnung bringen.

So ist auch die Natur auf den sinnreichen Einfall gekommen, sich so eine Art Modekalender anzuschaffen. Ihre Tracht – das ist die Lebewelt. Die Tiere und die Pflanzen, wenn sie ihres Daseins Ziel erfüllt haben, dann sanken sie in den Schlamm des Meeres nieder. Und wenn sie dann noch Glück hatten und nicht von anderen Tieren aufgefressen wurden, dann konnten sie von den folgenden Schlammschichten fein säuberlich zugedeckt und weich eingebettet werden. Wenn dann weiter die ganzen Schlammschichten versteinerten, mussten sie natürlich auch mit versteinern. Abdrücke oder versteinerte Pflanzenreste in den Kohleschiefern (die „Steine“ in der Kohle) oder sonstige Versteinerungen wird wohl jeder schon einmal gesehen haben. Die Versteinerungen – das sind eben die Merkmale, nach denen man die Schichten unterscheidet. In der Devonzeit – ich werde den Namen später erklären – waren z.B. die Panzerfische gebräuchlich. In der folgenden Steinkohlenzeit kamen die bekannten Kohlenpflanzen (Farne, Schachtelhalme, Bärlappgewächse usw.) in „Mode“. Die großen Saurier dagegen, deren lasterhafter Lebenswandel den biederen Hausvater Ichthyosaurus in so bitterliches Schluchzen ausbrechen ließ (vergl. Dazu Scheffels Lied: „Es rauscht in den Schachtelhalmen“) wurden erst im Mittelalter der Erde (Jura und Kreidezeit) so recht modern. Als diese aber zu Ende ging, da beschlossen sie, in der nachdrucksamsten Weise vom Dasein Abstand zu nehmen (der Ichthyosaurus, der kürzlich in Indien noch lebend gefunden sein sollte, hat zufälligerweise gerade um den ersten April herum das Licht der Druckerschwärze erblickt). Den meisten ist ja wohl auch das Mammut bekannt, und wenn auch nur von der Mammutschokolade her. Oder „von dem reizenden Ausdruck Mammuthahn“, das man statt „Elefantenstücken“ als Kosenamen verwendet etwa in dem Sinne von „Tollpatsch“. Seine Knochen und Zähne sind kürzlich noch in der Ruhr, aus dem Duisburger Hafen und an dem neuen Wasserwerk bei Wittlaer gefunden worden. Es hatte sich der Eiszeit mit Haut und Haaren verschworen, und als es erkennen musste, dass diese sich ihrem kurzen Ende zuneigte, da entschloss es sich zähneknirschend, unseren Planeten unter Protest zu verlassen. Das ist noch gar nicht so lange her – ein paar lumpige Jahrtausende erst!

Der Versteinerungsinhalt einer Schicht ist also ihre Nummerierung. Und gleichzeitig auch die "Schrift" des Bogens. Klobige Schriftzüge manchmal! (Saurierknochen können dicker als ein Mensch sein!) Aber für den Geologen doch leserlich genug. - Und das ist ja doch schließlich die Hauptsache.

Die Versteinerungen einer Schicht – sie bilden also gewissermaßen den Steckbrief, durch den man eine Schicht an jedem beliebigen Punkt der Erde wieder auffinden kann. Natürlich hauptsächlich dann, wenn sie überhaupt da ist. Und wie man ihr Alter im Verhältnis zu den dort vorhandenen Schichten bestimmt, das haben wir ja oben schon besprochen.

Auf diese Weise haben seit etwa hundert Jahren die Geologen in geduldiger Bienenarbeit die Schichten, die sie überall zerstreut fanden, zueinander in Beziehung gesetzt, der Zeit nach geordnet und in Gedanken aufeinander getürmt. Und so haben sie alle die einzelnen monumentalen Urkunden der Geologie zu einem gigantischen Schichtenwerk der Erdgeschichte zusammengefasst.

Jetzt wissen wir, wie es gemacht wird. Jetzt können wir an die Erdgeschichte selbst herangehen.

Aber mit der Geologie geht es genauso wie mit der Geschichte. Sie umfasst nur den letzten Zeitraum, also nur einen verhältnismäßig kleinen Abschnitt aus der ganzen Kette des Weltgeschehens, das sich in Wirklichkeit abgespielt hat. Die Geschichte ist wie eine Bühne: Das Klingelzeichen ertönt, der Vorhang hebt sich, und das Schauspiel geht in Szene. D.h. für unsere Begriffe. Zum Unterschied von der Spielbühne schon bevor der Vorhang sich hebt. Und sie lassen sich auch nicht stören, wenn der Vorhang zwischendurch mal wieder fällt: In den Zwischenakten spielen sie ruhig weiter. Nur das wir nichts davon sehen. - Was will das heißen?

Der Vorhang bedeutet wie gesagt, dass wir von dem Spiel nichts sehen. Das heißt, dass keine Urkunden da sind. Entweder sind sie durch Unverstand (siehe Meiderich!) oder Feuersbrünste oder Kriegsgeläute zerstört, oder die Mäuse haben auf ihre Art darin „studiert", wie ich das leider im vorigen Jahr auch mal habe erfahren müssen. In der Geologie sind das Meer und die Verwitterungskräfte die Mäuse, die so unverständig mit den wertvollen Urkunden umspringen. Es mag aber auch sein, das manche Urkunde der Forschung überhaupt noch nicht bekannt geworden ist. Zwischenakte können dann vielleicht noch ausgeschaltet werden, wie das schon vielfach geschehen ist.

Und wenn sich schon vor Beginn des Spiels ein Vorhang davorlegt – ähnlich wenn die älteste Geschichte sich in dem Dunkel der Vorzeit verliert, das keines irdischen Blicke je durchdringen kann – so das noch einen besonderen Grund. Die ältesten geologischen Urkunden – ihre Masse ist zwar noch vorhanden, aber sie sind gewissermaßen eingestampft und dadurch wertlos geworden. Kein Mensch vermag mehr Schriftzüge darin zu entdecken. Geologisch gesprochen heißt das: Die ursprünglichen Sandsteine und Tonschiefer, auch die Kalkgesteine sind umkristallisiert. Sie haben ihre ursprüngliche Struktur verloren. Von den ursprünglichen Sandkörnchen z.B. ist nichts mehr vorhanden. Die Moleküle haben sich umgelagert, es haben sich Kristalle (Feldspat, Glimmer, vielleicht auch Kalkspatkristalle usw.) daraus gebildet. Und dabei hat auch der ganze Versteinerungsinhalt daran glauben müssen: er ist mit umkristallisiert, und so gewissermaßen verschwunden.

Wie kommt das? Mit dieser Frage wird sich ein Aufsatz in der nächsten Nummer beschäftigen.

III. Man hat gefunden, dass die Schichten überall da kristallin wurden, wo sie heftigem Druck ausgesetzt waren. Und solcher Druck entsteht jedes Mal, wenn Gebirge zusammengepresst werden. Ein Beispiel aus dem Rheinland: Duisburg liegt, wie die meisten Städte der Rheinebene (Angermund, Düsseldorf usw.), auf einer großen Sand- und Kies-Aufschüttung des Rheins. Das charakteristische Kennzeichen dieser Ablagerung ist ein eigentümlich geformtes und gefärbtes Geröll: ein meist stark gequetschter und gefalteter weißer Quarz mit eingesprengten grünen Flecken. Der Quarz war ursprünglich der Gangquarz, und die grünen Flecken das schieferige Nebengestein. Seltener findet man auch diesen grünen seidenglänzenden Schiefer selbst noch in größeren Stücken. Der Quarz ist nämlich hart und widerstandsfähig, der Schiefer ist weich und gerät beim Herunterrollen zwischen die Mühlräder des Flusses. Daher kommt es, dass hauptsächlich der Quarz erhalten blieb und der Schiefer meist nur soweit, als er in dem Quarz eingepresst ist. Merkwürdigerweise hat, soweit mir bekannt, noch kein Geologe auf dieses „Leitgeröll" aufmerksam gemacht. Ich habe es vor 10 Jahren schon bei Bonn entdeckt und seine Ursprungsquelle aufgefunden. Es ist viel charakteristischer als die meisten der Gesteine, die immer und immer wieder angegeben werden, und die ein Autor vom anderen abschreibt. Sein Name ist Sericitschiefer, sein Ursprung der Taunus, er steht z.B. am Königstein an. Es ist die älteste Ablagerung des Devonischen, des Rheinischen Schiefergebirges, sieht aber ganz anders aus, als die Grauwackensandsteine und Tonschiefer, aus denen sich das Gebirge weiter nördlich zusammensetzt. Der Glanz deutet darauf hin, dass es kristallin geworden. - Wie kommt das?

Die eigentümlich gequetschte und geknickte Form der meisten Stücke kann uns schon auf die richtige Fährte führen. Es ist offenbar stark gepresst worden. Meine eigenen mikroskopischen Untersuchungen mit dem Polarisationsinstrument haben das auch bestätigt. Tatsächlich lag ja bei der Entstehung des Variskischen Gebirges, von dem ich später noch reden werde, der Taunus in der vordersten Kampflinie (während wir hier am Niederrhein in Ruhestellung oder gar in der Etappe lagen). Der Taunus musste den ganzen Druck, der von Süden kam, aushalten. Der Sericitschiefer – das ist die Narbe, die der alte Recke bei der Gelegenheit davon getragen hat. Durch diesen Druck sind aus dem einfachen kalkhaltigen Ton des Schiefers die glänzenden Sericit-Kristalle entstanden.

Auch sonst gibt es genug bekannte Beispiele für solche Umkristallisationsvorgänge. So ist z.B. der weltberühmte Marmor von Carrara, in dem Michelangelo seine unsterblichen Meisterwerke schuf (zürnender Moses!), aus diesem „Kalk" hervorgegangen, der aus dem beginnenden Mittelalter der Erde (Triasperiode) stammt. Die wichtigsten Gesteine dieser Art sind aber Gneis und Glimmerschiefer, mit denen zusammen der Urtonschiefer die Gruppe der sogen. kristallinen Schiefer bildet. Glimmerschiefer und Urtonschiefer sind an ihrem Glanz, vielleicht auch an der unruhigen Fältelung von gewöhnlichem Tonschiefer (Dach- oder Tafelschiefer bei Caub) zu unterscheiden. Und der Gneis sieht körnig aus wie Granit, nur dass die Teilchen, wenn man sie in einer bestimmten Richtung sieht, nach einer Art Schichtung angeordnet sind. Gneisblöcke sind durch die Hauptvereisung von den großen Gletschern bis in unsere Gegend geschleppt worden. Ich habe solche Brocken hier dicht bei uns im Walde im Dickicht gefunden, gar nicht weit vom „Heiligen Brunnen". Weiterhin kann man sie noch überall bei Osterfeld, bei Sterkrade usw. zerstreut finden – kurz überall, wo es Eisablagerungen gibt.

Bei dieser Umkristallisierung muss, wie gesagt, der Versteinerungsinhalt dasselbe Schicksal erleiden wie die Umgebung, und schließlich kann man ihn von der Umgebung überhaupt nicht mehr unterscheiden: Die Versteinerung ist verschwunden. Man hat diesen Prozess Schritt für Schritt an jüngeren Ablagerungen verfolgen können. Jetzt versteht man, was es bedeuten soll, wenn ich sagte: Die Urkunden sind eingestampft. Die Masse bleibt zwar erhalten, der geistige Inhalt geht aber für immer verloren. So geraten bald hier, bald dort Schichtenmassen unter die Räder. Von den in der neuesten Zeit entstandenen Schichten muss natürlich noch der aller größte Teil unversehrt bleiben. Aber je weiter wir in der Zeit zurückgehen, umso mehr treffen wir auf Stellen, die schon mal einen Knacks mitbekommen haben. Und schließlich muss einmal mit mathematischer Notwendigkeit ein Zeitpunkt kommen, wo alle Schichten der Formation auf der ganzen Erde – soweit sie noch erhalten waren, umgewandelt sind.

Und diese Umwandlung – das ist eben der Vorhang, der den Beginn des Erdgeschehens unseren Augen entzieht und wohl für alle Ewigkeit absperren wird. Ein Blick in diese Zeit will uns bedünken wie ein Blick in des

Himmels Blau am helllichten Tage: Wir wissen ganz genau, dass dahinter noch Welten sind, aber wir sehen sie nicht. Der forschende Blick schweift voller Sehnsucht hinaus in die unermesslichen Weiten. Aber er findet keinen Punkt, auf dem der Blick ruhen könnte – wird auch nimmer einen finden können. –

Es ist eine große Zeitspanne, die uns auf diese Weise verschlossen ist – unendlich viel größer als die spätere Zeit, die unserer Erforschung zugänglich ist. Jedenfalls überschreiten die Ablagerungen dieser „Urzeit" an Masse die der folgenden Zeit bei weitem.

Wir haben allen Anlass anzunehmen, dass in dieser Urzeit wichtige Vorgänge geologischer und biologischer Art sich abgespielt haben, und dass diese erst den Schlüssel bieten zum Verständnis der folgenden Vorgänge. Aber nie wird die Wissenschaft uns etwas Gewisses darüber mitteilen können. Es liegt eine gewisse Tragik darin, dass uns dieser Anfang, vielleicht auch schon die Mitte, für alle Zeiten verschlossen sein wird. Und nicht ohne Wehmut kann sich der Geologe, besonders der junge, darin fügen. Aber Resignation, das ist ja überhaupt unser Schicksal. Das letzte ist der Wissenschaft überall und immerdar verschlossen. Die Grenzen unserer menschlichen Erkenntnis können wir wohl weiter zurückschieben.

Aber eine Grenze wird sie stets bleiben. - Dahinter lauert die Ewigkeit oder Unendlichkeit. ---

Der Teil der Erdgeschichte, der der Urzeit folgt, wird – genau wie in der Geschichte überhaupt - eingeteilt in Altertum, Mittelalter und Neuzeit. Nur dass es sich hier, wie ich schon sagte, nicht um Jahre oder Menschenalter, sondern um Äonen handelt.

Jedes der genannten Erdzeitalter zerfällt wieder in „Erdperioden", denen als Schichtenpakete „Formationen" entsprechen. Man unterscheidet ihrer rund ein Duzend. Ich will sie aber nicht alle mit Namen aufzählen. Was wir von ihnen gebrauchen, wird sich im Laufe der Zeit von selbst ergeben.

Nun haben wir das nötige Rüstzeug zusammen. Jetzt können wir an unsere eigentliche Aufgabe selbst herangehen. An die Geschichte unserer Heimat – wenn es sein muss, auch an die Geschichte des Rheinlandes.

Zwar ist schon die älteste Formation des Altertums im Rheinland vertreten. Sie huscht aber nur wie ein flüchtiges, fast wesenloses Schemen über die rheinische Bühne des Weltgeschehens.

Es ist das Cambrium. (Cambria ist der alte Name von Wales. Die ältesten Formationen bis zur Steinkohlenformation – die sogen. Übergangsformation – sind in den Jahren 1833 bis 1844 von den englischen Forschern Murchison und Sedgwick wissenschaftlich beschrieben und benannt worden.) Am hohen Venn und in den benachbarten Teilen der Ardennen hat man Schichten gefunden, die hierher gehören. Es sind besonders harte Sandsteine, Quarzite genannt. Ferner feine Dachschiefer, die zum Teil deutliche Neigung zeigen, in der beschriebenen Weise kristallin zu werden. Und zwar zum Urtonschiefer und zum Sericitschiefer hin. Ich habe von dort Sericitschiefer untersucht, die ich jetzt in der Erinnerung von den Taunusgesteinen nicht mehr zu trennen vermag.

Auf einer besonders steil sich heraushebenden Nase des Cambriumfelsens am Hohen Venn hat man ein Kreuz errichtet. Die Stelle ist ziemlich bekannt. ----

Aber aus Abend und Morgen ward ein anderer Tag. Nicht im menschlichen Sinne zu deuten, sondern im prophetischen Sinne, bei dem tausend Jahre gleich einem Tag sind.

Ein neuer Schöpfungsabschnitt bricht an. - Die Zeit heißt nach der entsprechenden Formation Silurzeit (der alte keltische Volksstamm der Silurer hatte den Römern bei der Eroberung Britanniens viel zu schaffen gemacht). Wohl verstanden: Nicht der plötzliche Ruck eines unaufhaltsam dahinbrausenden Ereignisses führt in dem Bruchteil einer Sekunde die neue Zeit heran, wie es etwa in Scheffels feuchtfrohen Lied heißt: „Stein letzter Seufzer ersticke im Qualmen und Zischen der Flut", sondern leise – unmerklich – im Laufe langer Zeiten gleitet sie schattenhaft heran: wie ein Gespensterschiff auf der Bühne. Ja man kann sagen, es gibt überhaupt keine scharfen Grenzen zwischen den beiden Formationen. Nicht einmal die genannten Forscher haben sich über die Grenze einigen können. Und auch jetzt ist die Frage noch umstritten, die er in die Natur hineinbringt, um in ihrer verwirrenden Vielheit für seinen Verstand eine Übersicht zu schaffen. ---

Man findet die Silurformationen unter anderem im Harz. Vor allem aber hat Denkmann, der bekannte Westerwalder Landesgeologe, sie vor einigen Jahrzehnten, wenn auch nicht im Rheinlande selbst, so doch im benachbarten Hessenland entdeckt. Im Kellerwald bei Wildungen. Recht eintönige Ablagerungen sind es: Tonschiefer und Kieselschiefer, die vielfach als Wetzstein verwendet werden. ---

Namen sind Schall und Rauch. - Ich will versuchen, von der Cambrium- und Silurzeit eine etwas deutlichere Vorstellung zu geben.

Das ganze geologische Geschehen ist zwischen Land und Meer, zwischen Tier- und Pflanzenleben beschlossen. Das sind die beiden Pole, um die sich auch die ganze geologische Forschung dreht. Von Meeren und Festländern will ich bei diesen ältesten Formationen noch nicht sprechen. Da müsste ich an bestimmte Örtlichkeiten anknüpfen. Und gerade die beiden genannten Formationen haben doch für unser Rheinland zu geringe Bedeutung. Aber die Lebewelt – darüber lässt sich schon etwas allgemein Interessantes aussagen. Es war ein gar seltsames Tun und Treiben, das sich auf unserem Planeten abspielte. Aber im Cambrium noch ausschließlich im Meer! Landbewohner gab es nicht. Wenigstens sind mir keine bekannt geworden. Es müssten denn in neuerer Zeit solche entdeckt worden sein!

Das Pflanzenleben war sehr spärlich. Einfach kümmerlich! Es gab nur ein paar Tange – jeder kennt sie, der einmal am Meeresstrand gewesen ist. Es waren also die niedrigst organischen Pflanzen, die unterste Klasse der sogenannten Thallophyten oder Lagerpflanzen. Es fehlen noch die Farne, die Schachtelhalme und Bärlappgewächse - es fehlen noch die Nadelhölzer, die Laubhölzer, die Blütenpflanzen usw. Kurz alle Landpflanzen. ---

Mit der Tierwelt war es allerdings etwas besser bestellt. Aber nur ein klein wenig. Auch sie lebte noch ausschließlich im Meere. In erster Linie gab es da krebsartige Wesen, die mit unsern Kellerasseln ein wenig Ähnlichkeit hatten. Nur dass sie bis ungefähr handtellergroß wurden. Trilobiten, d.h. Dreilapper, heißen sie, weil der Körper sich der Länge nach aus einem Mittelstück und zwei Seitenstücken zusammensetzt. Das waren die hauptsächlichsten Wesen, die sich in den unterirdischen Tangwäldern herumtummelten. Ferner gab es auch schon Weichtiere, die der Laie gut und willig mit Muscheln verwechseln konnte, die aber trotzdem keine Muscheln sind. Man nennt sie Armfüßer oder Brachiopoden. Sie und die Trilobiten bevölkerten in erster Linie das Cambriummeer – soweit man von einer Bevölkerung überhaupt reden konnte. Im Ganzen war nämlich die Lebewelt noch recht dünn gesät. Daneben gab es im Meer auch, obschon viel seltener, andere Tierwesen und sonstiges Gewürm. Überhaupt treten in dem Moment, als (wohlgemerkt für uns!) der Vorhang aufgezogen wird, bereits fast alle Tierkreise auf, die wir heute auch kennen. Mit der alleinigen Ausnahme der Wirbeltiere. Sie haben später erst ihren Einzug auf die

Bühne gehalten. Sie sind gewissermaßen auch die einzigen, die wir sozusagen von Anfang an verfolgen können.

Denken wir uns, ein Mensch von heute hätte Gelegenheit, die alte Cambriumwelt zu beobachten: sie würde ihm ganz unbegreiflich seltsam vorkommen. Vor allem diese gespenstische Ruhe! Nichts, was das Land belebt. Kein Grün, kein Rasen, keine Bäume, keine Blütenpracht – kein Schmetterling, der sie umgaukelt, kein Vogel, der in den Lüften schwebt! Eine unheimliche Sand- und Steinwüste brütet über dem Land. Gleich dem Märchen aus Tausend und einer Nacht, in dem alle Lebewesen in Stein verwandelt sind. Nur der Regen oder heulende Orkan unterbricht die Totenstille der verzauberten Erdfeste. Und auch in dem Meere sind die Lebewesen recht dünn gesät – nur den zehnten Teil zählen wir von den Arten, die in der folgenden Formation auftauchen (1000 gegen 600000 von heute!). Nur die paar kümmerlichen Tange, die kleinen Dreilappkrebse und die muschelartigen Armfüßer werden uns vielleicht auffallen – alle übrigen werden wir auf den ersten Blick wohl kaum wahrnehmen. - Das ist alles.

Von den Riesen der Schöpfung, die später, und auch heute noch Länder und Meere unsicher machen (Elefanten und Walfische usw.) noch keine Spur. - Wahrlich – es muss uns unheimlich und schauerlich vorkommen in dieser so seltsam altmodischen Welt!

Während also anfangs die Bühne absolut im Dunkel gehüllt war, lastet jetzt ein schweres, mystisches Halbdunkel auf der Szene. ---

Im folgenden Akt geht es auf der Erde schon etwas munterer her. Eine Menge neuer Wesen erscheinen. Ihrer sind wenigstens zehnmal so viel bekannt, wie im Cambrium. Es mag ja sein, dass sie ja da wirklich erst aufgetreten sind – vielleicht sind sie uns von da ab aber auch erst bekannt geworden. Und das ist sogar sehr gut möglich. Man hat nämlich die Silurformationen weit intensiver durchsucht, und was man bei solchem Suchen für Erfolge erzielen kann, das hat das kleine Böhmen bewiesen. Es ist von Barrande systematisch durchforscht worden. 40 Jahre seines Lebens – die ganze Arbeit eines Menschenalters – hat er ihm gewidmet. Das ganze Gebiet hat er mit einem Stab von Hilfsarbeitern systematisch durchsucht (ähnlich wie der Archäologe Hauser Tal der Besère), und dementsprechend eine ganz unglaubliche Menge von Funden gemacht.*)

Ich sagte: Neue Tiere erscheinen im Silur. Vor allem die Fische. Ich glaube ja, die tiefst stehenden Lanzettfische und Neunaugen waren schon vorher da. Wir werden aber darüber wohl nie etwas erfahren. Sie besaßen ein weiches Knochengerüst. Und dieses konnte der Zerstörung des übrigen Körpers nicht widerstehen. Die nächst höhere Tierordnung, die Haifische, besitzen zwar auch so ein weiches Knorpelskelett, das beim Zerfall des Körpers mit vergeht. Aber sie haben doch wenigstens schon knochenharte Zähne. Und gerade solche Haifischzähne, die man an ihrer spitzdreieckigen Form leicht erkennen kann (sie werden in dem Grünland des benachbarten Broich massenhaft gefunden) sind im Silur zum ersten Male entdeckt worden.

Haifische – ein ausdauerndes und von merkwürdiger Lebenskraft durchströmtes Tiergeschlecht! Bis heute haben sie sich erhalten; heute noch bilden sie den Schrecken der Meere. Und trotz ihrer niedrigen Organisationsstufe (Knorpelgerüst!) denken sie nicht im Geringsten daran auszusterben! Da sieht man mal wieder, wie wenig Organisationshöhe mit Anpassung zu tun hat, und weiterhin könnte einem schon eine Ahnung aufgehen, dass es nur ein Laiensport ist, alles, was in der Natur vorkommt, durch äußerliche Mittelchen mechanisch erklären zu wollen! – Kurz und gut, die Haifische treten in der unteren Silurzeit auf. Sie werden in die ganze Gesellschaft schon ein wenig Leben und Munterkeit hineingebracht haben!

Jetzt tritt auch der welthistorische Moment ein, wo die Lebewesen sich aufs Land flüchten. In erster Linie die Pflanzen. Vorerst wagen sie sich aber noch nicht, sich weit vom Wasser zu entfernen. Ein schmaler, grüner Gürtel beginnt die Meere zu umsäumen. Er besteht aus Bärlapp- und Schachtelhalmgewächsen (Sigillarien, Lepidodendren, Sphenophyllen). Von den Lagerpflanzen (Thallophyten), die von oben bis unten gleichmäßig zusammengesetzt sind, aber besser gesagt, an denen man kaum ein oben und unten unterscheiden kann, unterscheiden sie sich durch eine bedeutend höhere Organisation. Sie haben Wurzel, Stängel, Blätter und Fruchtträger – wenn auch noch keine Blüten in unserem Sinne. Vor allem aber ein hartes Wassergefäßsystem in den Stängeln, und werden gerade dadurch als Gefäßkryptogamen den weichen Lagerpflanzen gegenübergestellt.

In diesen grünen Büschen fangen auch die ersten Landtiere an sich zu tummeln: Skorpione und Tausendfüßer. - Also in jeder Hinsicht ein Fortschritt. ---

Ich habe nur im Allgemeinen den Eindruck wiedergeben wollen, wie ihn in der damaligen Zeit die Mutter Erde darbot. Deswegen habe ich meine Zeugnisse aus aller Herrn Länder zusammengesucht. Sie stammen aus dem ganzen Gürtel zwischen Russland über England bis Amerika. Im Rheinland ist, wie ich oben schon sagte, kaum etwas erhalten. ---

Wieder ein Schöpfungsabschnitt vorbei. Bis jetzt hat unsere Heimat bescheiden im Hintergrund gestanden und mit einer Statistenrolle begnügt.

Jetzt wird es anders werden. - Wir kommen in die Devonzeit.

Und da wird unser Rheinland beginnen, recht energisch in das Getriebe des geologischen Weltgeschehens einzugreifen!

Das Klingelzeichen ertönt. - Ein neuer Akt des Erdgeschehens hebt an.

Es ist die Devonzeit, die leise und unmerklich ihren Einzug hält. Nunmehr erachtet auch unser Rheinland die Zeit für gekommen, aus seiner bescheidenen Zurückhaltung herauszutreten und mitzutun – sogar recht kräftig in das Getriebe des Weltgeschehens mit einzugreifen.

Daher finden wir von der Devonformation im ganzen Rheinland – ja in unserer nächsten Nachbarschaft am Niederrhein Reste, und zwar ganz ansehnliche Reste. Alle die Felsen, die sich südlich von Ratingen finden – etwa vom Tal des Schwarzbachs an, der unterhalb von Kaiserswerth in den Rhein mündet: alles das sind Devonfelsen. Die Felsen, die das weltberühmte Neandertal einrahmen, sind Devonfelsen. Überhaupt das ganze Rheinische Schiefergebirge bis zum Taunus einschließlich, ferner die Ardennen, der Harz u.a. gehören zum Devon.

Es sind vorwiegend graue Sandsteine, die der Bergmann im Harz von alters her Grauwacken nennt, und die später im Rheinland und anderwärts, gleichfalls so genannt werden. Sie sehen ähnlich so aus wie das Gestein des Duisburger Steinbruchs oder der Ruhrkohlensandsteine im Ruhrtal. Es sind jene grauen Sandsteine und Schiefer, auf denen unsere Reben wachsen; es sind die Dach- und Tafelschiefer von Caub, der Kalk des Neandertals usw.

Der Freiberger Geologe Werner, der dort an der Bergschule lehrte, gab dieser Formation im 18. Jahrhundert den Namen „Übergangsgebirge". Und diesen Namen behielt sie bis 1844. (Unsere rheinischen Geologen, wie z.B. Dechen, der Bonner Oberberghauptmann, nannten sie allerdings für kurze Zeit „Grauwackengebirge".) Werner hatte nämlich erkannt, dass es zwischen dem „Urgebirge“ und dem „Flözgebirge“ lag. „Gebirge“ heißt bei den alten Geologen und Bergleuten so viel wie heute „Formation“. „Urgebirge“ ist die kristalline und daher versteinerungslose Formation, die vorwiegend aus Gneis und Glimmerschiefer usw. besteht, und die Werner vom Erzgebirge her kannte. Es interessiert den Bergmann vor allem wegen seiner kostbaren Metalladern. Unter „Flözgebirge“ verstand der Bergmann vor allem die Steinkohlenformation, dann auch den Zechstein mit dem Kupferschiefer von Mannsfeld. Beide „Gebirge“ waren also dem Bergmann wohl bekannt. Und auch, dass sich zwischen beide etwas einschob, das Werner später „Übergangsgebirge“ nannte, hatten die Bergleute des Mannsfelder Bergbaues schon seit langem festgestellt. So wurden sie – lange bevor es eine wissenschaftliche Geologie gab – die Entdecker des Grundgesetzes der stratigraphischen Geologie oder der Schichtenlehre. Ich erwähnte es früher schon: es heißt: „von zwei aufeinanderliegenden Schichten ist die obere immer die jüngere“.

Dass z.B. das „Übergangsgebirge“, also unser Devon älter als das Steinkohlengebirge ist, davon kann man gerade in unserem Gebiet sich auch der Laie mit geringer Mühe überzeugen. Im ganzen Rheinland fallen die Schichten nach Norden ein, d.h. sie sind alle nach Norden geneigt und werden von dort her von anderen jüngeren Schichten überdeckt. Wer also vom Taunus an einer Rheinwanderung längs des Höhenweges talabwärts unternimmt, wird bemerken, dass die Schichten (natürlich vorausgesetzt, dass er sie erkennen kann!) allmählich untergehen, d.h. von der Oberfläche verschwinden, und dass statt dessen andere – jüngere an ihre Seite treten. Die älteren sind dann nur noch in der Tiefe durch Bohrungen festzustellen. Wie in Seiten eines Buches, das nach Norden hin abwärts geneigt wird, so findet man im Taunus das älteste, schon kristallin gewordene Unterdevon anstehen. Das jüngste Oberdevon tritt dagegen zum letzten Mal südlich von Ratingen am Schwarzbachtal zu tage, um dann auch unterzugehen. Nördlich von Ratingen beginnt gleich das unterste Glied der Kohlenformation. Es ist der Kohlenkalk aus dem großen Kalkbruch bei Cromford, der auch noch wenige Kilometer südlich der Duisburger Grenze zwischen Lintorf und der Wedau ansteht. Dann folgt der flözleere Kohlensandstein im Duisburger Steinbruch und an der Ruhr. Hiernach muss also der älteste Kohlenkalk auf dem jüngsten Oberdevon liegen und somit jünger sein. Diesen Schluss hatte im Jahre 1837 schon Beyrich gezogen. Leider setzte er seine rheinischen Untersuchungen nicht fort, und so sollte denn der Ruhm, die Wiege der Devonformation zu sein, an ein anderes Land fallen.

Unsere rheinischen Geologen, wie Rose (1789), Nöggerath (der erste Geologieprofessor an der neuen Universität Bonn 1875) und von Dechen sprachen also bis in die vierziger Jahre des vorigen Jahrhunderts nur vom rheinischen Übergangs- oder Grauwackengebirge.

Die eigentliche Erforschung ging jedoch, wie schon angedeutet, nicht von hier, sondern von England aus. Zum Übergangsgebirge zählte man auch die schon erwähnten Formationen Cambrium und Silur. Beide sind in Deutschland nur kümmerlich entwickelt – weit besser dagegen in England. Es ist daher kein Zufall, wenn Murchison und Sedgwick sie 1839 zuerst in England bestimmten. Dabei lernten sie in der Südwestecke von England noch eine etwas jüngere Formation kennen, die aber immerhin noch älter war als der älteste Kohlenkalk, also auch noch zum Übergangsgebirge gehören musste. Sehr schön war sie gerade nicht ausgebildet, aber immerhin erkannte man, dass sie einen ganz anderen Versteinerungsinhalt besaß als die genannten Formationen, und deshalb wohl eine Stellung für sich allein beanspruchen durfte. Sie war am besten in der Grafschaft Devonshire (um Devonport herum, nahe Cornwall) verbreitet. Die genannten Forscher nannten sie deshalb auch Devonformation.

Sofort strebte man danach, auch auf dem Festlande die drüben entdeckte Formation aufzufinden. Natürlich musste man da seine Aufmerksamkeit in erster Linie auf das Rheinische Schiefergebirge richten, wo ja das Übergangsgebirge in Europa am größten und am besten entwickelt war. Schon 1842 fanden die beiden englischen Forscher hier dieselben Versteinerungen wie in England.

Seit jener Zeit rechnet man unser Schiefergebirge zur Devonformation. Es ist hier, wie gesagt, weit schöner, klarer und reicher entwickelt als in England. Und wenn heute die Wissenschaft der Devonformation ein so großes und umfassendes Gebiet darstellt, so verdankt sie das ausschließlich den rheinischen Heimatuntersuchungen. Hier hat sie ihre Bildungs- und Erziehungszeit durchgemacht. Wenn also die Ehre, Pate zu stehen, einer englischen Landschaft zugefallen ist, so ist das tatsächlich ein bloßer Zufall. Ihre Jugend und ihre Ausbildungszeit bis zur Reife hat die Devonwissenschaft im Rheinland verlebt, das auch für das spätere geistige Fortkommen der jungen Formation gesorgt hat. Mit viel größerem Rechte könnte sie man daher Rheinische Formation nennen. Aber hier ist es wie überall: Wer zuerst kommt, mahlt zuerst, d.h. gibt den Namen. Das ist wissenschaftliche Gepflogenheit, und es hat keinen Zweck mehr, etwas daran zu ändern.

Ich habe die Geschichte der Devonwissenschaft etwas ausführlicher behandelt. Nicht nur, weil es sich gerade um die Entwicklung der Kenntnis unserer Heimat handelt, sondern auch, um zu zeigen, welche Umwege manchmal die Forschung einschlägt.

Über Land und Meer.

Von der Devonzeit können wir uns schon ein weit deutlicheres Bild machen als von den vorhergehenden Zeitabschnitten. Ich sagte früher schon einmal: Zwischen Land und Meer, zwischen Leben und Tod spielt sich das ganze erdgeschichtliche Geschehen ab. Wie sah es in der Devonzeit um Land und Meer aus? Seltsam – arg seltsam! Ein unbegreiflich altertümliches, ja verzaubertes Gepräge trug damals die Erdkarte. Wie vorher schon, lag auch jetzt wieder ganz Rheinland unter einer großen Wasserwüste bestattet. Von Südengland (Devonshire) bis etwa zur heutigen Saharawüste dehnte sie sich aus – wenigstens zur Unterdevonzeit. Es ist dies aber nur die Breitenerstreckung eines großen Wassergürtels, der damals den ganzen Erdball umfloss, und zwar ungefähr dem Äquator parallel. Der große Wiener Geologe C. Suez, der dieses Meer entdeckte, hat ihm den Namen Tethys verliehen. Patin war die Gemahlin des Okeanos, der im griechischen Götterhimmel das Wasserdezernat bekleidete mit dem Spezialauftrag, als „oceanischer" Gürtel den ganzen Erdkreis zu umfließen. Sein Schwiegersohn war Nereus, der weissagende Gott des Mittelmeeres. Man sieht, die Familie war „in der Wasserbranche" versiert, wie der Kaufmann sagt. Sie hatte also gewichtigen Anspruch, bei Namengebungen ernstlich berücksichtigt zu werden. – So umfloss die Tethys als Weltmittelmeer den ganzen Erdball. Nur in Mittelamerika stemmte sich eine Landbrücke ihr entgegen und verrammelte den Durchgang. Das war aber nur im Devon, und auch später nochmals, immer für kurze Zeit. Die Tethys hat nämlich eine unglaubliche Lebenszähigkeit und wird ganze Schöpfungsalter hintereinander überdauern. Erst in der allerjüngsten Zeit sollte es mit ihrer Pracht und Herrlichkeit zu Ende gehen. Da hat man ihr Stück für Stück genommen, den Ausgang nach dem Atlantischen Ozean auf die Straße Gibraltar eingeengt und fast schon verstopft, die Verbindung nach dem Indischen Ozean durch Kleinasien verschüttet – und so blieb denn als kümmerlicher Rest einer ehemals so stolzen Größe das heutige Mittelmeer. ---

Auch sonst hatte zur Devonzeit die Erdkarte ein gar fremdartiges, altmodisches Aussehen. Denken Sie sich nur: Im Norden dehnte sich vom Ural an über Europa und Nordamerika bis zum Stillen Ozean ein riesiges Festland aus. Grönland war sein Herzstück: Europa und Nordamerika seine äußersten Halbinseln. „Nordatlantis" wird es von den Forschern genannt, nach dem sagenhaften Lande Atlantis. (Plato erzählt von ihm, dass es einst anstelle des heutigen Atlantischen Ozeans die Brücke nach einem unbekannten Westlande geschlagen habe. Erst Kolumbus war es vergönnt, dieses verschollene Westland wieder zu entdecken!)

Ebenso spannte sich von Südamerika über Afrika, Südasien und Australien ein fast noch klotzigerer Südkontinent, gleichfalls alle heute dazwischen liegenden Meere verstopfend. Sein westlicher Teil ist die Südatlantis (zwischen Südamerika und Afrika); der ganze östliche Teil heißt Gondwanaland. Nach einem Volksstamm Gond in Vorderindien, dessen Land in ihrer Sprache Gondwana heißt. Zwischen beiden Kontinenten vertrat, wie ich schon erwähnte, vorübergehend Mittelamerika das Prinzip der Verbindung. Im Übrigen fassten beide Erdteile die Tethys zwischen sich ein. Um das Bild zu vervollständigen, muss ich noch erwähnen, dass der größte Teil von Asien sich unter dem Namen „[...]Kontinent" selbständig gemacht hatte. Im westlichen [...] Sibirien, in der Gegend des Flusses Ob, war er durch den Obischen Kanal von Europa getrennt.

So steht das Bild der früheren Erdkarte wie mit wenigen Pinselstrichen hingehauen da: ein klar gegliedertes, übersichtliches, nach einfachen Prinzipien modelliertes Werk, dass nur durch groß gesehene Massen zu wirken sucht: drei Kontinente auf der einen Seite des Erdballes zusammengeschoben - auf der anderen Seite der riesige Stille Ozean. Und was das merkwürdigste ist – die damalige Massenverteilung stellt schon die Grundidee dar, an der die Mutter Erde in fast unbegrenzlicher Zähigkeit durch die ganze Entwicklung hindurch bis in die neueste Zeit hinein festgehalten hat. Wohl können Schwankungen eintreten, wohl mögen einige Erdteile zeitweise von Flachseen überflutet werden. Aber ernstlich geändert wird nie etwas. Mit sieghafter Gewalt bricht der oben skizzierte Grundgedanke immer wieder durch und zieht sich wie ein roter Faden durch das ganze Wechselspiel zwischen Land und Meer aller Zeiten. ---

Ich weiß es wohl – ich habe die frühere Erdkarte etwas breiter geschildert, als es die Rheinlandkunde vielleicht erfordert hätte. Aber es kam mir darauf an, einmal wenigstens ein Bild von dem früheren Aussehen der Erde zu entwerfen.

Dass ich dazu gerade das Devon wählte, hat den Grund, dass ich hier später am leichtesten auseinandersetzen kann, wie man solche Erdkarten nachträglich wieder zusammensetzt. Der Leser braucht also nicht etwa, wie es gern geschieht, anzunehmen, dass ich hier eine etwas weinbenebelte Phantasie aus dem Bremer Ratskeller vorgeführt habe.

Zunächst aber möchte ich noch auf einen anderen Einwurf eingehen. Wenn an sich die beiden riesigen Erdfesten ,die Atlantis und das Gondwanaland auf einem Globus zu veranschaulichen sucht, oder aber die Bilder aus dem Kosmosbändchen „Festländer und Meere" betrachtet, dann wird man sich eines Zweifels von größerer oder geringerer Intensität nicht verwehren können. Auffallend große Festlandsblöcke damals! Sollte es wirklich früher so viel mehr Land als Meer gegeben haben? Wo sollte all das Wasser unserer heutigen Weltmeere hergekommen sein, zumal diese so unermesslich tief sind? Wohin hätten die abgebrochenen Erdschollen, die Atlantis der Griechen und andere, so spurlos von der Bildfläche verschwinden können? --- Auch die Männer der Wissenschaft haben diese Frage nicht so leichtfertig bei Seite geschoben. Da hat A. Wegener vor einigen Jahren erst eine äußerst geistreiche Hypothese aufgestellt, die mit einem Schlage vielleicht Licht in dieses Dunkel hineinwerfen könnte. Wenn man nämlich die Erdteile Amerika, Afrika und Europa auf dem Globus in Papier ausschneidet und über den Atlantischen Ozean aneinanderschiebt, so macht man eine verblüffende Entdeckung. Die Ränder passen so aufeinander, als ob sie extra auf maß angefertigt wären. (Wo es nicht ganz genau stimmen sollte, muss man berücksichtigen, dass die wirklichen Grenzen der Festländer nicht da sind, wo die heutigen Küstenlinien verlaufen, sondern sich noch ein Stück in das Meer hineinschieben.) Der Vorsprung von Westafrika kuschelt sich behaglich in den großen Mittelamerikanischen Golf hinein! Und umgekehrt versteht es die vorspringende Ecke von Brasilien ausgezeichnet, sich in die Bucht von Guinea hineinzuschieben. Und der Zwickel, der oben im Norden noch übrigbleibt, wird in glänzendster Weise durch Grönland ausgefüllt. Stimmt einfach blendend! Das ganze macht den Eindruck, als ob ehemals ein großes zusammenhängendes Festland längs der heutigen Grenzlinien gerissen wäre und als ob dann die einzelnen Teile sich auseinandergezogen hätten.

So soll es nach Wegener auch tatsächlich der Fall gewesen sein. Er erklärt das folgendermaßen: Das spezifisch schwerere Erdinnere ist nicht absolut starr, sondern zähflüssig, etwa so wie Pech oder Asphalt in der Sonne. Darauf schwimmt die leichtere, aber starre Erdkruste der Festländer. (Das Erdinnere soll übrigens soweit hinaufragen, das es gerade oben noch die tiefste Tiefe des Ozeans erreicht und dessen Grund bildet). Auf diesem schlüpfrigen Erdkern gleitet die Rinde langsam hin und her, und das heute noch. Wir müssen uns überhaupt mit dem Gedanken vertraut machen, dass das Weltgeschehen nicht vor unserer Zeit abgeschlossen ist, sondern dass wir mitten in dem Geschehen stehen, dass die Erde nicht nur geworden ist, dass sie vielmehr noch wird. So folgt, wie man festgestellt hat, Amerika dem „Zug nach dem Westen" heute noch und wandert in diese Richtung jährlich 4 Meter weiter. An und für sich ist das ja nicht viel. Aber wenn man große Zeiträume zur Hilfe nimmt, kann daraus schon etwas werden. Und mit Zahlen wirft der Geologe ja nur so um sich – fast ebenso vorurteilslos wie der gewiefteste Valutaschieber. Gerade bei dieser Amerikawanderung stehen wir möglicherweise vor einer der gewaltigsten Revolutionen der Erdoberfläche: Amerika wäre damit im Begriff die Arbeitsgemeinschaft mit der „Landseite" zu kündigen. Damit wäre dann diese, die das ganze Erdzeitalter überdauert hat, gesprengt. Ob es soweit kommen wird? ---

Ja, ja, unsere Zeit hat es weit gebracht. Ganze Erdteile werden schon verschoben!

Was diese Wanderungen veranlasst, das glaubt man auch schon mechanisch erklären zu können. Darauf will ich aber nicht mehr eingehen, das würde denn doch zu weit führen. Jedenfalls hat sich die Hypothese auch nach dieser Seite hin gesichert.

Mit dem versunkenen Erdteil Atlantis ist es also nichts. Es sind überhaupt niemals größere Erdschollen untergegangen, wenn sie auch zeitweise flach überflutet werden konnten. Was an Erdfeste früher vorhanden war, ist auch heute noch. D.h. die Festländer bedecken denselben Gesamtraum wie zu allen Zeiten. Nur dass kleinere „Grenzberichtigungen" stattgefunden haben oder das ehemals verehelichte Kontinente, juristisch gesprochen, von Tisch und Bett getrennt sind. Ob sich daraus eine dauernde Ehescheidung entwickeln wird – wer will das jetzt schon sagen? ---

Die Theorie hat etwas sehr Bestechendes an sich. Was sie noch einschmeichelnder macht, ist der Umstand, dass sie mit einem Schlage auch ein Rätsel löst, dass den Gelehrten schon fast seit einem Jahrhundert schwer zu schaffen macht: nämlich das große Geheimnis der Eiszeit. Darauf werde ich noch zurückkommen müssen. Das ist aber der Hauptgrund, weswegen ich hier auf sie genauer eingegangen bin.

Sollte also jemand die devonische Erdkarte anzweifeln, weil er sich an der Größe der Kontinente stößt, so braucht man diesen Einwurf jetzt kaum noch tragisch zu nehmen. Es käme nur noch die eine Frage: Woher kennt man die frühere Erdkarte so genau?

Ich will also jetzt wissen, wie die Strandlinie früher verlaufen ist. Gut, dann muss ich zunächst ermitteln, was in ihrem Bereich heute vorgeht. An der Küste scheiden sich Wasser und Land. Mit dem Land ist nicht viel anzufangen – auf trockenem Land entstehen nur ausnahmsweise nennenswerte Absätze. Das Wasser ist es, was uns in erster Linie interessiert. Wäre das Wasser ruhig, ewig unbewegt - dann gäbe es überhaupt keine Veränderung. Weder Zerstörung noch Aufbau. Dann gäbe es aber auch keine Geologie. Indes das Wasser ist bewegt. Auf der großen Wasserfläche verdampft es, fällt als Regen nieder und spült die zerbröckelnde Gebirgsmasse in die Bäche, Flüsse, Ströme, von diesen ins Meer. Auch durch die Verwitterung der Uferfelsen (Helgoland) entsteht eine Menge Schutt.

Alles das steht den Wogen „zur gefälligen weiteren Veranlassung“ zur Verfügung. Und sie machen davon recht gern Gebrauch. Das Wasser ist ja in beständiger Unruhe. Nicht nur zu Zeiten, in denen der Sturm die Wogen haushoch aufpeitscht. Gerade in der Nähe der Küste spielen Ebbe und Flut eine große Rolle. Am gewaltigsten ist ihre Kraft natürlich unmittelbar am Ufer. Da rollen die Wogen mit ungehemmter Kraft über den Strand und bringen es fertig, die gewaltigsten Felsblöcke durcheinander zu wirbeln. Je weiter wir uns aber von der Küste entfernen, je tiefer das Wasser wird, umso abgeklärter und gelassener wird sein Charakter. In Umkehrung des bekannten Sprichwortes kann man sagen: Tief gründende Wasser sind still. In einer gewissen Tiefe hören die Oberflächenwogen überhaupt auf, sich am Grunde bemerklich zu machen. Und schließlich kommen wir zu einer Stelle, wo in der Tiefe das Wasser sich überhaupt nicht mehr bewegt.

Alles das muss natürlich auch auf die Absatztätigkeit des Wassers einwirken. Es ist hier genauso wie bei den großen Flüssen, von denen ich früher einmal redete: Durch die Geschwindigkeit des strömenden Wassers wird der mitgeschleppte Schutt „aufbereitet“, gewissermaßen gesiebt. Mitten in der Fahrrinne, wo die Strömung am stärksten ist, halten sich nur die gröbsten Stücke, dagegen in den Buchten und Tümpeln mit unbewegtem Wasser setzen sich nach einiger Zeit auch die feinsten schwebenden Schlickteilchen ab. So findet jedes Geröllstück ein genau seiner Durchschnittsgröße entsprechendes Fleckchen, bis wohin es vom Wasser mit Aufbietung seiner letzten Kraft gerade noch soeben getragen werden kann, wo es dann aber sein müdes Haupt zur einstweiligen Ruhe niedergelegt.

Genauso ist es im Meere. Auch da werden die Schuttmassen sortiert und in streng militärischer Ordnung niedergelegt: in Linie der Größe nach. Unmittelbar an der Küste können nur die aller schwersten Blöcke der Wucht der Wogen Widerstand leisten und bleiben infolgedessen liegen. Natürlich ist nicht ausgeschlossen, dass in den Spalten dazwischen auch kleinere Teilchen Schutz finden und sie ausfüllen. Alles andere wird weiter transportiert und findet nach und nach, seinem Gewicht entsprechend, einen Quartierschein zum einstweiligen Aufenthalt. Je weiter von der Küste entfernt, umso kleiner und leichter werden die mitgeschleppten und abgesetzten Teilchen. Bis schließlich eine Stelle kommt, wo überhaupt kein Material mehr herangeschleppt wird, wenigstens von ferne nicht. Das ist dann die eigentliche Tiefsee. Sie interessiert uns hier aber nicht. ---

So ist jede Küste von einem dreifachen Gürtel umgeben: In der eigentlichen Brandungszone kann sich nur der grobe Brandungsschutt halten: Felsstücke, dazu groberes oder feineres Geröll. Wer einmal an einer felsigen Küste (Helgoland, Südengland) im Seebad gewesen ist, kennt diese Partie.

Die Zone des feinen Küstensandes geht bis etwa 200 Meter tief. Trotzdem reicht der Wellenschlag der Oberfläche noch bis auf den Grund. Daher entstehen in dem Sand Wellenfurchen, wie man sie zuweilen auf dem Sandgrund ruhig fließender Bäche beobachten kann. (Abgekürzt nennt der Geologe diese Partie gern Flachsee. Er meint natürlich flache Randsee. Denn streng genommen gehört im Gegensatz zur eigentlichen Tiefsee der ganze Küstengürtel zur Flachsee.)

Weiter hinaus, bis etwa zu 1000 Meter Tiefe, schiebt sich dann die Zone des feinen Küstenschlammes vor (abgekürzt wohl auch Tiefsee genannt, soll natürlich hier auch tiefste Küstensee heißen.) Diese Zone stellt den äußersten Vorposten des Festlandes dar.

Ganz draußen endlich hat die eigentliche Tiefsee jede Beziehung zu einem benachbarten Festland abgetreten. Sie kommt daher für uns weiter nicht in Frage.

Doch auch das Meer ist nicht ewig. - Wo heute noch seine Wogen spülen, kann morgen (im geologischen Sinne genommen) Festland sein. Der Boden schaukelt auf und ab; aber unsere Absätze, was geschieht mit denen? Sie werden trocken gelegt und bilden dann zunächst lockere, schüttige Massen, ähnlich so, wie man sie in den Sand- und Kiesgruben des Rheintales gräbt, oder wie die gelben oligocänen Meeressande bei Gerresheim-Grafenberg. Auch die waren einstmals vom Wasser abgesetzt und wurden dann emporgehoben.

Nach und nach werden aber solche Massen fest. Wie, das werden wir später sehen. Dabei entsteht dann aus den Kiesmassen ein betonähnliches Gebilde in dem die größeren Gerölle in den feinen Sandmassen eingebettet liegen, die zwischen ihnen Schutz gefunden hatten. Konglomerat heißt dieses Gestein. Die „Nagelfluh" der Alpen oder die „Schwartemagen" der Siebengebirger Quarzitgruben gehören hier her. Auch die Kohlenkonglomerate der Steinkohlenformation, die man häufig als Ruhrgeröll findet. – Aus dem Sand wird Sandstein, und der Ton wird zu Tonschiefer. Nicht ganz verfestigter Tonschiefer, der durch einen Kollergang noch fein zerrieben werden kann, heißt Schieferton. An der Ruhr kommt er gern unter Kohlenflözen vor.

Jetzt haben wir endlich alles Material beisammen, um uns eine Erdkarte aus der Devonzeit wieder zusammenzustellen. Aber selbst in der Devonperiode handelt es sich nach menschlichen begriffen um unermessliche Zeiträume. Jedenfalls um Zeiträume solcher Größe, das schon bei ihnen das Hin und Her und Auf und Ab der Land- und Wassermassen recht deutlich wird. Aus allen Unterepochen greifen wir deswegen nur eine heraus: das Unterdevon. In den anderen beiden Epochen haben sich die Verhältnisse schon wieder etwas verschoben.

Aus der Unterdevonzeit also findet man im Norden von Devonshire – etwa in der Gegend des Bristolkanals – Grauwackenkonglomerat. Da also lag zu dieser Zeit die Küstenlinie. Nördlich davon sind devonische Meeresablagerungen nicht mehr aufgefunden worden.

Aber schon im südlichen Devonshire und in Cornwall findet man Grauwackensandsteine als Reste von ehemaligen Sandablagerungen. Sie verschwinden dann allerdings weiter nach Süden in einer tiefen Mulde, und sind auch hier am Niederrhein unter den jüngeren Ablagerungen der Kreidezeit und der Steinkohlen verborgen. Wer aber nach Süden geht, trifft im Angertal bei der Auermühle und Hofermühle zuerst das Oberdevon, weiter südlich dann das Mitteldevon. Und erst in den Siegener Schichten, die sich etwa von der Sieg an über das Siebengebirge bis zur Ahr erstrecken, taucht das Unterdevon wieder empor, und zwar als die Grauwackensandsteine und –schiefer, nach denen wir fahnden. Nach Westen gehen sie unmittelbar in die gleichartigen Schichten der Ardennen über; im Osten finden sie sich im nördlichen Harz.

In diesem Streifen müssen wir also die flache Küstensee des Unterdevons suchen. Wie um das zu bestätigen, zeigen sich in diesen Schichten auch hier und da „Rippelmarken". Wer das Brohltal aufwärts wandert, findet sie da z.B. gleich am Anfang am nördlichen Hang. Als große Seltenheit fand ich sie auch bei Honnef in die Faselkaul. - Sind die Schiefer und Grauwacken versteinerter Meeresgrund, dann sind diese Rippelmarken der versteinerte Wellenschlag, den die Flachsee in den Grund hineinschrieb.

Noch weiter südlich an der Mosel, überhaupt im Hunsrück (bei Kaub) findet man die feinen Dach- und Tafelschiefer, d.h. Tonschiefer, die aus feinstem Schlick entstanden sind. Ganz damit im Einklang stehen die Abdrücke blinder Fische, die man dort findet. Alles spricht für tiefste Küstensee. Dieser Gürtel setzt sich im Westen in der Bretagne, Devonshire gerade gegenüber weiter fort, ferner durch den Unterharz, Thüringen und Böhmen.

Wo das Devonmeer mit seiner Küste sich ausdehnte, wissen wir also jetzt. Nun aber die Gegenprobe: Wo lag denn das Land? Bis jetzt haben wir die Frage nur negativ beantwortet, nämlich vor der vermuteten Küstenlinie fanden wir keine Meeresablagerungen mehr. Also wird da wohl Land gewesen sein. Diese Tatsache allein reicht nicht ganz. Könnten doch ehemalige Meeresablagerungen nachträglich wieder weggewaschen worden sein. Aber wir haben auch eine positive Antwort auf unsere Frage.

In der tropischen Wüste sammelt sich heute noch ein gelbroter Sand an, der der Wüste den charakteristischen Farbton verleiht. Die Farbe rührt von dem Mineral Laterit her, das in dem Tropenklima anstelle unseres Tones aus Feldspat entsteht. Ein roter Sand oder Sandstein deutet also mit einer gewissen Wahrscheinlichkeit auf eine Wüste mit tropischem Klima, jedenfalls auf Festland hin.

Und in der Tat findet man schon unmittelbar nördlich vom Bristolkanal: in Süd-Wales, in Schottland usw. einen roten Sandstein aus der Devonzeit. Old red (zu ergänzen: sandstone) d.h. alter roter Sandstein genannt. (Zum Unterschied von dem jüngeren Buntsandstein der Trias). Man kann als ziemlich sicher annehmen, dass er aus Wüstensand entstanden ist. Er enthält auch, wie ich vorgreifend bemerken will, keine Spur von Meerestieren (Korallen, Seelilien), sondern nur spärliche Fische, Krebse, vor allem Landpflanzen.

Hier ist uns also die Gegenprobe völlig gelungen: Nördlich der vermuteten Küstenlinie lag Festland. (Immer lässt sich diese Gegenprobe aber nicht so elegant führen. Meist muss man sich damit begnügen, die Küstenlinie aus Meeresablagerungen zu bestimmen und das Festland an die Seite zu verlegen, an der keine Ablagerungen mehr sind.)

Was wir bis jetzt untersucht haben, war nur eine einzige Schnittlinie, die zur Küstenlinie quer verläuft. Seitdem man aber um 1840 das Devon entdeckte, hat man eine ganze Menge von devonischen Ablagerungen bestimmt. Man braucht sie nur in einer Reihe von Parallellinien einzuordnen, die zur Küste quer verlaufen. Alle zeigen in der Korngröße der Gesteine die oben auseinandergesetzte Abstufung. Daraus gewinnt man den Küstengürtel und daraus schließlich die ganze Verteilung von Meer und Festland.

Das Devonmeer

Woher weiß ich aber, dass die Erdoberfläche zur Devonzeit so aussah, wie ich sie beschrieben habe? Immer und immer wieder wurden mir bei Vorträgen und Exkursionen starke Bedenken geäußert, wie man so etwas überhaupt wissen könnte. Das erste Erlebnis dieser Art hatte ich schon als Schüler. In einer Duisburger Buchhandlung fand ich in dem Prospekt eines geologischen Werkes eine rekonstruierte Erdkarte. Es war der erste Versuch dieser Art und deswegen geschichtlich denkwürdig geworden: die bekannte Neumayrsche Karte der Jurazeit. Da sagte mir der Buchhändler, übrigens ein ganz gebildeter Mann: „Daran glaube ich nicht. Es ist doch niemand dabei gewesen!" Und das ist ein Einwand, der mir noch sehr oft entgegengehalten wurde – mit verbindlichem oder spöttischem Lächeln -, je nach Veranlagung und Erziehung. Und mit diesem Argument glaubte man jedes Mal einen entscheidenden Erfolg davonzutragen. Nun ja, die Tatsache, dass niemand dabei war, lässt sich erfolgreich wohl kaum in Abrede stellen, wohl aber die daraus gezogenen Schlüsse. Du liebe Zeit – wie vieles weiß man nicht, was keines Menschen Auge je erschaut hat!

Man kennt doch auch die Moleküle und Atome, man weiß genau, mit welcher Geschwindigkeit sie in der Luft durch die Landschaft rasen, wie viele Trillionen auf einen Kubikzentimeter gehen. Man kann ihre wahnsinnig geringe Größe in Bruchteilen von Millimetern angeben; bei Kristallen kennt man selbst das Bild, nach dem sie im Raume angeordnet sind. Man weiß jetzt schon sogar recht viel über die Art, wie Atome in Elektronen zerfallen, mit denen sie Planentensysteme, ja förmliche Weltsysteme im Kleinen bilden. Man kennt ihre Entfernung vom Mittelpunkte des Atoms, ihre Bahn und ihre unheimlich große Umdrehungsgeschwindigkeit. Und doch – hat ein Mensch je etwas von all diesen kleinen Dingerchen gesehen? Man kennt auch die Sprache, die die Indogermanen vor ihrer Trennung sprachen – damals, als sie noch in tiefster Barbarei staken. Und hat ein Lebender sie je vernommen oder eine Schrift von ihnen zu Gesicht bekommen? Trotzdem fällt niemandem ein, an der Richtigkeit von allen diesen wissenschaftlichen Ergebnissen zu zweifeln. Es gibt eben auch indirekte Beweise, vor Gericht nennt man sie Indizienbeweise. Und diese genügen u.U., um einen Menschen zum Tode zu verurteilen. – Ich konnte damals dem Buchhändler keine Auskunft geben, wenngleich ich von der Richtigkeit der Erdkarte vollständig überzeugt war. Aber das Ergebnis war für mich von der größten Bedeutung. Es lehrte mich, nicht die Resultate gläubig hinzunehmen, sondern vor allem nach dem Wege der wissenschaftlichen Erkenntnis zu forschen. In Einzelheiten kann man sich in den Ergebnissen irren. Wer aber die Wege kennt, kann die Ergebnisse immer kontrollieren und ihr Gewicht d.h. den Grad ihrer Sicherheit zu beurteilen.

Im Allgemeinen besteht ja eine große Kluft zwischen der Gedankenwelt des Gelehrten und der des praktischen Lebens. Leider! Denn erst bei ihrer gegenseitigen Durchdringung könnten sie so recht füreinander fruchtbar gemacht werden.

Der Fachgelehrte, der sich lediglich seiner Wissenschaft in so vertrautem Verhältnis, dass er gewöhnlich kein Augenmaß mehr dafür hat, wie wenig sie in den Rahmen der landläufigen Vorstellungen hineinpassen – wie fremdartig für den Laien berühren müssen. Vor allen Dingen handelt es sich um die Fundamentalsätze – die obersten Grundsätze, mit denen er mit derselben Selbstverständlichkeit rechnet, wie die Hausfrauen mit dem Einmaleins oder der Regeldetri, ohne sich erst lange den Kopf darüber zu zerbrechen, wie diese Gesetze zustandekommen. Wenn man ihm aber zumuten will, die Ergebnisse des geologischen Einmaleins als richtig hinzunehmen, dann muss man ihm natürlich erst zeigen, wie es abgeleitet wurde.

Und wenn ich daher jetzt auseinandersetzen will, dass zur Devonzeit und in anderen Perioden das Rheinland unter Wasser lag, dann muss ich zunächst einmal nachweisen, wie es überhaupt möglich ist, längst untergegangene Festländer und Meere wieder zu rekonstruieren. Und wenn ich im Duisburger Steinbruch, im Ruhrtal oder im Neandertal die steilaufgerichteten Schichten finde, so muss ich von dem ehemaligen Variskischen Gebirge sprechen und dann natürlich dabei erklären, auf welche Weise man das Gebirge, seine Größe, seine Lage und die Zeit seines Entstehens und Vergehens entdeckt hat.

Zeichen und Wunder gibt es im Bereich dessen, was dem Wissen unterworfen ist, nicht. Auch in der Geologie nicht. Natürliches – Allzu natürliches: das ist die Losung der Naturwissenschaft. In Urzeiten – und sollten noch so viele Äonen, noch so viele Jahrmillionen seitdem verflossen sein – haben sich die Naturkräfte nicht anders benommen als heutzutage auch. Das hat der Geologe und Astronom für die Zeiten, mit denen er zu tun, denn doch feststellen können. Und wenn man wissen will, wie sie früher gewirkt haben, braucht man sich nur dafür zu interessieren, was sie heute anstellen.

Sogar kleinere Inseln kann man an Konglomeratfunden erkennen. So finden wir aus der mittleren Devonzeit in Aachen am Rande des Hohen Venns und in der Nachbarschaft von Pepinster - ja, auch in unserer unmittelbaren Nachbarschaft im Schwarzbachtal bei Ratingen (Mergelsberg) Konglomerate, die die Nähe von Küsten, wenigstens von Inseln, anzeigen.

Damit sind aber bei Weitem noch nicht alle Merkmale erschöpft, nach denen man die früheren Oberflächenverhältnisse wieder entstehen lassen kann. Es gibt noch eine Menge anderer Anhaltspunkte. Wertvolle Hinweise geben uns vor allem die Versteinerungen, die uns erhalten sind. Wenn man z.B. die großen Bäume der Steinkohlenformation mit ihren Wurzeln an Ort und Stelle im mittlerweile zu Stein gewordenen Erdreich verankert findet, so ist es ganz klar, dass dort keine Tiefsee gewesen ist. Wir müssen da vielmehr Festland annehmen. Aber noch weiter: Mit einer auffälligen Regelmäßigkeit findet man unter den Steinkohlenflözen immer wieder eine Lage von Schieferton vor, z.B. in dem Bahneinschnitt zwischen Eppinghoven und Heißen. Ton lässt kein Wasser durch. Heute noch finden wir überall da, wo Ton den Untergrund bildet und das Wasser sonst keinen

Abfluss hat, Sumpf, z.B. an den moorigen Stellen im Duisburger und Speldorf-Saarner Wald. So wird man denn auch mit großer Wahrscheinlichkeit – ja mit Sicherheit – annehmen dürfen, dass die üppigen Steinkohlenwälder im Sumpf gewuchert haben.

Auch die Tierversteinerungen bieten uns manche wertvollen Anhaltspunkte. Schalentiere, wie Muscheln, Armfüßer, müssen in der wildbewegten Brandung, wo sie von den entfesselten Wogen beständig hin und her geschleudert – ja gegen den Felsen geschmettert werden, - dort müssen sie natürlich einen festen, dicken Schalenpanzer haben. In der ruhigeren Tiefsee dagegen können sie sich dagegen mit einer papierdünnen Schale begnügen – wie im Devon außer den Zweischalern auch die Ammonshörner. Korallen gedeihen noch heute nur in den seichtesten Küstenmeeren. Und auch wo wir sie versteinert finden, hat man gewöhnlich auch noch andere Anhaltspunkte, dass die See dort flach war.

In größeren Tiefen dringt kaum ein Strahl des Tageslichts auf den Meeresgrund. Tiefseetiere müssen daher besonders große Augen haben. Oder aber, sie können sie als zwecklos überhaupt abschaffen. Wenn wir daher versteinerte Fische oder Dreilappkrebse (Trilobiten) finden, die blind sind, oder uns mit besonders klobigen Augen anglotzen, so müssen wir daraus schließen, dass sie in der Tiefsee lebten.

Ferner können sich Salzlagen nur in seichten, abgeschnürten Meeresbuchten absetzen. Wie z.B. an einzelnen Stellen des Kaspischen Meeres heute noch. Nun sind durch Tiefbohrungen in der Zechsteinformation des Niederrheins (gegen Schluss des geologischen Altertums) Salzlager festgestellt (Moers, Budberg, Lippegegend usw.), wie auch sonst die bekannten Salzlagerstätten von Norddeutschland der Zechsteinformation angehören. Das beweist, dass sich zur Zechsteinzeit über ganz Norddeutschland und den Niederrhein eine Flachsee ausdehnte (die hier ihren südlichen Zipfel bis Homberg-Beeckerwerth vortrieb).

Bei Schlammpfützen beobachtet man zuweilen, - wenn sie austrocknen -, dass der Schlick in 5-, 6- oder 7-eckige Platten zerspringt. Solche versteinerten „Trockenrisse“ fand ich versteinert auch in den Mitteldevonischen Lenneschiefern die bei Lohof (Voismühle) am Ausgang des Schwarzbachtals östlich Ratingen anstehen. Schon die rote Farbe der Schichten deutet auf die Nähe eines Kontinents mit Wüstenklima hin. Und denn noch: die Trockenrisse – jedenfalls handelt es sich um Absätze einer Randsee, die zuweilen das Gebiet trocken ließ. – Auch sind Randseeablagerungen ziemlich mächtig (Bergischer Massenkalk z.B. ungefähr 1000 Meter), können aber in der Nähe schon von anderen Schichten abgelöst werden (Fazieswechsel). Tiefseeablagerungen sind dagegen geringmächtig (Alaunschiefer des unterkarbonischen Kulms im Bergischen 2-5 Meter), können dagegen über ganze Provinzen ausdehnen (die erwähnten Alaunschiefer im Bergischen und Sauerland).

Ein wichtiges Hilfsmittel um sich die ganzen Erdfesten zusammenzustellen, auch wenn die dazwischenliegenden Ablagerungen nicht lückenlos bekannt sind, bieten uns die Tier- und Pflanzenprovinzen. In der Sahara finden wir z.B. devonische Meeresversteinerungen, die von den südafrikanischen Versteinerungen derselben Zeit charakteristisch verschieden sind, dagegen auffallend mit den rheinischen übereinstimmen. Unser Rheinisches Devonmeer musste sich also bis zur Sahara erstrecken – es ist die Tethys. Von da bis nach Südafrika muss das Meer unterbrochen gewesen sein – wir wissen bereits, dass hier der Südkontinent (Süd-Atlantis) lag. Die südafrikanischen Versteinerungen dagegen stimmen wieder mit den südamerikanischen überein – da muss sich wieder ein Südozean ausgedehnt haben.

So haben wir eine große Menge von Hilfsmitteln, um die früher gewonnen Resultate zu kontrollieren und zu ergänzen. Wenn wir daher Erdkarten früherer Zeiten zusammenstellen, so geben diese den ursprünglichen Zustand doch mit ganz leidlicher Sicherheit wieder. Obgleich „niemand dabei gewesen ist“.

Trotzdem kann eine solche Erdkarte natürlich nie so ganz lückenlos und vollständig sein wie eine moderne. An manchen Stellen der Erde sind gewisse Ablagerungen noch nicht bekannt, oder auch nicht mehr erhalten, obgleich wir aus bestimmten Spuren als ganz gewiss annehmen dürfen, dass sie einstmals dagewesen waren. In solchen Fällen muss es natürlich dem Takt des Forschers überlassen bleiben, über diese Lücken verbindende Brücken zu schlagen. Wer sich durch dieses Eingeständnis bedrückt fühlt, der muss bedenken, dass auch unsere heutige Karte noch mancherlei Einzelheiten vermissen lässt. Es ist noch gar nicht so lange her, da prangte auf der Karte von Afrika ein imposanter weißer Fleck – wie an den Polen heute noch. Und die Quellen des Nils waren noch der vergangenen Generation ein vielumwobenes Problem. Selbst in unseren Tagen haben Forscher, wie Sven Hedin, Gelegenheit, aufsehenerregende Entdeckungsreisen nach Inner-Asien zu unternehmen.

Es braucht uns daher nicht weiter zu schmerzen, wenn eine Erdkarte alter Zeiten mehr wie ein groß gesehenes impressionistisches Gemälde wirkt, als dass es Detaileffekte erstrebt. Um Einzelheiten braucht man so pedantisch nicht besorgt zu sein. In jedem Fall stehen die Grundzüge des Kartenbildes unverrückbar fest. Und ebenso der allgemeine Eindruck, den sie geben. Auch für die Geologie ist das heroische Zeitalter der Geographie – das Zeitalter himmelstürmender Entdeckungsfahrten in der Wissenschaft – vorüber. Wenn auch eben erst. Die Aufgabe der Forschung kann jetzt nur noch sein, die Einzelheiten schärfer herauszuarbeiten.

Es wäre denn auch die Frage gelöst, wie die Erdkarten früherer Zeiten zustande kommen, und welchen Genauigkeitswert man ihnen billigerweise zu erkennen darf. Man sieht – schon in der einfachsten Erdkarte vergangener Zeiten steckt eine Unsumme wissenschaftlicher Arbeit. Und niemand wird mehr auf den Gedanken kommen wollen, dass sie so leicht hin zusammengehauen sind.

Das Leben

Die Lebewelt, die im Cambrium nur erst skizzenhaft angedeutet war, dann im Silur eine klarere, bestimmtere Ausprägung und eine größere Mannigfaltigkeit gewann, bereitet sich im Devon zu dem großen Schlag vor, den sie im nächstfolgenden Zeitalter, im Steinkohlenzeitalter, führen wird. Man merkt ihr immer mehr an, dass sie sich zu Höherem berufen fühlt. Damit soll natürlich nicht gesagt sein, dass der Charakter in der Lebewelt nicht noch in vieler Beziehung an die Vergangenheit erinnert. Das Wort Pindars: „Ariston men hydor“ – „das Beste ist doch das Wasser“ – galt im Cambrium noch unbeschränkt. Da gab es nur Wassertiere und Wasserpflanzen. Auch dem Silur und Devon gibt dieser Satz noch viel starkes Gepräge, wenn sich da das Leben auch nicht mehr so ganz ausschließlich im Wasser abspielt.

Im Cambrium und Silur waren es vor allem die Trilobiten, jene asselähnlichen Dreilappkrebse, die damals den Geist der Zeit verkörperten. Es waren Tiefseewesen, als solche kenntlich durch sehr große oder durch sehr stark reduzierte Augen, mit denen viele von ihnen ausgestattet waren. Auch in dem tieferen Devonmeere haben sie sich noch umhergetummelt. So finden sie sich denn in den Schieferbrüchen des Hunsrück und der Eifel, bis zur Ahr. Aber während alle anderen Tierklassen sich vermehren oder gar neu auftauchen, ist die Lebenskraft der Trilobiten erschöpft. Nicht mal mehr der zehnte Teil des früheren Reichtums hat sich in die Devonzeit hineingerettet. Offenbar kokettierten sie sehr stark mit dem Gedanken, von dannen zu scheiden. Und in der Tat sind sie in der nächsten Formation schon ausgestorben.

An der Küste von Norwegen gibt es in den Meeren Wesen, die es sich zur Aufgabe gesetzt haben, die forschende Menschheit zum Besten zu halten. Sie sehen äußerlich wie Muscheln aus, haben aber mit diesen genauso viel oder so wenig zu tun, wie die als Seelilien bezeichneten Tiere mit den echten Lilien. Schon äußerlich unterscheiden sie sich von den Muscheln dadurch, dass ihre beiden Schalen ungleich sind. Sie leben außerdem nicht frei, sondern sind mit einem Arm festgewachsen. Daher nennt man sie Armfüßer oder Brachiopoden. Schon im Cambrium und Silur kommen sie vor. Auch in den Devonischen Meeren müssen sie recht zahlreich vertreten gewesen sein. Besonders berühmt und bekannt ist eine Form, die die Arbeiter in den Kalkbrüchen von Paffrath (bei Köln) seit je her schon als „Uhlenköpp“ bezeichneten. Eine ihrer Schalen besitzt nämlich da, wo sie in einer Art Scharnier zusammenstoßen, einen gekrümmten Fortsatz, und dieser sieht einem Eulenschnabel verblüffend ähnlich. Als die Wissenschaft anfing, sich mit diesen Versteinerungen zu beschäftigen, wussten die ersten Forscher (Detrance) nichts Besseres zu tun, als diesen Namen ins Griechische zu übersetzen. „Stris“ heißt die Ente und „Kephale“ der Kopf. So entstand dann der Name „Stringocephalus“, unter dem das Modetier oder „Leitfossil“ der mitteldevonischen Kalkschichten weltberühmt werden sollte. Es findet sich in den mitteldevonischen Kalk- oder Stringocephalenschichten des Neandertals, von Paffrath, Gerolstein und von Iserlohn (Dechenhöhle).

Auch die Korallen nehmen gegenüber früher stark zu. Natürlich sind es nicht jene schönen roten Schmuckformen, die zu Halsketten, Broschen usw. verarbeitet werden. Vielmehr einfache graue Kalkgerüste, die fast stets im Massenkalk eingebettet liegen, und dort, im Gegensatz zu den Trilobiten, auf ehemaliges seichtes Meer hindeuten. Auch ganze Korallenriffe findet man in den Schichten eingebettet, z.B. im Neandertal an dem Hange der Waldschlucht unterhalb des großen Kalkbruches ... Ferner bei Paffrath und in der Eifel bei Gerolstein.

Auch Seelilien, eine Art von Seesternen, - die mit einem Stiel festgewachsen sind, - bevölkerten die seichten Devonmeere. Sie finden sich vor allem im Bergischen Mitteldevon in den sogen. Lenneschiefern bei Lindlar und Gummersbach und zwischen Wupper und Anger zum Beispiel. Nach ihrem

Tode zerfallen die Stängel in lauter trommelförmige Gefieder und diese lagern sich auf dem Meeresgrunde ab. So findet man in den Steinbrüchen der genannten Gegend die Sandbänke durch diese Schichten getrennt, die scheinbar aus lauter Schrauben bestehen. Diese „Schraubensteine" finden sich nicht ganz selten in dem Gebiet, das Rhein und Ruhr talwärts begrenzen.

Die Fische sind sich der Rolle bewusst, die sie als Basis des ganzen Wirbeltierstammes zu spielen berufen sind. Sie nehmen dementsprechend einen starken Aufschwung. Von den Meeresbewohnern sind es vor allem die Hale, die sich auch im Devonmeer umhertummeln und die sich direkt als unverwüstlich erweisen werden. Welche Lebenskraft in diesen gefürchteten Räubern steckt, zeigt die Rolle, die sie auch heute noch spielen und die sie trotz ihrer niederen Organisation selbst dem Menschen, der sich so gern die Krone der Schöpfung nennt, furchtbar macht. Es sind gewissermaßen „lebende Fossile", die in unserer Zeit eigentlich nicht mehr so recht hineinpassen, aber anscheinend gar nicht daran denken, dem Geist der Zeit endlich Rechnung zu tragen. - Andere Fische werden wir als Süßwasserbewohner kennen lernen.

Gegenüber diesem Aufschwung der Tierwelt verhält sich die Pflanzenwelt noch merkwürdig zurückhaltend. Wenigstens soweit die Meeresbewohner in Frage kommen. Tange gab es ja schon in den Silurischen Meeren. Auch im Devon setzen sie ihre Existenz weiter fort, die übrigens heute ja noch nicht abgerissen. Wer im Mittelrhein die Schiefer oder Grauwacke aufschlägt, findet da nicht selten auf den Schichtflächen gekrümmte schwarze Streifen oder Bänder. Das sind Reste von einer Art Tang, den man nach dem hochverdienten Bonner Oberberghauptmann Haliserites Dechenianus genannt hat. Diese Tange müssen sich stellenweise, ähnlich so wie heute im Saragossameer, stark angehäuft haben. Wenigstens bilden sie in der Eifel an manchen Stellen schwache, nicht abbauwürdige Flöze von Tangkohle. Solche Vorkommen sind zuweilen von gewissenlosen Bohrfirmen benutzt worden, um ländlichen Gemeinden der Eifel das Geld aus der Tasche zu locken und Hoffnungen zu erwecken, die nie erfüllt werden konnten. Denn die großen Steinkohlenlager finden sich noch nicht im Devon; sie tauchen erst im Karbon auf.

Das Leben auf dem Devonischen Festland

In Großbritannien (mit Ausnahme der Nordwestecke: Cornwall und Devonshire) ferner Spitzbergen, Norwegen, den russischen Ostseeprovinzen, auch noch in Grönland und Nordamerika existierte zu der damaligen Zeit eine Lebewelt, die von der beschriebenen merklich verschieden ist. Es ist das Gebiet des Roten Alten Sandsteines. Da finden wir keine Spuren von den kleinäugigen oder blinden Dreilappkrebsen (Trilobiten) der Tiefsee, oder von den Korallen, Seelilien oder Zweischälern (Armfüßern) der Flachsee. Auch fehlen da jene regelmäßigen Räuber der Meere, die Haie. Dagegen finden wir im Alten Roten Sandstein Pflanzenreste, wie Farne, Schachtelhalme (Calamiten), Bärlappgewächse (Siegelbäume und Schuppenbäume) mit ihren narbigen Wurzelstöcken, den Stigmarien – alles Pflanzen, die schon im Silur auftauchten, aber erst in der Steinkohlenzeit große, gewaltige Wälder bilden werden. Niemand hat je daran gezweifelt, dass es Landpflanzen sind.

Daneben tauchen Skorpione, Tausendfüßer und Eintagsfliegen, ja auch schon eine Maulwurfsgrille auf, die zwar (mit Skorpionen und Tausendfüßern) schon im Silur von Nordfrankreich (von Calvados vom Ärmelkanal) gefunden worden ist, die aber sicherlich auch im Devon gelebt haben wird. Alle diese Wesen sprechen eine deutliche Sprache.

Dann finden wir noch in den Leichenkammern des Roten Sandsteines begraben Panzerfische, die abenteuerlichsten Fischgestalten, die je gelebt haben. Statt von Schuppen bedeckt zu sein, war der Körper in einem Panzer von Knochenplatten eingeschlossen. Und die großen Kopfteile gaben manchem von ihnen ein Aussehen, wie es die glühendste Märchenphantasie des Erzählers von 1001 Nacht kaum hätte ersinnen können.

Sie sind ausgestorben. Am meisten erinnern sie noch an die Störe. Und auffällig ist, dass alle ihre Verwandten heute noch im Süßwasser leben. Sollte das nicht auch für jene ausgestorbenen Wesen gelten? ---

Das darf man wohl auch für die Lurchfische des Alten Roten Sandsteines annehmen. Diese Tierklasse lebt heute noch. Man hat sie in Australien wiederentdeckt, in jenem großen Freilichtmuseum, in dem die Natur allerhand Raritäten, wie ausgestorbene Tier- und Pflanzenarten, in Freiheit vorführt. – Jene Tiere sehen wie Fische aus und atmen auch durch Kiemen. Wenigstens in normalen Zeiten. Für „eintretenden Bedarf" aber haben sie die Schwimmblase zu einer vorläufig noch „behelfsmäßigen" Lunge umfrisiert. Auf diese Weise können sie in Zeiten der Not, wenn ihre Flüsse (Burnett- und Maryfluss in Ost-Australien) austrocknen, auch im Schlamm leben und die Luft direkt einatmen. Dieser sinnreiche Gedanke der Lufteinatmung hat sich dauernd durchgesetzt; an ihn knüpfen die ganzen landlebenden Wirbeltiere an. – Auch bei diesen Lurchfischen spricht also die Lebensweise mehr für Binnenland (wenngleich sie auch zuweilen in der Eifel gefunden worden sind).

Auch der hartnäckigste Zweifler kann hiernach nicht mehr ernstlich bestreiten wollen, dass in dem ganzen Gebiet des Roten Sandsteins von Nordamerika bis Russland sich eine Tier- und Pflanzenwelt breitmachte, die ein ausgesprochenes Landleben führte. Dass mit anderen Worten sich in dem Gebiet eine riesige Erdfeste ausdehnte. Es ist die Nordatlantis, deren einstmalige Existenz wir früher schon an der Gesteinsbeschaffenheit der Meeres- und Festlandsablagerungen erkannt hatten. Nachdem wir jetzt auch die Lebewelt verhört haben und sie dieselbe Aussage zu Protokoll gegeben hat, wird wohl auch dem Laien eine Vorstellung davon aufgehen, dass die Behauptungen der Geologen doch wohl nicht so ganz aus der Luft gegriffen sind. ---

Nunmehr möchte ich den Leser zu einer Segelfahrt auf dem Devonmeer einladen. In Italien soll der Weltenbummel beginnen. Ringsumher nichts als Wüste. --- eine große Wasserwüste, in der sich mit seinen tiefdunklen, gesättigten Farben ein lachender blauer Himmel widerspiegelt. Ähnlich wie heute der Stille Ozean in der Gegend von Samoa. Das Mittelmeer und die Nordsee reichen sich die Hand --- bis Mittelamerika wälzt sich die Flut dieses Weltmeeres. Nur hier und da sehen wir in weiter Ferne eine kleine Insel auftauchen, deren Rand von Geröll eingesäumt ist --- späteren Geologen werden sie sich durch Konglomerate bemerklich machen. – Eine große Stille umgibt uns – nur hin und wieder unterbrochen von dem Heulen des Sturmes. Wenige gefräßige Haifische tummeln sich wegelagernd umher und erhaschen hier und da eins der kleinen Fischchen – einen Verwandten der Panzerfische. Aber häufig erleben wir das Schauspiel noch nicht. Ach, ich darf ja nicht vergessen, zu erwähnen, dass hier noch kein tropisches Klima herrscht. – Auch umhertreibende Tange finden wir. Wenn wir Glück haben, sehen wir auch in einem dünnschaligen „Papierboot“ einen Kopffüßer mit den Winden segeln --- einen Verwandten des heutigen Nautilus. Und wenn wir gerade eine Einrichtung zur Tiefseeforschung besitzen – wie jene Challenger, die vor 50 Jahren extra dafür ausgeschickt wurden -, dann mögen wir auch wohl vom Meeresgrunde Dreilappkrebse (Trilobiten) heraufholen, von denen ein Teil entweder blind oder uns mit unwahrscheinlich großen Augen anstaunt.

Sobald wir mit unserem Zauberschiff die Gegend von Nassau oder des Sauerlandes passieren, wird der Lotse gut tun, scharf Ausschau zu halten. Wenn wir gerade Glück haben, erleben wir da ein majestätisches Schauspiel. Da brodelt, da kocht das Meer. Riesige Explosionen zerreißen die Wasserfläche, senden einen Feuerstrahl heraus und eine dampfende Explosionswolke, mit Asche beladen, steigt zum Himmel empor. Wir machen einen vulkanischen Ausbruch mitten im Meere mit. Eine mächtige Lava hat sich ergossen und erkaltete als Trachyt- oder Basaltdecke unter dem Meere. Ungeheure Aschenmassen setzen sich auf dem Meeresgrunde ab. Da werden sie dann in ruhigeren Zeiten vom harmlosen Meeresschlamm und Meeressande zugedeckt werden. Und in den spätesten Zeiten werden sie da einst als „Diabäs“, „Schalvasteine“ in Nassau und bei Elberfeld dem Geologen oder „Lenneporphyr“ im Sauerland von jenen dramatischen Ereignissen Kunde geben, die einst in Urzeiten in diesen Gegenden sich abgespielt haben. Und in den Ablagerungen von Rhein und Ruhr werden die Geologen abgerollte Stücke von diesen Lenneporphyren und Diabasen finden. –

Unser Schiff trägt uns weiter. Aber das Bild ändert sich. Einige Korallenriffe tauchen auf – das braucht uns bei dem Tropenklima nicht zu wundern -, Zweischaler (Armfüßer) und Seelilien haben sich in ihrem Schutz angesiedelt. Wir nähern uns entschieden der Küste. Bald setzt tatsächlich der Strand unserer Märchenfahrt ein Ziel – wir sind im Süden des späteren England angekommen. Vielleicht könnten wir ja den Versuch machen, das Festland zu umschiffen, aber ich verspreche mir nicht viel davon; Zweck wird es nicht haben. Nach Westen könnten wir schon über den ganzen Atlantischen Ozean segeln, immer an der Küste entlang. Aber wir würden da schließlich in Mittelamerika doch auf den Damm treffen, der den Nord- und Südkontinent miteinander verbindet. Wir stecken in einer Sackgasse. Höchstens könnten wir, wenn wir etwas anderes sehen wollen, dem Strande des Südkontinents entlang und wieder bis zur Wüste der Sahara zurücksegeln. Und wenn wir von England aus nach Osten fahren, würden wir bis hinter die russischen Ostseeprovinzen fahren können, ehe wir am Ural eine Durchfahrt nach Norden finden. Der Weg ist aber ein wenig weit. Ich schlage also vor, lieber auszusteigen. Vielleicht vertrauen wir uns dem Flugzeug an. In steilen Windungen schraubt es sich in des Äthers Blau hinein. Und nun sehen wir in weiter Fläche das Land vor uns. Aber was für Land! Eine unermessliche, glutüberströmte Wüste! Noch leiht ihm kein Pflanzenleben seine Farben. Noch dämpfen nicht schwellende Rasenteppiche den Schritt. Hart – rot – tot liegt die Sand- und Steinwüste vor uns. Ähnlich so wie ein Märchenwanderer auf dem Mars die Festländer erblicken würde. Der Mars, der die ganze Nacht hindurch mit seinem milden roten Schein zu uns Erdbewohnern herüberstrahlt – er hat wohl heute noch kein grünes Leben. Bei ihm ist wahrscheinlich alles wüst. Und er vertritt noch jetzt denselben Standpunkt, den unsere Erde vor soundso viel Schöpfungszeitaltern einnahm. –

Eine schwere beklemmende Stille brütet über der Erdfeste, die wir jetzt überfliegen. Kein Schmetterling gaukelt über Blüten, keine Biene summt im grünen Klee und keine Lerche schmettert ihr Lied in die Lüfte. Wie in dem verzauberten Märchenland von 1001 Nacht sieht es aus, wo alle lebenden Wesen in Stein verwandelt wurden. Nur der Aufruhr der entfesselten Elemente tobt hin und wieder und unterbricht das unheimliche Schweigen. Oder weiter im Norden zerreißen einige Vulkane die drückende Stille, oder der Orkan, dem sich kein Wald entgegenstemmt und der in ungehemmter Kraft über das Land braust, oder der Regen, der gegen den Fels klatscht. Denn das ist das Merkwürdige: Wir haben zwar eine Wüste. Aber eine Wüste, die reich an Wasser ist – eine Wüste, der zum Leben nichts weiter fehlt, als eben das Leben selbst. Wie ein fruchtbarer, gepflügter und gedüngter Acker, dem nur der Same fehlt, um bald das üppigste Grün hervorzubringen.

Doch halt – so ganz wüst ist es doch nicht. Mächtige Ströme sehen wir von Norden heran behaglicher Breite ihre Fluten heranwälzen. Sie kommen von dem großen Alpengebirge her, das wir hoch im Norden – in der Gegend von Schottland und Norwegen – als länglich blauen Streifen am Horizont auftauchen sehen. Caledonisches Gebirge wird es einst in den Tagen der Menschheit heißen. – Von dort wälzen die Wogen den Schutt herab, der sich als Brandungsschutt an der Küste ablagert oder der sich als Meeressand und Meeresschlamm über das Rheinland ausbreitet und dort die Schichten aufbaut, die uns heute noch von jenen Zeiten Kunde geben. ---

Die Ströme durchfließen große Becken von Sümpfen und Binnenseen. Reichlich benetzt ist also die Wüste. Und sollte da wirklich kein Leben zu finden sein ---?

Wir wollen mit unserem Flugzeug etwas weiter heruntergehen und die Gegend genauer mustern. Ich möchte fast wetten, dass wir doch noch mehr sehen werden.

Richtig, wir haben mit unserer Vermutung recht gehabt. Da sehen wir die große Wasserfläche von einem schmalen grünen Land umsäumt, das sich in der Farbe recht wirkungsvoll und angenehm von dem grellen Rot der Landmassen abhebt. Es sind die ersten Pflanzen, die sich aufs Land gewagt haben. Kühn ließen sie das Nass – die Wiege und sorgende Mutter alles Lebens – hinter sich. Als Vorboten einer neuen Kultur gingen sie in die Fremde – suchten sie ein Element auf, das bis dahin alles Leben, das ein unglücklicher Zufall aufs Trockene verschlagen hatte, erfahrungslos vernichtete.

Wir sind gerade Zeugen, wie die große Offensive des Lebens gegen das Festland vorbereitet wird. Vorläufig sind es allerdings die Pfadfinder – die zuerst vorgeschickten Patrouillen. Doch die Hauptmasse wird bald nachkommen.

So sehen wir dann vorerst noch spärliches Gebüsch aus kleinen Pflänzchen, die den Geist der neuen Zeit verkörpern. Ferner die Schachtelhalme und Bärlappgewächse. Wenn wir genau Acht geben, entdecken wir auch schon Skorpione, Tausendfüßer und sonstiges Gewürm, das in diesen kleinen Djangeln umherkriecht. Wenn wir Glück haben, können wir sogar die eine oder andere Maulwurfsgrille erwischen. Und was flattert denn da --? Ach, so eine Eintagsfliege. Aber etwas arg groß – sozusagen riesig ist sie ausgefallen. Das Prinzip „schwerer als Luft“, das die Menschen erst 19 Jahrhunderte nach Christi Geburt lösen sollten – es ist den Insekten schon in jenen Urtagen grauer Urzeit aufgegangen!

Diese ganze neue Lebewelt war zwar schon in den Tagen des Silurs erschienen, aber noch etwas kümmerlich. Jetzt im Devon ist das Bild schon etwas bestimmter ausgeführt.

Ich schlage aber doch vor, hier auszusteigen und das Gebiet mit Angel und Netz abzujagen. Ich habe so eine Ahnung, als ob sich das lohnen würde. Und in der Tat – ganz merkwürdige Fabelwesen entdecken wir da in den Gewässern. Riesenkrebse, 1 1/2 m lang, tummeln sich umher. Auch Fische – aber wie sehen diese aus? Geharnischte Ritter sind es! Ein mächtiger Panzer von Knochenplatten umschließt den Körper, und einen riesigen Kopfschild besitzen manche – man weiß wahrhaftig nicht, ob es Fische oder Krebse sein sollen. Und die ersten von den Geologen, die sie in einigen Millionen von Jahren entdecken werden, werden sich über diese Frage noch sehr den Kopf zu zerbrechen haben. Es sind die seltsamsten und unwahrscheinlichsten Gestalten unter den Fischen, die je gelebt haben und noch leben werden. So wie selbst die ausschweifende Phantasie eines Hieronimus Bosch sie kaum ersinnen kann.

Es scheint so, als ob hier der Natur in ihrem Erfinderlaboratorium ein Gedanke zugeflogen sei, den sie später aus Mangel an Lust und Zeit nicht mehr weiter verfolgen konnte. Daher sind diese Wesen denn auch ausgestorben. ---

Das gilt aber nicht für alle diese Zeitgenossen. Da sehen wir z.B., wenn wir im heißen Sommer da sind, in dem Schlamme und in den Tümpeln der ausgetrockneten Flüsse eigenartige Lebewesen umherkriechen. Sie sehen aus wie Fische – aber was haben sie denn in dem Schlamme oder gar auf dem Trockenen zu suchen? Wenn wir ihr Innerstes befragen, da werden sie uns das Rätsel ihres Daseins entschleiern. Da stoßen wir auf eine Schwimmblase, die schon fast keine Schwimmblase mehr ist. Sie ist im Begriff, sich in eine Lunge umzugestalten. Jedenfalls vermögen jene Wesen damit schon den Sauerstoff der Luft für sich nutzbar zu machen. Das ist ein Gedanke, der für die Zukunft von der größten Bedeutung werden soll – auf dem eine ganze neue Tierwelt sich aufbauen wird: die Welt der höheren, luftatmenden Wirbeltiere. Die Frösche und Salamander, die Eidechsen, Schlangen, Schildkröten und Krokodile, die Vögel und Säugetiere – sie alle knüpfen an diese neue Erfindung der Luftatmung an und haben sie sich erfolgreich zu Nutze gemacht. Selbst die Walfische, die später wieder ins Wasser gegangen sind, vermögen sich von ihr nicht mehr zu emanzipieren.

Das diese Wesen, die wir da im Schlamm sehen, einmal aussterben sollten, brauchen wir einstweilen nicht zu befürchten. Wer eine solche Widerstandsfähigkeit auch den niedrigsten Einflüssen gegenüber an den Tag legt, der ist unverwüstlich. Noch bis in die späteste Zeit werden diese Wesen weiterleben. In Australien werden sie im Hochsommer den Menschen zeigen, wie einst in jenen Vortagen die Fische es möglich gemacht haben, sich dem Landleben anzupassen. Eine tiefe Rührung muss uns überkommen, wenn wir diese bescheidenen Tierchen in dem Schlamm und Schmutz Schottlands sich abmühen sehen. Aber ihr unscheinbares Äußeres tut es ja nicht.

Im Gegensatz zu jenen glänzenden Reckengestalten der Fisch- und Krebswelt, die schon gar bald der Vergangenheit angehören werden, verkörpern gerade die so unscheinbaren Wesen in Zukunft.

11. Geologische Irrtümer am Niederrhein

Aus: Niederrheinisches Museum – Zwanglose Blätter für Heimatgeschichte und Heimatkunde vom 23.09.1922.

I. Kürzlich war ich in einer Gesellschaft mit Fachgeologen zusammen. In der Diskussion kam die Rede auf das gegenseitige Alter von Flussterrassen und Eiszeit in unserer Gegend. Dabei wurde auch darauf hingewiesen, dass Bärtling in seinem „Geologischen Wanderbuch für den niederrheinisch-westfälischen Industriebezirk“[e] S. 355 behauptet, bei Bocholt festgestellt zu haben, dass dort eine höhergelegene Rheinterrasse über der Grundmoräne läge, also jünger als die Hauptvereisung (Riß-Eiszeit) sei. Dieselbe Behauptung hat er auch in einer Geologenversammlung wiederholt. Da es sich hier um eine ziemlich hoch gelegene Terrasse handelt, kann nur die Hauptterrasse in Frage kommen. (Mittelterrasse ist auch aus anderen Gründen dort unwahrscheinlich). Die Hauptterrasse ist aber viel älter als die Hauptvereisung. Wäre die Angabe richtig, so würde sie unsere ganze Anschauung über die niederrheinischen Diluvialerscheinungen auf den Kopf stellen; sie haben auch schon Verwirrung genug angerichtet.

Ich kenne die Gegend aus eigener Anschauung --- allerdings bin ich seit Jahren nicht mehr dort gewesen. Ich glaube aber doch behaupten zu können, dass Bärtling einem Irrtum zum Opfer gefallen war. Vielleicht kann ich auch die Fehlerquelle aufweisen.

Bekanntlich bildet das Rheintal eine Art Trog. Jeder, der mit dem Dampfer eine Rheinfahrt oberhalb Bonn gemacht hat, wird sich dieser Talform gut erinnern. Bei uns liegt der linke Talhang sehr weit westlich – noch jenseits Krefeld. Das östliche Gebirge ist dagegen, z.B. bei Gerresheim, sehr gut sichtbar und verläuft von da an als Steilrand an Rath vorbei bis vor Ratingen, wo sich ein größeres Loch hineinfrisst. Hinter Ratingen taucht er wieder auf (am Stienkes Berg, z.B.), wird dann aber hinter Lintorf auf eine mir bisher rätselhafte Weise unterbrochen, um sich aber am Hölzenberg und am Elsenberg neben der Wedau wieder einzustellen. Auf Duisburger Gebiet ist er sehr gut zu verfolgen. Er verläuft hinter Curtius` Forsthaus, ferner im Walde zwischen der Kammerstraße längs des Kaiserberges. Dort

---

[e] Anm. Hrsg.: Bärtling, Richard: Geologisches Wanderbuch für den niederrheinisch-westfälischen Industriebezirk. Umfassend das Gebiet vom nördlichen Teil des rheinischen Schiefergebirges bis zur holländischen Grenze, Verlag Ferdinand Enke, Stuttgart, 1913. (2. Aufl. 1925).

wird das Gehänge wohl am besten bekannt sein. Nördlich vom Schnabenhuck macht er ein paar Seitensprünge, auf deren Ursache ich an dieser Stelle auch nicht näher eingehen will (ich habe sie untersucht), findet sich dann aber kurz vor der Lippe wieder, zuletzt bei Dingden und Bocholt. In diesem ganzen Verlauf wird der Steilrand immer niedriger (Konvergenz der Terrassen). Bei Gerresheim mag er noch 65 Meter hoch sein, in Duisburg 50 Meter, bei Bocholt (Erinnerungsschätzung) vielleicht 10 Meter.

Die Talsohle bildet die Niederterrasse des Rheins --- eine Flussablagerung, die in der alpinen (Würm-)Eiszeit abgesetzt ist und hauptsächlich aus Flusssanden mit zurücktretenden Geröllen besteht. Oben wird der genannte Steilrand durch ein Hochplateau abgeschnitten – in Duisburg z.B. auf dem Kaiserberg, ferner durch die ganze Hochfläche zwischen Wolfsburg gegenüber Monning und dem Heiligen Brunnen (Pferdskopf), ferner die Fläche am Uhlenhorst usw. Auch sie ist mit Kies- und Sandablagerungen bedeckt – auch das sind Rheinablagerungen. Trotzdem kann aber der Geübte, ohne ihre Höhenlage zu kennen, sie auf den ersten Blick rein nach ihrer petrographischen Beschaffenheit von der Niederterrasse unterscheiden. Es ist die „Hauptterrasse“, die wohl der ersten alpinen (Günz-)Eiszeit entspricht.

Dazwischen haben wir hier in Duisburg noch die Mittelterrasse der Ruhr, die ich im Duisburger Wald als Urstromtal (d.h. ein Lauf, der von dem heutigen infolge des Gletschers wesentlich abweicht) beschrieben habe, und die ich von Mülheim aus durch das östliche Oberhausen (ungefähr östlich der Mülheimer Straße) einstweilen bis Sterkrade verfolgen konnte. Dort war sie schon längst durch Bärtling bekannt. Diese Mittelterrasse fällt, wie ich nachweisen konnte, mit der dritten alpinen (Riß-)Eiszeit zusammen. Es ist dieselbe Eiszeit, in der das nordische Inlandeis bis Duisburg und noch etwas darüber hinüber bis ungefähr Angermund vordrang (Hauptvereisung). Es ist daher leicht, ihr Verhältnis zu den verschiedenen Terrassen zu beobachten.

Ein geologisches Grundgesetz, das auch der Laie ohne weiteres einsehen wird, besagt, dass die jüngeren Ablagerungen die älteren stets überlagern, vorausgesetzt natürlich, dass die ganze Lagerung ungestört ist. Daher muss die Eiszeit mit ihren Moränen (wir haben in Duisburg vielfach Grundmoränen und eine Spur von Endmoränen) unbedingt über den Ablagerungen der Hauptterrasse liegen, wenn sie mit ihr zusammen trifft.

Tatsächlich findet man es so am Kaiserberg, am Wolfsberg, am Heiligen Brunnen, bei Uhlenhorst usw.

Wir kehren nach Bocholt zurück. Dort hatten wir denselben Steilhang wie hier. Es schien daher die Vermutung berechtigt – sie wird auch von Bärtling erwähnt, wenn auch bekämpft -, dass das Plateau, das den Steilhang oben abschließt, die Hauptterrasse sei. Tatsächlich habe ich bei meiner Begehung dort Sande und Kiese gefunden, die in ihrer petrographischen Beschaffenheit durchaus den Ablagerungen unserer Hauptterrasse gleichen. Ich sagte ja schon, dass man bei einiger Übung sie auf Anhieb von der Niederterrasse unterscheiden kann. (Eine Mittelterrasse des Rheines wird es von Duisburg abwärts nicht mehr gegeben haben; vielleicht gehören aber die Ehinger Berge dazu).

Morphologie (Höhenlage) und Petrographie sprechen also für Hauptterrasse. Nun kommt aber die Schwierigkeit. Bärtling bestreitet das. Wenigstens behauptet er ausdrücklich, es sei nicht dieselbe Terrasse, die gegenüber der Monning, also auf dem Wolfsberg, ansteht (S. 355f.). Denn sie wäre von der Grundmoräne unterlagert. Stimmte das, dann ständen wir vor einem unbegreiflichen Rätsel.

Hier muss sicher ein Irrtum stecken.

Ich glaube, ich kann die Fehlerquelle nachweisen. Bei uns wird die Kiesdecke von dem blauen oligocänen Ton unterlagert, z.B. am Kaiserberg, vor allem aber in der Beckerschen Ziegelei an der Monning, und gegenüber in der Gerberdingschen Ziegelei. Ähnlich ruht der Kies in Bocholt auf einem schwarzen, aber etwas jüngeren, nämlich miocänen Glimmerton, der ebenfalls abgebaut und gebrannt wird. Das färbende Prinzip ist bei uns der Schwefelkies. Dort scheint auch Eisenkies daran beteiligt zu sein. Jedenfalls entwickelt sich da beim Brennen Schwefelgeruch, und die Schornsteine der Ringöfen werden durch die schweflige Säure kolossal angegriffen. Wenn Schwefelkies verwittert, verwandet er sich schließlich in Brauneisenstein – landläufig gesprochen in Rost. So wird auch bei uns die oberste Schicht des Tons braun. Das sieht man überall, wo er zu Tage tritt, z.B. am Weg hinter dem städtischen Forsthaus und am benachbarten Rundweg in den Gräben (natürlich nur am Hang; oben auf der Höhe liegen die Ablagerungen der Hauptterrasse darauf). Dasselbe sieht man aber auch in den Tongruben. Stellenweise wirkt es sogar lebhaft orangerot, was ich mir noch nicht erklären kann (Am Duissernschen Berg auf dem Grat, nämlich von der Sedanwiese, unvermittelt hinter der Grotte).

Bei Bocholt muss ein ähnlicher Vorgang stattgefunden haben. Jedenfalls konnte ich an einer Stelle feststellen, dass unten in der Tiefe, nach meiner Erinnerung noch etwa vier Meter unter der Decke, der Glimmerton noch ganz im ursprünglichen Zustand, und also normal schwarz war. Nach oben wird er heller und heller - offenbar durch die Verwitterung – und wird schließlich an der Decke hellbraun oder fast weiß, größtenteils unten wie Lehm. Es ist daher eine Kleinigkeit, wenn man diese Übergangsstelle nicht sieht, ihn mit Lehm zu verwechseln, zumal es ziemlich eindeutig erscheint.

Nun besteht auch die Grundmoräne aus Lehm. Sogar in kürzerer Entfernung nämlich von der beschriebenen Übergangsstelle liegt am Waldschlosse, wie Bärtling richtig beschrieben, der Moränenlehm.

Ich halte es daher nicht für unmöglich, dass Bärtling diesen oberflächlich verwitterten Zug für Moränenlehm angesehen hat.

Sollte sich meine Auffassung bewahrheiten - ich hatte noch nicht wieder Gelegenheit, die Stelle zu begehen und meine Auffassung nachzuprüfen, zweifle aber nach dem Erinnerungsbild kaum daran -, dann wäre dieser für die ganze Diluvialgeologie des Niederrheins so wichtige und gleichzeitig so rätselhafte Widerspruch gelöst. Die Decke wäre dann, wie auch Petrographie und Morphologie anzeigt, trotz Bärtlings Widerspruch dieselbe wie an der Monning, nämlich Hauptterrasse, und wenn sich echter Moränenlehm im Kontakt mit ihr findet, muss er vorschriftsmäßig darüber und nicht darunter zu suchen sein.

II. In der Nähe von Bocholt hat Bärtling in dem Hohenhorsterberge Dünen entdeckt (S. 355). Sie entstammen wohl derselben Zeit, wie der Flugsand und die Dünen, die ich hier in Duisburg entdeckt resp. bestimmt habe, nämlich der Steppenzeit nach der letzten (Würm-)Eiszeit. Wenigstens deutet der Erhaltungszustand darauf hin, dass beide zusammengehören. Außerdem lässt sich der Flugsand über die Testerberge (Friedrichsfeld) fast lückenlos bis hierher verfolgen. Und hier liegt der ganze Flugsand von Duissern, Neudorf und Großenbaum, und auch die schönen Dünen an der Wedau (Bissingheim, früheren Curtuisschen Waldungen) auf der Niederterrasse.

Bärtling behauptet zwar, die Bocholter Dünen hätten ein höheres Alter. Er beschreibt Sicheldünen mit der Öffnung nach Westen. Diese müssten also durch östliche Winde angeweht sein, also unter andren klimatischen Bedingungen als heute. Und das setzt ein höheres Alter voraus.

Ich habe eine solche regelmäßige Form nicht finden können. Es mag ja wohl die eine oder andere Düne diese Form haben, das macht aber nichts aus. Nur der Durchschnitt kann entscheiden. Und ich glaube eher, das Bärtling einer Erinnerungstäuschung zum Opfer gefallen ist, als ich. Damit entfallen aber auch alle seine Schlüsse auf das Alter. Überhaupt sollte man doch wohl annehmen, dass ältere Dünen eine solche scharf ausgeprägte Form nicht hätten bewahren können. Nach der dritten alpinen (Riß-)Eiszeit setzte sich außerdem hier der Löss ab. Allerdings dringt er nicht so weit nach Norden. Und wenn sie noch älter wären als die Rißzeit, d.h. als die Hauptvereisung wären sie vom Gletscher sicherlich hinweggehobelt worden.

Ich bleibe also vorläufig dabei, dass auch die dortigen Dünen mit den unsrigen gleichaltrig sind, und dass sie der Nacheiszeit angehören.

III. Hier in unserem Duisburger Gebiet kann ich Bärtling ein paar Irrtümer bestimmt nachweisen. Er hält den Duissernschen Berg (Kaiserberg) für Mittelterrasse, und zwar des Rheins (S. 352). Das ist sicher verkehrt. Denn erstens gibt es hier keine Mittelterrasse des Rheins. Der Rhein war damals nach Westen abgedrängt. (Vielleicht gehören die Ehinger Berge dazu.) Trotzdem aber trägt die Terrassendecke des Duissernschen Berges das unverkennbare petrographische Gepräge des Rheins. Zweitens ist der Duissernsche (Kaiser-)Berg 75 Meter hoch. Die Monninger Delle daneben, die er übrigens als Terrasse mit dem Duissernschen (Kaiser-)Berg für identisch erklärt, und die tatsächlich eine Mittelterrasse, wenn auch die der Ruhr ist – sie ist nur 40 Meter hoch. Nun stellt aber die Terrasse ein Talboden dar, den der Fluss in einem bestimmten Zeitpunkte eingenommen hat. Der muss natürlich eben sein. Denn es ist ganz ausgeschlossen, dass der Fluss 30 Meter Höhenunterschied hat überwinden können. Es ist somit unmöglich, dass der Fluss gleichzeitig über 40 Meter und 75 Meter (Meereshöhe) geflossen sein konnte. (Verwerfungen in diesem Sinne sind ausgeschlossen, eher umgekehrt). Mithin ist es auch für jeden Denkenden ausgeschlossen, dass beide Höhen dieselbe Terrasse darstellen, dass also der Duissernsche (Kaiser-)Berg Mittelterrasse ist.

Eine Schwierigkeit darf ich allerdings nicht verschweigen. Der Duissernsche Berg ist nur 75 Meter hoch. Das Plateau am Pferdskopf (zwischen Wolfsberg und Heiligen Brunnen) und auch nördlich von Osterfeld ist ziemlich konstant 80 Meter und etwas darüber. Der Höhenunterschied gibt tatsächlich zu denken. Er wollte mir lange nicht einleuchten. – Vor 1 1/2 Jahren bin ich aber dahintergekommen. Hier muss offenbar parallel der Mülheimer Straße eine Ruhrtalverwerfung vorliegen. Ich habe auch andere belege dafür und habe das früher schon mal bei der Betrachtung des Kassenbergs kurz angedeutet (Nied. Mus. Nr. 1 unter „Beiträge zur Geologie Mülheims"). Ich behalte mir eine genauere Auseinandersetzung darüber vor.

Wenn Bärtling den Duissernschen Berg und die Monning für dieselbe Terrasse erklärt, muss er auch wieder einer Erinnerungstäuschung zum Opfer gefallen sein. Ich weiß aus eigener Erfahrung, wie leicht das passieren kann, wenn man einen Exkursionsbericht nicht noch an demselben Tage ausarbeitet, und noch ein paar Mal kontrolliert.

IV. Aufgrund eines Fundes von Cenoman an der Monning schließt auch Bärtling auf eine Verwerfung. Er vermutet aber eine Rheintalverwerfung, die den Rheintalgraben nach Osten abschließt. Diese liegt nach meinen Aufnahmen sicher nicht hier, sondern weiter östlich bei Broich. Der Cenomanbefund und andere Tatsachen, die ich an dieser Stelle nicht auseinandersetzen kann, sprechen vielmehr für meine Ruhrtalverwerfung.

V. Zum Schluss ist mir noch aufgefallen, dass Bärtling hier nirgendwo den Flugsand erwähnt, der sich doch in der ganzen Landschaft so aufdringlich breit macht und nur wenige Stellen freilässt. (Städt. Forsthaus, Heiliger Brunnen usw.). Ich kann nicht annehmen, dass er ihm entgangen sein sollte. Wohl vermute ich, dass er ihn, wie auch andere Geologen nachweislich getan haben, für Grundmoränen gehalten hat. Wenn der Sand nämlich eingerolltes oder abgerutschtes (Gehänge-)Geschiebe enthält, so ist er ohne große Übung durch Augenschein von der Grundmoräne nicht zu unterscheiden, und erst der Hammer liefert auch Fernerstehenden den unumstößlichen Beweis. Sicher ist das z.B. bei der Decke der Beckerschen Ziegelei am Wolfsberg, gegenüber der Monning. Auch in Osterfeld scheinen mir, wenn ich die Beschreibungen mit meinen Beobachtungen vergleiche, ähnliche Verwechslungen vorgekommen zu sein.

12. Die Entstehung des Kaiserberges

Aus: Rhein-Ruhr-Zeitung vom 07.01.1923 (Vortrag bei der Sitzung der Mercatorvereinigung).

In der letzten Sitzung der Mercatorvereinigung hielt Dr. Wildschrey über die Entstehung des Kaiserberges einen Vortrag, der sich zum größten Teil auf eigenen Forschungen aufbaute. Seinen Ausführungen entnehmen wir folgendes: Der Kaiserberg ist der Typus eines isolierten Inselberges. Seine heutige Gestalt ist das Ergebnis einer langen Kette von Geschehnissen. Blauer Ton ist der Stoff, aus dem der Berg sich aufbaut. Wie Prof. Heß von der Oberrealschule festgestellt hat, wurde er in der mittleren Tertiärzeit (Mittel-Oligozän) vom Meere abgesetzt. Damals drang die Nordsee in die sich bildende Niederrheinische Bucht ein: Es war das letzte Mal, dass sie unser Gebiet überschwemmte. In der Unterwelt tritt der Ton direkt zu Tage. Sonst ist er aber überall unter einer Flugsanddecke verborgen und dort durch Tongruben nachgewiesen.

Nach der Tertiärzeit aber wurde es immer kälter. So ist die folgende Quartärzeit oder das Diluvium durch einen gewaltigen Eroberungszug der Gletscher ausgezeichnet, der einmal sogar unser Gebiet streifte. Es ist die Epoche der vier großen Eiszeiten (nach alpinen Bestimmungen berechnet.)

Jede Eiszeit hat auch da, bis wohin die Vereisung selbst nicht vorgedrungen ist, an den großen Strömen Erinnerungen in Gestalt von sog. „Flussterrassen" hinterlassen: Geländeleisten, die den gleichmäßigen Abfall des Talhanges als verhältnismäßig schmale Plateaus unterbrechen und den Flusslauf begleiten! (Redner erläuterte den Vorgang der Terrassenbildung für Rhein und Ruhr in lebendiger Weise an einem Klappmodell aus Pappe). So entstand in unserer Gemarkung wahrscheinlich in der ersten (Günz-) Eiszeit als ältester und höchster Talboden die Hauptterrasse, d.h. die Oberfläche des Waldgebirges. Die Terrasse der zweiten (Mindel-)Eiszeit ist unterhalb Bonn nicht mehr erhalten. Die Mittelterrasse, die der dritten (Riß-) Eiszeit entspricht, bildet den Waldboden von der Monning bis Kaiserberg und städt. Forsthaus, läuft dann als Hängeleiste ungefähr parallel der Lotharstraße, kreuzt zwischen Ost und Kammerstraße die Umgehungsbahn, bildet die Oberfläche des Steinbruchs usw. Die Niederterrasse endlich, die wahrscheinlich der vierten (Würm-)Eiszeit entspricht, bildet die Talsohle, auf der die Städte liegen, und die sich vom Rhein über Hochfeld, Duisburg, Neudorf und Duissern bis zur Schweizer Straße und Lotharstraße erstreckt. Es folgt dann bei Rhein und Ruhr die Aue: das Überschwemmungsgebiet. - *[Auslassung im Originaltext]*

Damals wurde auch die heutige Gipfelfläche des Kaiserberges abgehobelt. Der Rheinschotter ist an einigen Stellen noch aufgeschlossen: am Ehrenfriedhof und südlich davon, ferner neben der Sedanwiese in der Ostermannschen Tongrube. Ferner von da dem Grat entlang bis zum Schnabenhuk.

Bis zu der Zeit hatte der Kaiserberg im Schoße der umgebenden Landschaft dahingedämmert. Ein gesondertes Dasein für sich führte er noch nicht.

Nach der Hauptterrassenzeit nagten sich die Flüsse von neuem ein: der Rhein etwa in der Gegend von Lotharstraße und Schweizer Straße, von Mülheim an der Ruhr an der ehemaligen Spitze des Schnabenhuks vorbei. Und zwar hatten ihre Täler bis zur 3. (Riß-)Eiszeit die Höhe erreicht. Zu dieser Zeit drang der nordische Gletscher bis hierher vor und blockierte der Ruhr den Ausgang, indem er sich bis zum Schnabenhuk vorschob. Dort kroch er den Berg hinauf (Untersuchungen von Prof. Athenstädt). Die Ruhr war dadurch gezwungen, sich nach einem passenden Ausweg umzusehen. Gegenüber der Monning liegt heute der Wolfsberg. Er bildete ursprünglich mit dem Kaiserberg ein einheitliches Ganzes. Dazwischen liegen Landbrücken, muss aber schon von Nordosten und von Westen her durch Bachtäler (Eselsbruch!) angeschnitten gewesen sein, die ihre Quellenden immer mehr einander näherten. Schließlich berührten sie sich und fingen an, die Verbindungsbrücke zu zerstören. Die Ruhr staute sich infolge des Eispfropfens an ihrer Mündung mehr und mehr auf und floss schließlich über diesen Sattel hinüber. Hierbei fing sie an, diese Sattelbarre, die sich als schmaler Damm zwischen Kaiserberg und Wolfsberg noch ausspannte, zu durchsägen, schließlich legte sie ihn ganz nieder. An der Rheinseite, d.h. an der Lotharstraße, traf sie aber nach einiger Zeit wieder auf den Gletscher, der den Berg mittlerweile umgangen hatte. Dieser zwang sie auch hier nach Süden abzufließen.

So war jetzt der Kaiserberg vom übrigen Gebirge völlig abgeschnitten. Das war seine Geburtsstunde; von jetzt ab beginnt er erst ein individuelles Leben. Damals entstand von den heutigen Anhängen sein südlicher Abfall zur Mülheimer Straße hin, ferner sein Ostabhang, von dem heute allerdings nur noch der südliche Teil von der Mülheimer Straße bis zum Waldweg Sedanwiese-Monning besteht. Als die ältesten seitlichen Begrenzungsflächen sind sie am flachsten abgeböscht.

Das Eis, das in derselben Zeit hierher kam, hat nur unbedeutende Spuren hinterlassen.

Als das Eis abschmolz, trat die Ruhr in ihr altes Bett wieder zurück. Um die Niederterrassenzeit trat der Rhein längs der Schweizer Straße bis an den Berg heran und hobelte das Westgehänge ab. Es ist jünger und somit auch schon etwas steiler als das Südgehänge. Gleichzeitig oder ein wenig später verlegte die Ruhr der Niederterrassenzeit ihren Lauf wieder nach Süden. Von Raffelberg über Waldeck bis zur Umgehungsbahn schnitt sie die Mittelterrasse an, von da aus bis zum versunkenen Kloster fuhr sie aber dem Berg selbst derb in die Flanken. Daher kommt das steile Gehänge von der Umgehungsbahn. Ebenso steil ist die Fortsetzung in der Unterwelt bis zum Schnabenhuk. Es kann augenblicklich noch nicht entschieden werden, ob auch die Unterwelt noch vor der Niederterrassenzeit oder nach ihr, d.h. zur Auezeit gebildet worden ist.

So sind nach und nach ringsum alle heutigen Gehänge entstanden. So erklärt sich auch der eigenartige Grundriss des Berges, der an eine Gallenblase oder das Fischblasenmotiv in dem Maßwerk der Fenster der Salvatorkirche, vielleicht auch an einen Vogelkopf (Schnabelhuk!) erinnert.

In der Steppenzeit nach der letzten Eiszeit kam dann der Westwind und fegte über die Rheinebene den Flugsand nach Osten. Auch über den ganzen Kaiserberg warf er einen nur von wenigen Stellen unterbrochenen Schleier. An der Westseite legte er sich hauptsächlich am Fuß des Berges nieder und milderte da den Gehängewinkel. Jenseits in der Unterwelt ist er kaum vertreten. Ein Zeichen, dass das Gehänge wohl erst nach der Flugsandzeit gebildet ist. Dagegen ist die Sedanwiese, d.h. der Sammeltrichter zu dem darunter entspringenden Marienquell sowieso das Abzugtal der Quelle bis zum versunkenen Kloster wieder ausgefüllt. Sie müssen somit älter sein. Ganz besonders interessierte sich der Sand dagegen für Süd- und Osthänge. (Windschatten!) An der Mülheimer Straße und an der Umgehungsbahn bildet er sogar mächtige Dünen.

Der Kaiserberg ist ein Gebilde von solcher Verzwicktheit und so vielen interessanten Momenten, wie man es (abgesehen vom Kassenberg) auf meilenweite Entfernung nicht wiederfindet. In dem Urstromtal der Ruhr südlich von dem Berg entdeckte der Redner eine willkommene Gelegenheit, um eine Frage zu entscheiden, über die sich die Fachgeologen schon seit langem streiten: Wie verhalten sich Hauptvereisung (Rißeiszeit) und Terrassen zueinander? Bis jetzt hielten die Geologen des Industriegebiets (Bärtling) die Hauptterrasse jünger als der Gletscher. Redner dagegen konnte hier zweifelsfrei feststellen, dass die Mittelterrasse der Ruhr und die Hauptvereisung gleichzeitig sind.

Der Vortrag war durch Zeichnungen und eine Reihe von plastischen Modellen aus Ton, Gips und Pappe veranschaulicht, in denen Redner seine Forschungsresultate niedergelegt hatte.

(Im Interesse der Heimatkunde wäre es zu wünschen, dass diese Modelle im Museum der Allgemeinheit zugänglich gemacht würden. D. Schriftltg.).

13. Die Geologie von Sterkrade - Hamborn

Aus: Niederrheinisches Museum – Zwanglose Blätter für Heimatgeschichte und Heimatkunde vom 29.01.1923 u. 10.04.1923.

I. Die geologische Wissenschaft entwickelte sich aus den praktischen Beobachtungen der Bergleute heraus und war infolgedessen ursprünglich rein auf die Bedürfnisse der Praxis eingestellt. Die Erinnerung an diese Entstehung hat sie bis in die neueste Zeit nicht verleugnen können. Bis vor kurzem richtete sie ihre Aufmerksamkeit in erster Linie auf die tiefer gelegenen Schichten, da gerade diese die hauptsächlichsten nutzbaren Mineralien bergen (Kohlen, Eisen usw.). Die Oberfläche wurde bis vor ungefähr 2 Jahrzehnten so gut wie gar nicht berücksichtigt. Im Gegenteil - man trat ihr mit einer gewissen Abneigung entgegen, weil sie gerade die wichtigsten Dinge schuldhafterweise verdunkelte („wichtig“ in dem Sinne, wie man es damals wusste). Ich habe noch die Kämpfe mitgemacht, die sich damals abspielten. Die ältere Schule, die an der bewährten Verinnerlichung der Geologie festhielt, wollte wenigstens für die Kartierung nichts von der Oberflächlichkeit der Jungen wissen. Die Jungen haben gesiegt.

Gerade die Oberflächengebilde besitzen eine große Bedeutung - wenn auch nicht für den Praktiker, so doch für den gebildeten Laien. Denn Oberfläche findet man überall; nirgends kann sie durch andere Gebilde verdeckt werden und es bedarf daher keiner besonderen Hilfsmittel wie Tiefbohrungen, Steinbruch- oder Bergwerksbetrieb, um sie zugänglich zu machen. Und - was vielleicht noch wichtiger ist - die Oberflächengebilde sind zuletzt entstanden. Ja, man kann ihre Bildung heute noch verfolgen. Der Zusammenhang zwischen Ursache und Wirkung ist also hier noch nicht verwischt. Und diese Vorgänge, die sich heute noch vor unseren sichtlichen Augen abspielen - sie bieten eine Erklärung dafür, wie die älteren Schichten und Formen da unten im Erdinnern entstanden sind. Wenn ich daher auf besonderen Wunsch die Geologie von Sterkrade darstelle, so werde ich mich auch einer gewissen Oberflächlichkeit befleißigen. ---

Nunmehr lade ich den Leser zu einem Spaziergang ein, der uns vom Rhein (Schwelgern) an Hamborn und Sterkrade vorbei auf die Höhe hinaufführen soll. Der Laie, der an den Fluten des Rheins steht und sich dann die Lage des Sterkrader Veens vergegenwärtigt - nun der weiß, dass er bis dahin ansteigen muss. Wie, darüber wird er sich kaum Gedanken machen, selbst wenn er den Weg schon wiederholt gemacht hat. Es handelt sich hier aber nicht um eine gleichmäßige Steigung, wie auf einer schiefen Ebene. Der

Anstieg erfolgt vielmehr ruckweise oder - wie der Geologe sich ausdrückt - in Terrassen.

Der mittlere Pegelstand des Rheins ist hier ungefähr 20 Meter über dem Meere. Zu beiden Seiten ist der Strom von grünen Wiesen eingefasst. Weswegen?

Warum wählt man nicht die Ackerkultur, sie ist doch weit ertragreicher? Nun, dieser Wiesensaum ist durchschnittlich 24 m hoch; der Rhein braucht nur wenige Meter zu steigen und sie werden überschwemmt.

Man bezeichnet diese Fläche als Aue oder Alluvium. Bei uns auch wohl als Grinden (Moerser Grinden bei Duisburg und Ruhrort). Als Überschwemmungsgebiet rechnet man sie zum heutigen Flussbett im weiteren Sinne. Sie ist natürlich so gut wie völlig frei von menschlichen Siedlungen.

Am größten ist sie ausgeprägt in dem „Grand" zwischen Walsum und Stapp; in der Breite von Sterkrade wird sie durch das Schwelger Bruch vertreten (Auf der Karte 1:25000 zeigt die Krümmung, dass es sich hier um einen alten verlassenen Rheinlauf handelt, dessen letzte Erinnerung in dem Bach des Bruchgraben fortlebt).

Wenn wir unseren Spaziergang nach Osten weiter fortsetzen, müssen wir am Rande des Bruches plötzlich ansteigen, und zwar ungefähr um 5 m - bis auf 30 m Meereshöhe. Dicht hinter dieser Geländestufe liegt Marxloh; auch Aldenrade - sie zeigen, dass das Hochwasser bis hierher nicht mehr zu steigen vermag. Zum heutigen Flussgebiet gehört diese Fläche also nicht mehr. Es ist eine fast tischebene Fläche, die den ganzen Rhein auch nach oben und unten begleitet, und überall die eigentliche Talsohle darstellt.

Der Geologe bezeichnet sie als Niederterrasse. Als unterste, aber doch schon völlig wasserfreie Talebene hat der Mensch sie für seine Siedlungen ausersehen; mit Recht kann man sie daher auch als Städteterrasse bezeichnen.

Aue und Niederterrasse lassen sich auf dem Messtischblatt 1:25000 sehr gut auseinanderhalten. Man braucht sich nicht einmal um die Höhenzahlen zu kümmern; die Aue ist immer durch die Pünktchen und den Stacheldraht als Wiese gekennzeichnet. Die ungefähr eine Meile breite Niederterrasse dagegen zeigt nur die weißen Flecken des Ackerlandes und die Siedlungen die Marxloh, Hamborn, Wehofen, Dinslaken usw. Wo hier noch Wiesen eingezeichnet sind, handelt es sich um nachträglich ausgenagte

Bachmulden mit ihrem Überschwemmungsgebiet (zum Beispiel der Elper Bach zwischen Wehofen und dem Emscherkanal). Hier bei uns ist die Emscherterrasse fast eine Meile breit.

Hinter Biefang treffen wir auf den Mühlenbach, der hier bis Holten nach Nordwesten fließt. Östlich von ihm steigt das Gelände wiederum in einer deutlichen Stufe an. Am besten ist sie zu erkennen, wenn man vom Ostausgang des Dorfes nach dem Bahnhof zu blickt und den Abhang in den Wiesen südlich der Bahnhofstraße ins Auge fasst.

Hier müssen wir uns von 33 m auf 41 m Meereshöhe empor bemühen und gelangen damit auf die Mittelterrasse. Sie hat für Sterkrade eine ganz besondere Bedeutung. Bildet sie doch den Boden, auf dem die Stadt erbaut ist. Die Terrassenkante ist von Holten aus gut zu verfolgen. Nach Norden nimmt sie Marschrichtung Hiesfeld – Lohberg; nach Süden läuft sie ungefähr am Westrand von Sterkrade vorbei (wird hier allerdings durch verschiedene Umstände undeutlich), geht südlich von Sterkrade als deutliche Geländestufe nach Osterfeld, tritt jenseits der Emscher östlich von Oberhausen wieder zutage und läuft ein Stück östlich der Mülheimer Straße geradewegs nach Mülheim. Die Oberstadt von Mülheim liegt auf ihr.

Im Ganzen genommen, ist die Mittelterrasse nicht sehr breit. Sie schmiegt sich meist direkt an den Berg an und bildet an dessen Fuß eine schmale Gehängeleiste.

Die Niederterrasse liegt, wenn auch schon wasserfrei, so doch noch verhältnismäßig niedrig über dem Rhein. Die Bäche, die diesem zufließen, können sich nicht tiefer als das heutige Rheinbett selbst einschneiden. daher bilden sie nur seichte Rinnen, die ich oben schon erwähnte, und die das Bild der Terrassenfläche kaum stören. - Die Mittelterrasse aber liegt schon ein ganzes Stück höher. Wir brauchen uns daher nicht zu wundern, wenn die Bäche sich hier weit breitere und tiefere Mulden herauspräpariert haben, die das Gesamtbild doch schon recht merklich beeinträchtigen. Gerade die verschiedenen Bachmulden, die ausgerechnet in Sterkrade zusammentreffen, machen in Zusammenhang mit der Eisenbahn und der Bebauung es schwierig, ein zusammenhängendes Bild von der ursprünglichen Terrasse zu gewinnen. Genauere Lokalkenntnis und längere Untersuchungen, auch Nachfragen bei alten Einwohnern, werden dazu nötig sein, um die ursprüngliche Terrassenkante nach dem Rhein hin, dann die jüngeren Grenzen gegen die Bachmulden festzustellen. Erst dann kann man daran denken, die Terrasse in ihrer ursprünglichen Form wieder herzustellen.

Wir marschieren weiter nach Osten. Bald müssen wir uns zu einem neuen Anstieg entschließen, der aber diesmal weit höher hinauf führen wird - von 40 auf 80 m nämlich. Für eine solche Höhe gilt natürlich noch viel mehr, was ich oben schon von dem Verhalten der Bäche zur Mittelterrasse sagte: auch hier haben sich Löcher hinein gefressen, und zwar noch weit größere als dort. Dadurch haben sie für den Geologen das Gelände ganz gewaltig „verunstaltet" (Gott sei Dank, sagt der Laie, der sich von des Gedankens Blässe noch nicht hat ankränken lassen!). Wollen wir die ursprüngliche Form feststellen, so müssen wir also die Täler des Mühlenbachs oder des Reinerbachs oder des Alsbaches streng meiden. Ich würde vielmehr die Bottroper oder die Münstersche Straße für weit zweckmäßiger halten. Da werden wir denn oben am Tackenberg, wo die Mühle steht, und die Kaiserstraße sich abzweigt, oder an der Bottroper Straße dicht hinter der Osterfelder Grenze wieder einen Geländeknick passieren. Damit erreichen wir ein neues Plateau, eine Hochfläche. Die Bachtäler haben sie aber stark zerschnitten, - weit mehr als die Mittelterrasse. An manchen Stellen zwischen Mülheim und Ratingen zum Beispiel sind von ihr nur kleine Köpfe übrig geblieben, die dort bezeichnenderweise „Kiesköpfe" genannt werden (warum, werden wir später sehen). Ebenso wie die Niederterrasse, begleitet auch diese Terrasse den ganzen Rhein von Holland bis Bingen. In gewissem Sinne gehört der Eltenberg an der Landesgrenze dazu; an der Lippe die Testerberge; bei Sterkrade das Veen; bei Osterfeld der Vonderberg usw. Zwischen Emscher und Ruhr, in den Winkel, den ich als Oberhausener Bucht bezeichne, springt das Plateau mitsamt seinem Westabfall allerdings stark nach Osten zurück - bis Frintrop-Dümpten-Mülheim. Jenseits der Ruhr entspricht den Vonderberg aber wieder der Kaiserberg, dessen Spitze auch dieser Fläche angehört, ferner das Duisburger Waldgebirge bis zur Wedau, dann wieder hinter Ratingen in den Höhen von Rath, Gräfenberg, Gerresheim usw.

Diese Fläche heißt die Hauptterrasse: ihr Abhang stellt die östliche Lehne der Rheintalmulde dar.

Nach Osten setzt sich diese Fläche - natürlich fortwährend durch Bachtäler unterbrochen - bis etwa Kettwig fort.

Östlich der Linie Kettwig-Homberg-Erkrath (Messtischblatt Kettwig und Mettmann) springt die Höhe nochmals stark an, wie man schon auf der

Karte sehen kann: auf 140 bis 170 m. Eine größere Fläche ist hier aber nur ausnahmsweise noch erhalten. Meist sind nur kleine „Kiesköpfe" zurückgeblieben. Auch hier lag offenbar ursprünglich eine Terrasse vor; sie ist aber von Sterkrade zu weit entfernt und hat daher für diese Gegend geringe Bedeutung.

Erst in allerletzter Zeit wurde ich in Meiderich darauf aufmerksam, dass zwischen Aue und Niederterrasse noch eine weitere Geländestufe existieren muss, die möglicherweise als Terrasse im geologischen Sinne aufzufassen ist. Sie hat eine ziemlich ebene Fläche bis 28-29 m Meereshöhe, fällt mit einer scharfen Terrassenkante gegen die Auewiesen ab, und ist ebenso durch einen deutlichen Aufstieg gegen die Niederterrasse begrenzt. Ganz wasserfrei ist sie noch nicht: bei den stärksten Überschwemmungen wird sie eben noch überflutet. Zu dieser Fläche gehört wohl bei Marxloh das halbkreisförmige Stück zwischen dem Schwelger Bruch und dem Rhein; jenseits des Rheins die Platte zwischen Baerl und Orsoy. Da Überschwemmungen seltener sind, sind diese Gebiete von alters her als Siedlungs- und Ackerland benutzt worden. Ob es sich aber hier um eine Terrasse im geologischen Sinne handelt? Die äußere Form ist ja vorhanden - bei Meiderich wenigstens: ebene Fläche von bestimmter Höhe und scharfe Grenze nach allen Seiten hin. Aber die Form allein genügt nicht. Die Terrasse müsste auch noch eine gesonderte Beschaffenheit in ihrer stofflichen Zusammensetzung und vor allen Dingen eine besondere Entstehung nachweisen können (Bedeutung davon später). Die Untersuchungen darüber sind aber noch nicht abgeschlossen.

Außer der Aue gibt es also drei hauptsächliche Terrassen: Nieder-, Mittel- und Hauptterrasse. Sie befinden sich ebenso auf der linken Rheinseite: auf der Mittelterrasse z.B. liegt Krefeld, und zur Hauptterrasse gehört Bönninghardt, Fürstenberg bei Xanten, Monreberg bei Kalkar, Reichswald bei Kleve.

Auf diese Weise entsteht, wenn man sich die Abbildung nach links verdoppelt denkt, das Bild einer symmetrischen Terrassenlandschaft: ein geschlossenes Muldensystem, das sich aus lauter Absätzen aufbaut. Dies ist das typische Bild einer rheinischen Flusslandschaft. Wie entsteht dieses Bild? Das ist die Frage, die uns in einem weiteren Artikel beschäftigen wird.

II. Die Terrassen sind nicht bloß Oberflächenformen, sie sind vielmehr auch durch eine ganz bestimmte stoffliche Beschaffenheit ausgezeichnet.

Sie tragen nämlich alle eine Decke von Sand und Kies. Deren Mächtigkeit ist verschieden: sie braucht nur wenige Meter zu betragen – besonders in den höheren Terrassen, wo sie zum Teil wohl abgetragen sind. Mancherorts kann die Mächtigkeit aber auch auf 20 Meter oder darüber steigen.

Wie aber kommt dieser Schotterteppich auf die Terrassen? Die Schottermassen sind geschichtet. Also müssen sie aus dem Wasser abgesetzt sein. Die einzelnen Schichten sind aber nicht gleichmäßig gelagert, nie so auf meilenweite Entfernung aushaltend, wie wir es von Meeresablagerungen her gewohnt sind (Ablagerung der Kreidezeit in den Ton- und Mergelgruben der Berge östlich von Sterkrade, Formsande des Tertiärmeeres zwischen Ratingen und Erkrath-Gerresheim). Vielmehr fällt an ihnen eine gewisse Unruhe auf. Die Schichten sind kreuz und quer gelagert und schneiden sich gegenseitig ab. Wir sprechen hier von einer Diagonal- oder Kreuzschichtung. Man findet sie in den Kiesgruben der Talebene bei Hamborn und so weiter, aber auch auf der Hochebene der Hauptterrasse (am Roten Busch, ferner nördlich von Antonihütte, und ist die Decke der verschiedenen Mergelgruben der Ziegeleien).

Diese Kreuzschichtung ist stets ein Beweis, dass das Wasser, das die Massen herbeiflözte, ein Fluss oder ein Strom gewesen sein muss. Sehen wir doch nur die jüngste Ablagerung des Rheins an – graben wir in der Aue oder im Strombett bei Niederwasser: Da finden wir genau dieselbe Kreuzschichtung. Jeder Fluss, jeder Bach schleppt eine Menge Schutt mit. Nur an den Stellen größter Stromgeschwindigkeit werden sie weitergeschoben, an den ruhigen Stellen – an den Seiten, in Buchten oder toten Armen – bleibt dieses „Frachtgut" liegen. Der Fluss aber ist ein lebender Organismus, der sich fortwährend ändert und weiter entwickelt. Er kann sich sogar – besonders bei Hochwasser und Eisgang – ganz neue Bahnen suchen. Auf jeden Fall wechselt die Stromrichtung beständig. Wenn nun gerade der Stromstoß an vorher ruhige Stellen trifft, so werden da die Massen, die schon abgelagert sind, wieder abgetrieben. Auf diese Weise kommen dann die abgeschnittenen Schichten zustande. Verlegt die Strömung aber ihre Richtung wieder, oder wird die Bewegung ruhiger, so werden wiederum Schuttmassen abgesetzt und legen sich schräg gegen die vorhandenen – die Kreuzschichtung ist dann fertig. Dass die Richtung dieser Schnittflächen nicht waagerecht, sondern schräg verläuft, hängt damit zusammen, dass die Schuttmassen im Fluss sich zu ganzen Wällen anhäufen, die quer zur Flussrichtung stehen. Man kann diese Wälle auch schon in jedem ruhig fließenden Bach auf dem Sand des Bachgrundes beobachten: auch da verlaufen sie, wie Runzeln, von einem Ufer zum andern. Solche Wälle kommen auch im Rhein vor und sind da dem Schiffer wohl bekannt. Er nennt sie „Grund", Mehrzahl „Gründe". Er weiß auch, dass sie beständig wandern; an der Bergseite, wo sie dem Strom ausgesetzt sind, werden sie fortwährend abgetragen. Das Material setzt sich an der Talseite – im Stromschatten – wieder ab-, genau wie bei Wanderdünen. Vorder- und Rückseite dieser Wälle geben dann die schräge Lage der Schichten, die der Kreuzschichtung eigentümlich sind.

Es müssen also – so unwahrscheinlich es auch klingen mag – Flüsse gewesen sein, die die Decken bei allen Terrassen – sogar auf der heute so hoch gelegenen Hauptterrasse - niedergesetzt haben.

Welcher Fluss kann das aber nur gewesen sein? Wenn wir das wissen wollen, brauchen wir nur die Schuttmassen selbst zu befragen; auf eine verständige Frage geben sie gerne und willig verständige Antwort. Die Massen, die ein Fluss vorwärts schiebt, bestehen aus abgebrochenen Felsstücken und –stückchen des Gebiets, das der Fluss oder seine Nebenflüsse durchströmen – seines Entwässerungsgebietes, wie wir sagen. Sie werden vom Frost abgesprengt und vom Regen oder von Wolkenbrüchen die Hänge hinab in die Wasserrinnen gespült. Wer in dem Abschnitt zwischen Gerresheim und Erkrath das Düsselbett betrachtet (etwa an der Brücke der Morper Mühle), der findet dort große schwarze Schieferblöcke liegen – über fußgroß, frisch, mit scharfen Kanten. Aus der Gegend selbst können sie nicht stammen, denn Talsohle und –hänge bestehen nur aus feinem, weichem, gelbem Sand. Wohl finden wir einige Kilometer bergwärts, oberhalb Erkrath, die Talflanken sich kulissenartig zusammenschieben – dort stehen nämlich diese schwarzgrauen Schieferfelsen an. Bei gewöhnlichem Wasserstand liegen die Blöcke ruhig. Nur durch Hochwasser oder Wolkenbrüche können sie weiterbewegt und in den Rhein geschleppt werden. Auf dieser Reise stoßen sie sich gegenseitig die scharfen Kanten ab – unter freundlicher Mitwirkung des mittlerweile gebildeten Sandes, der als Schleifpulver oder wie ein Sandstrahlgebläse wirkt. So werden die Steine an den Kanten gerundet, dann gerollt, und werden schließlich zu Rollkieseln oder Rollstücken, bis sie schließlich selbst zu feinem Sand zerrieben werden. Oben bei Bonn, wo der Rhein aus dem Gebirge tritt, findet man in seinem Schutt, in Sand eingebettet, noch sehr viele und große Gerölle. Bei uns dagegen sind in der Niederterrasse die Gerölle durchschnittlich nur apfelgroß und treten gegen den Sand schon stark zurück. In Holland endlich gibt es fast nur noch Sand.

Aus der Gesamtbeschaffenheit dieser Schuttmassen und der Natur der einzelnen Gerölle wird man also auf ihren Geburtsort und auf den Fluss schließen können, der sie mitgeschleppt hat. Diese Schuttmassen sind gewissermaßen die Visitenkarte des Flusses.

Wir wollen zunächst die Schotter der Haupt- und der Niederterrasse betrachten. In ihnen fällt uns in erst. Linie die große Menge der weißen Quarzkiesel auf. Sie stammen aus den Quarzgängen, die die Felsen des Rheinischen Schiefergebirges von Bonn bis Bingen überall durchsetzen und kommen in dieser Menge nur vor, weil der Quarz sehr hart ist. Er wurde also nicht in dem Maße zerrieben, wie die weicheren Gesteine. Unterwegs muss er sich daher im Verhältnis zu den andern Bestandteilen der Schuttmassen immer mehr anreichern, dagegen werden die Schiefer, Sandsteine usw. zerrieben und bilden den sandigen Teig der Ablagerung. Von vornherein will ich bemerken, dass Quarz nur in Rheinschottern vorkommt, nicht aber in echten Ruhrablagerungen, d.h. oberhalb Kettwig. Wenn unterhalb Kettwig mit einem Male auch in der Ruhr Quarzkiesel auftreten, so hat das seinen Grund darin, dass diese von Schloss Landsberg abwärts an einer hochgelegenen Rheinterrasse vorbeifließt.

Ferner finden sich in großer Menge rötliche Stücke von Buntsandstein. Felsen von Buntsandstein stehen auf weite Erstreckung an der oberen Mosel und Saar, Lahn und dem Main, in den Vogesen und im Odenwald an. Ebenso wie der Quarz, findet er sich nur in Rheinablagerungen, da er im Entwässerungsgebiet der Ruhr nirgendwo ansteht. Wenn er unterhalb Kettwig auch in der Ruhr vorkommt, so hat das denselben Grund wie beim Quarz. Weißer Quarzkiesel, roter Buntsandstein, roter und gelber Eisenkiesel, von dem ich später noch reden werde – das sind die Gesteinsarten, die das Bild des Rheinkieses so buntfarben machen. Im Gegensatz zu dem düster-graubraunen Bild des Ruhrschotters.

Weiter findet man nicht selten in der Niederterrasse – weniger häufig schon in der Hauptterrasse – einen grünen, wie gefaltet oder geknickt aussehenden Schiefer – meist zusammengeleimt mit weißem Quarz, in den er mehr oder weniger hineingepresst ist. Ja, gewöhnlich sind es sogar reine Quarzkiesel, die nur ein paar grüne Flecke oder hineingepresste Reste von dem weichen grünen Schiefer tragen. Wegen ihrer Härte konnten sie diesen als Schutz dienen. Es ist der Sericitschiefer vom Taunus (z.B. Königstein); der Quarz bildete ursprünglich nur Gänge in den Schieferfelsen.

Man muss schon etwas suchen, wenn man jene purpurnen, fleischfarben aussehenden, blass-gelb-rötlichen Steinchen finden will – meist von flacher Gestalt – die bis walnussgroß werden. Man kann sie leicht mit Buntsandstein verwechseln. Sie sind aber viel härter und besitzen eine glatte, nicht kernige Oberfläche. Vor allem aber sind sie daran kenntlich, dass sie in einer gleichmäßig dichten Grundmasse weiß-gelbe Feldspat- und dunkle glasartige Quarzkörnchen eingesprengt enthalten. Es ist der Porphyr von der Nahe (Münster am Stein, Rheingrafenstein).

Aus dem Nahetal stammen auch ebenso große, aber häufig mit einem Stich ins Purpurne gefärbte, zuweilen schwammartig raue Gerölle, die auch häufig helle Feldspatteilchen eingesprengt enthalten: Melaphyr. Er kommt z.B. bei Idar vor, wo er das Muttergestein der bekannten Achate war.

Glatte, also harte gelbe und rote Eisenkiesel stammen aus Nassau und sind von der Lahn herbeigeschleppt worden.

Daselbst stammen auch die harten schwarzen, zuweilen weißmarmorierten Kieselschiefer (die Probiersteine der Juweliere) her. Sie kommen aber auch im Bergischen und im Sauerland vor und finden sich daher – zum Unterschied zu den genannten Gesteinen - auch häufig in echten Ruhrschottern.

Nicht in der Hauptterrasse, wohl aber in der Niederterrasse gibt es dann noch nicht selten dunkle, braun-schwarze, weiche Schalen eines bloß kantengerundeten Brauneisensteines. Meist sind sie bloß apfelgroß und wenige Millimeter dick. Häufig sind sie etwas gewölbt und an der Innenseite mit nierenförmig gerundeter Oberfläche. Es sind konkretionäre Bildungen aus den gelben tertiären Formsanden von Ratingen-Gerresheim.

Von jungvulkanischen Gesteinen, wie Trachyt, Andesit, Phenolith, Basalt vom Siebengebirge, Eifel und Westerwald will ich hier nicht reden, weil sie als Geröll zu selten vorkommen und auch vom Laien zu schwer erkannt werden.

Mit Ausnahme von Kieselschiefer sind es Gesteine, die nur im Entwässerungsgebiet des Rheines vorkommen. Überhaupt stimmen die ganzen Schotterdecken der Terrassen fast genau mit den Massen überein, die heute noch aus dem Rhein herausgebaggert werden. Und es gehört schon einige Übung dazu, die Baggermassen von den Massen zu unterscheiden, die in den Sandlöchern der Niederterrasse gegraben werden. (Die Hauptterrasse ist, weil sie weit stärker verwittert ist, schon eher von dem heutigen Flusskies zu trennen). Und schließlich kann man die Terrassenflächen von Sterkrade-Hamborn mit ihren Decken lückenlos den ganzen Rhein entlang - bis an den Bodensee und darüber hinaus - verfolgen.

Das alles weist darauf hin, dass die Terrassen mit ihrer Schotterdecke ehemalige Flussböden oder vielmehr ihre Reste sind. Sie müssen gehoben und dadurch trocken gelegt sein. Bevor ich aber auseinandersetze, wie das möglich war, möchte ich zunächst noch kurz die Ruhrablagerungen beschreiben, die hier auch eine, wenn auch nur eine bescheidene Rolle spielen. Einzelne Gesteine aus der Sterkrader-Hamborner Terrassendecke lassen sich aufwärts bis zur Ruhrmündung und in das Ruhrtal hinein verfolgen und bilden da die ganzen Absätze. Sie fehlen aber in den Rheinterrassen oberhalb Duisburg. Es sind also reine Ruhrgesteine. Äußerlich sind sie an der grauen Farbe kenntlich, vor allem aber an der Größe: faustgroß und darüber. Da sind zunächst die Ruhrkohlensandsteine, wie sie von Broich und Mülheim an aufwärts gebrochen werden. Einzelne von diesen enthalten porzellanartige weiße Feldspatstückchen und heißen dann Arkosen – sie werden z.B. gegenüber Kettwig gebrochen. Zuweilen werden auch die Körnchen dicker und dicker, bis es richtige Kiesel sind, die dann betonartig in einem festen, sandigen Ton eingebettet liegen: Kohlenkonglomerat heißt dieses Gestein, das z.B. in den Brüchen südlich Essen gewonnen wird. Alles das sind Bruchstücke von Felsen der Kohlenformation. Auch kommen in der Ruhr, wie schon erwähnt, die schwarzen Kieselschiefer des Sauerlandes vor. Dann gibt es allerdings auch porphyrartige Gesteine aus dem Lennegebiet, die sog. Lenneporphyre. Von den echten Naheporphyren unterscheiden sie sich dadurch, nicht nur die Gerölle selbst (faustgroß), sondern auch die Einsprenglinge (erbsengroß) gewöhnlich größer sind als bei den Naheporphyren.

Auch wenn man die Terrassenabdeckungen als Ganzes betrachtet, zeigt sich zwischen den Ablagerungen des Rhein- und Ruhrtales ein hochbedeutsamer Unterschied. Die Rheinschotter bestehen überwiegend aus gelbem Sand. Darin ist verhältnismäßig wenig Kies eingebettet, und dieser ist durchschnittlich klein - bis apfelgroß. (Bei Bonn sind sie allerdings auch bis faustgroß; in Holland bestehen die ganzen Rheinschotter nur aus Sand.) Echter Ruhrschotter dagegen enthält nur wenig, noch dazu sehr groben Sand. Er besteht überwiegend aus Geröll, und diese Steine sind sehr groß: faustgroß und darüber. Ferner sind sie nicht so gut abgerollt, vielmehr häufig nur kantengerundet, während im Rheinschotter selbst die härtesten Steine, wie Quarz und Eisenkiesel (mit Ausnahme vielleicht der ganz harten Kieselschiefer), durchweg sehr gut gerundet und abgerollt sind. Alles das hängt offenbar damit zusammen, dass die Rheinschotter einen viel längeren Weg hinter sich haben. (Tritt doch bei Bonn der Rhein aus dem Gebirge heraus, während die Ruhrabsätze erst bei Mülheim vom Gebirge – der Lieferstätte aller Schuttmassen – Abschied nimmt.) Die weichen, wenig widerstandsfähigen Schiefer gibt es daher nur in den Ruhrschottern, dagegen kaum im Rhein.

Das nächste Mal werden wir nun sehen, wie es möglich ist, dass die Rheinablagerungen sich sogar bis oben hinauf das Sterkrader Veen verirren konnten.

14. Zur Geologie Duisburgs

Aus: Niederrheinisches Museum – Zwanglose Blätter für Heimatgeschichte und Heimatkunde vom 21.02.1923.

In der kürzlich erschienen geographischen Dissertation von Fr. Dr. Erika Rexroth über die Großstadt Duisburg (siehe Buchbesprechung in vorliegender Nummer des N.M.) hat die Verfasserin auf meine geologischen und archäologischen Untersuchungen, die z.T. im Niederrheinischen Museum erschienen sind, eingehend Rücksicht genommen. Hierbei sind aber einige Missverständnisse mit unterlaufen. Die Verfasserin unterstellt mir z.B. auf Grund von persönlichen Mitteilungen die Ansicht, die Sande der Wedau seien Flugsand (S. 18). Das muss eine Erinnerungstäuschung sein. Es ist vielmehr typischer Rheinsand der Niederterrasse, wie ich schon bei meiner ersten Besichtigung auf den ersten Blick feststellte. Darüber kann für den Geologen kein Zweifel bestehen und auch Bärtling (Führer S. 351) bezeichnete ihn schon vor 10 Jahren so.

Aber über diesem Rheinsand, der mit vielen Kiesen durchsetzt ist, liegt eine Decke von Flugsand, dem „weichen Sand“ oder Fließ“ der Arbeiter. Ich habe ihn erst 1919 ausgeschieden und seine weite Verbreitung nachgewiesen. Aber ich habe nie daran gedacht, auch die Sande unter dieser Decke für Flugsand zu erklären.

Dass der Flugsand in der Zwischeneiszeit abgesetzt worden sein soll (S. 18), ist meine Ansicht gleichfalls nicht. Ich habe vielmehr von Anfang an die Meinung vertreten, dass er erst nach der vierten (Würm-)Eiszeit entstanden ist. Er lagert nämlich der Niederterrasse auf, die wohl in der letzten Eiszeit gebildet ist. Der letzten Zwischeneiszeit entstammt vielmehr der Löss, oder sein Umwandlungsprodukt, der Lösslehm. Dieser muss also älter sein als der Flugsand. Und in der Tat habe ich ihn in den Schluchten von Mintard von Flugsand überdeckt gefunden.

Dieser kann, wie gesagt nicht älter sein als die Niederterrasse. Für die genauere Zeitbestimmung habe ich in den letzten Jahren weitere Beobachtungen gesammelt. In der Speldorfer Wald- und Gartenstadt wurde im vorigen Jahre ein „Findling“ ausgegraben, den ich aber als Braunkohlensandstein bestimmte. Nach Aussage des Försters lag er mitten im Flugsand und wurde von ihm noch in 1 Meter mächtiger Schicht überdeckt. Der Stein ist vom Menschen in der jüngeren Steinzeit (megalithische Epoche) dorthin geschleppt worden, vielleicht um 2500-2000 v. Chr. Also war damals der Sandabsatz noch nicht zu Ende gekommen. Bei Wissel, nördlich Kalkar, hat man in ihm noch metallische Kirchensteine gefunden, bei Düsseldorf sind die Wanderdünen erst in neuester Zeit befestigt worden. Und bei Friedrichsfeld hat jeder, der auf dem Truppenübungsplatz seinen Schweiß vergoss, bei starkem Westwind Studien über den Flugsandabsatz anstellen können, wozu wir ja auch in den Steppen Polens und Russlands Gelegenheit hatten. Die Flugsandbildung dauert also von der Würmeiszeit bis in die Gengenwart.

Rätselhaft muss es mir daher bleiben, weswegen auf der Niederterrasse der Ruhr zwischen Monningshof und Unterwelt und auf dem Südhang der Unterwelt selbst der Flugsand vollkommen fehlt, obgleich er in der Nähe (Mittelterrasse am Schafsweg z.B. und auf dem Plateau über der Unterwelt) in großer Mächtigkeit ansteht. Woher kommt dieser merkwürdige Unterschied? Eine Zeitlang glaubte ich die Erklärung darin gefunden zu haben, dass ich die Ruhrniederterrasse für jünger annahm als die entsprechende Rheinterrasse. Da aber, wie gesagt, selbst in hiesiger Gegend die Flugsandbildung bis in die jüngst Zeit angedauert hat, versagt auch diese Erklärung. So müssen wir denn die Lösung dieses Rätsels von der Zukunft erhoffen.

Nicht nur die zeitliche, sondern auch die örtliche Ausdehnung ist weit größer, als ich anfangs angenommen. In erster Linie findet er sich rechtsrheinisch oder wenigstens mehr beim Strom: Wahner Heide bei Köln, Golzheimer Heide und auf der anderen Seite bei Düsseldorf; dann bei uns über Mülheim hinaus bis Kettwig, ferner unterhalb bei Sterkrade (Veen), Kirchhellen, Friedrichsfeld; dann ganz ausgezeichnete und hohe Dünen bei Diersforth unterhalb Wesel; ebenso jenseits unterhalb Kalkar bei Wissel. Überhaupt findet man auch linksrheinisch kleinere Flugsandpartien. Wer z.B. mit der Bahn nach Xanten-Kleve fährt und unterhalb Moers in der Gegend von Utfort oder Rheinberger Heide kleine Bodenwellen mit verkümmerten Nadelwuchs oder gar Heide antrifft, der kann sicher sein, dass es dort Flugsand gibt. ---

In der Beckerschen Ziegelei am Wolfsberg (Prinzenhöhe) gegenüber der Monning liegt auf dem Ton Hauptterrassenkies, und darüber Moränenlehm, vielleicht eineinhalb Meter mächtig. Darüber liegt in gleicher Mächtigkeit ein äußerlich ganz ähnlich aussehendes Gebilde: gleichmäßige gelbe Grundmasse mit weißen Kieseln. Nur wenn man die Masse mit dem Hammer anschlägt, kann man das Obere als weich von dem harten Unteren unterscheiden. Die oberer Lage setzt sich nach Süden abwärts in das Tal fort, wird hierbei schnell mächtiger (nach etwa 75 Meter schon 2 Meter) und entpuppt sich hier als typischer Flugsand. Die Kiesel sind nur in der untersten Schicht enthalten und wurden hier wie auch anderwärts von den starken Winden aus dem Grunde herausgerollt. – Dass dieser Flugsand auf der Höhe nur eine so dünne Decke bildet, wird nun leicht klar: dort, wo der Wind frei hinüberfegt, konnte er sich nicht recht absetzen – um so besser aber in dem geschützten Tal des Siegens dahinter. Deswegen brachte er es auch in der großen Sandgrube unten in dem Siegen auf 8 Meter.

Bevor man den Flugsand hier kannte, war man allerdings in großer Not wegen der Masse, die auf der Moräne lagerte. Man erklärte sie aus Verlegenheit für „entlehmte" oder „mehr sandig entwickelte" Moräne (S. 17). Nachdem ich aber erst den Flugsand hier erkannt und die Fortsetzung der fraglichen Ablagerung in typischem Flugsand verfolgt habe, geht es nicht mehr an, meiner Erklärung die frühere als gleichberechtigt gegenüberzustellen, wie Verfasserin (S. 17) es tut. Die frühere hat nur noch historisches Interesse. ---

Dass die Moräne nur auf den Höhen erhalten blieb, im Ruhrtal dagegen ausgeräumt wurde, trifft gleichfalls nicht zu. Die Talsohle ging zur Gletscherzeit bis zur Mittelterrasse, bei uns also bis zu 40 Meter Meereshöhe hinunter. Auf dieser fand ich am Schafsweg neben der Umgehungsbahn, ungefähr an der Stirnkante, wo sie zum Monningshof abfällt, Grundmoräne und geschichteten Sand als Absatz von Gletscherwässern, ferner a. d. Duisburger Straße Speldorf.

In der gleichen Ruhrmittelterrasse gehört auch die Kiesgrube am Entenfang (Bleck Roth). Auch da liegt ja Moräne (Verfasserin hätte auch die städtische Kiesgrube bei „Berg und Tal" anführen können). Die Schotterdecke ist aber nicht, wie Verfasserin meint, Rheinkies, sondern Ruhrkies: die Ruhr hat hier ihr Urstrombett.

Die Grundmoräne am Schnabenhuk ist, soweit ich unterrichtet bin, nicht vom Landesgeologen Fliegel aufgefunden worden, sondern von Prof. Athenstädt, der dann erst Fliegel herbeirief und auf seine Entdeckung aufmerksam machte. ---

Die Geologie ist nicht nur eine sehr interessante, sondern auch eine ziemlich verwickelte Wissenschaft. Es ist nicht schwer, die Haupttatsache zu verstehen. Aber sie hat auch ihre Fallstricke. Selbst ein so bekanntes Gebiet, wie der Kaiserberg bot, wie ich ihn neuerdings wieder untersuchte, Gelegenheit zu manchen neuen Entdeckungen. Ich werde darüber an dieser Stelle berichten.

15. Aus Duisburger Vorzeit

Aus: Rhein-Ruhr-Zeitung vom 10.03.1925 (Zeitungsbericht zu einem Vortrag in der Mädchenschule)

Auf Veranlassung des Vereins für Heimatkunde sprach gestern in der Mädchen-Mittelschule Dr. Wildschrey über die „Entstehung der Duisburger Landschaft und ihre Besiedlung nach den Forschungen der letzten Jahre". Zu dem Abend hatten sich viele Zuhörer aus Duisburg sowohl als auch aus der Umgebung eingefunden. Was den Vortrag besonders interessant gestaltete, war der Umstand, dass die geologischen Betrachtungen reichlich von geschichtlichem Stoff durchsetzt waren. Einleitend legte der Redner dar, dass die Duisburger Landschaft eine Terrassenlandschaft sei. Neuenkamp sei ein Gebiet, das dauernd überschwemmt worden sei. Dieses niedrige Gelände ziehe sich bis zur Salvatorkirche hin. Mit dem Burgplatz beginne ein Gebiet, das hochwasserfrei liege. Dieses Gelände ziehe sich bis zum Walde hin (Niederterrasse). Es folge ein Anstieg von nur 8 Metern (Mittelterrasse) und dann endlich eine Steigung bis zu 40 Metern, die sich bis nach Kettwig hinziehe, allerdings mit geringen Unterbrechungen (Hochterrasse). Diese Terrassen rührten aus der Eiszeit her, und zwar einmal durch Heben des Gebirges und zum anderen durch Zerstören des Gebirges. So sei die Form als Stufenlandschaft entstanden. Bei Duisburg sei damals der Rhein viele Meilen breit gewesen. Das rechte Ufer habe bei Kettwig gelegen, während das linke Rheinufer hinter der Maas gelegen haben müsse. Interessant waren die praktischen Vorführungen, mit denen sich der Redner bemühte, seine Ausführungen über die Terrassenbildung leicht verständlich zu machen und griff dabei auf die Eiszeit zurück, wobei er hervorhob, dass die wichtigste Terrasse die Niederterrasse aus der 3. Eiszeit sei, die sich vom Rhein bis zur Lotharstraße erstrecke. Der Rhein habe hier Sand und Kies abgesetzt. Nach der Eiszeit habe der Rhein die angrenzende Partie der Niederterrasse mit überschwommen. Aus dem Hochflutschlamm, der sich absetzte, habe sich die Lehmdecke gebildet und die Felder von Wahnheimerort und Hochfeld bedeckt. Weiter treten in Neudorf und in der Wedau noch heute der ungedeckte Sand und Kies zu tage. Es sei dann vor 10000 Jahren eine Steppenzeit gefolgt, in der die Westwinde aus diesem Terrassensande den feinen Flugsand herausgeblasen und in der Duissernschen und Neudorfer Heide, sowie in Bissingheim als Wanderdüne wieder abgesetzt habe. Vor etwa 7000 Jahren habe sich der fruchtbare Lehmstreifen mit Laubholz bewaldet. Dahingegen habe in dem sandigen Gelände in Neudorf und in der Wedau nur kümmerlicher

Nadelwald aufkommen können, während der Dünenstreifen Heide gebildet habe, die bis in die jüngste Zeit dort vertreten gewesen sei. In den Dünenstreifen seien prähistorische Funde gemacht worden. Alle Sachen, die gefunden worden seien, wären Jagdgeräte gewesen. Und da diese Geräte aus Stein seien (einige Funde wurden herumgereicht), so müsse es in der Steinzeit gewesen sein, also vor 4- bis 5000 Jahren, dass sich hier in Dünen Menschen niederließen. Da Bauernwirtschaft hier nicht betrieben werden konnte, so musste das Wild dem Menschen alles geben, was das Leben erforderte. Die Lebens- und Wohnverhältnisse seien äußerst beschränkt gewesen. Wie das Leben der ersten Duisburger gewesen sei, habe sich nicht feststellen lassen. In der Eisenzeit, etwa um 800 v. Chr., habe sich in der Lebensweise nichts geändert, indessen müsse das Menschengeschlecht sich gewaltig ausgedehnt haben. Mit den Werkzeugen aus Eisen habe man im Nadelholzstreifen gerodet, und auf diesen großen Aufschwung wiesen auch die Urnengräber in Duissern, Neudorf und in der Wedau hin. Der Mensch lebte zerstreut. Mit der Zeit sei aber auch höhere Kultur auf Duisburger Boden eingedrungen. Ackerbau und Viehzucht in geschlossener Siedlung ohne Rodung sein nur im Norden möglich gewesen, wo die Ruhrwiesen sich zum Weidegang eigneten. Die dort gemachten Römerfunde seien ein Beweis dafür, dass die in Duissern wohnenden Menschen mit den Römern in Handelsbeziehungen gestanden hätten. Wenn bis dahin die Menschen auch ein verträumtes Dasein führten, so sei bald Leben in sie gekommen. Die Ruhrmündung von den Römern entdeckt, sei durch ein Festungssystem gesperrt worden, und nach ihrem Abzuge hätten auch die Franken die Bedeutung der Ruhrlinie erkannt. Während die Römer als Außenposten von der linken Rheinseite ein Kastell in Kaßlerfeld mit Wachen vorgeschoben hätten, hätten sich die Franken in Alt-Duisburg eingebaut. Eine besondere Vergünstigung des friedlichen Handelsverkehrs habe ihnen ein natürlicher Hafen geboten, der in der Gegend des Pulverwegs (am Stadttheater, Gymnasium, Mädchen-Mittelschule vorbei) gelegen habe, auf den der Name Stapeltor noch heute hinweise. Als sich um 700 n.Chr. die Franken zu einer planmäßigen Offensive gegen die Sachsen entschlossen, ähnlich wie vorher die Römer gegen die Germanen, da sei wiederum die Ruhrmündung gesichert worden. Zu diesem Zwecke habe der Franke die Duisburg angelegt, wo eine vorspringende Landspitze von der Ruhrmündung kaum eine Viertelstunde entfernt gewesen sei. Das sei die Stelle, die heute vom Burgplatz und dem Salvatorkirchhof eingenommen werde. Die frühfränkischen Einsiedler, die sich bis dahin in Duissern niederließen, hätten sich in dieser Burg zusammengezogen. Sie sei bald so groß geworden, dass man sie mit einer Mauer umgab. Damit sei der Grundstock der heutigen Stadt Duisburg im Jahre 1129 gelegt worden. Am Schlusse seiner Ausführungen wies der Redner darauf hin, dass auch hier in Duisburg die menschliche Besiedlung aufs engste verknüpft gewesen sei mit der Entwicklung der Natur.

16. D.-Ruhrort – ein alter Rheinlauf festgestellt

Aus: Rhein-Ruhr-Zeitung vom 20.07.1925 (Zeitungsbericht zu einem Besichtigungsgang des Duisburger Vereins für Heimatkunde).[f]

Unser Rhein hat im Laufe der Zeiten recht oft seinen Lauf geändert, neue Flutrinnen aufgewühlt, Landvorsprünge innerhalb seiner Windungen und Schlingen durchschnitten, kurz, die niederrheinische Tiefebene, sein Flusstal, immer wieder in veränderter Richtung durchzogen, bis Damm und Kribbe, eine konsequent durchgeführte Flussregulierung seinem eigenmächtigen Tun ein Ende bereiten. Die Folge uneingeschränkter Stromlaufänderung früherer Jahrhunderte ist bekannt – Städten, deren Mauern einst vom Rhein bespült wurden, wendete er den Rücken zu, alte Stromläufe wurden aufgelandet, Neuland geschaffen, ganze Gebiete vom rechten oder linken Rheinufer abgeschnitten. So kams, dass Duisburg vom Rhein abgeschnitten, das einst linksrheinische Ruhrort (übrigens früher, wie ebenfalls bekannt, auf einer Insel gelegen), mit Laar und Beeckerwerth zum rechtsrheinischen Gebiet kamen, die Höhe von Homberg und Baerl vom neuen Rheinlauf abgegrenzt wurden. Namentlich das Gebiet zwischen Duisburg und Walsum hat recht umfangreiche Stromänderungen aufzuweisen. Schon lange hat die Forschung das festgestellt. Wir finden in den Stromkarten einen Flusslauf, welcher an der Niederterrasse, auf der Beeck gelegen ist, vorbei, dem Lauf der alten Emscher bis zur Mündung entspricht, bei Alsum das heutige Flussbett wieder erreichte, finden als wahrscheinlich angenommen, das zwei Niederungen hinter dem Hagernackerschen Hof im Beeckerwerth einem alten Rheinbett angehörten und wer bei früheren Überschwemmungen, umfangreichem Grundwassersteigen, das Hervortreten großer Wasserflächen zwischen Einmündung der Stepelschen Straße in die Deichstraße und Haus Knipp verfolgte, kann zur Vermutung kommen, dass auch einmal fast parallel mit dem heutigen Rheinbett, dort der Fluss seine Wogen talwärts wälzte. Wie gesagt, nur eine Vermutung, für welche bisher ein Beweis kaum vorliegen wird. Anders bei einem alten Rheinlauf, der das heutige Beeckerwerth durchschnitt, zu Römerzeiten bestanden hat und in der Letztzeit von Dr. Wildschrey eingehend untersucht und festgestellt wurde, nachdem Brögmann

---

[f] Anm. Hrsg.: Im Jahr 1937 erläuterte Wildschrey - anlässlich der 500-Jahrfeier zur Einräumung des Privilegs von 1437 für Ruhrort, eine Stadtmauer errichten zu dürfen - in einem Artikel der Rhein-Ruhr-Zeitung erneut die alten Flussläufe von Rhein und Ruhr sowie die Namensgebung von „Ruhrort" (RRZ vom 12.06.1937).

jun. in Beeck ihn auf einige charakteristische Funde in dortiger Gegend aufmerksam gemacht. Am Samstag wurde dies bei einem Besichtigungsgang des Duisburger Vereins für Heimatkunde eingehend erklärt. Auf einer Wanderung, die vom Beecker Denkmalsplatz ausging, wies Dr. Wildschrey zunächst auf die Niederterrasse hin, die zuerst besiedelt wurde, während die tiefliegende Aue am Strom ihres fruchtbaren Lehmbodens wegen (in Beeckerwerth hat dieser über Kies- und Sandlagen eine Mächtigkeit bis zu vier Metern und darüber), zur Anlage von Wiesen und Äckern ausgenutzt wurde. Beeck selbst, eine uralte Siedlung, liegt auf einer Niederterrasseninsel, umgrenzt von Ruhr-, Emscher- (früheres Rheinbett?) und Beeckbachlauf, die im Steilhang zur Niederung Beeckerwerth abfällt. Durch die Niederung führte der Weg in die Gegend von Oestrichs Hof, wo zurzeit umfangreiche Baggerungen vorgenommen werden, die sich quer über das vorerwähnte alte Rheinbett erstrecken. Dr. Wildschrey stellte an den Bodenschichten, die deutlich auf den Baggerlochwänden sich abheben, die beiden Ufer fest, den Nachweis an Gesteinsfunden und an Ablagerungen erbringend, dass auch hier an der Außenseite des Flussbogens, der sogn. Prallwand und zugleich tiefsten Flussstelle zunächst grobes Gestein aus dem Ruhrtal abgelagert wurde (grob, weil es eine kürzere Wanderung durchgemacht), auf der Innenseite des Bogens dagegen mehr abgeschliffene kleinere Geschiebe und Sand aus dem Rheinlauf. Er erklärte das an Hand des in Massen vorhandenen Materials, der Gesteine aus dem Mittelrheinlauf und seinen Gebirgen, aus dem Oberlauf. An der Innenseite finden sich auch Überreste aus der Römerzeit – Stücke von Urnen, Reibschalen, Tonkrüge sind dort herausgebaggert worden, mit ihnen auch behauene Tuffsteinstücke, die vermutlich von der alten Duisburger Stadtmauer stammen – ein neuer Beweis dafür, dass einst der Rhein unmittelbar an Duisburg vorbeigeflossen. Interessant war auch der Nachweis über Herkunft der altrömischen Topfscherben – die aus rotem Ton hergestellten sind Xantener Erzeugnis, die mit weißem Brand kamen aus der Neusser Gegend. Dachziegelreste gaben Veranlassung zur Erklärung altrömischer Dachbedeckung, Knochenfunde wiesen auf Zeiten hin, da noch das Mammut am Niederrhein heimisch, die Funde alter Baumstämme, das Vorhandensein einer Blaulettenschicht (übrigens auch in seltener Mächtigkeit bei den Ausbaggerungen der neuen Ruhrorter Hafenanlagen festgestellt), gaben Veranlassung zu einer Schilderung des Verlandungsvorganges. Dr. Wildschrey erklärte ihn in knappen Umrissen: Der Strom verschüttet den Eingang einer Schleife, das Wasser stagniert im alten Rheinarme, Schilf und andere Wasserpflanzen siedeln sich an, Schlammboden entsteht, wird im Laufe der Zeiten stärker, steigt durch absterbende Pflanzenteile, durch Ablagerungen verstärkt, bis zum Wasserspiegel empor, die Verlandung vollzieht sich, an ihrem Ende siedelt sich Baum und Strauch an. Immer wiederkehrende Überschwemmungen tragen eine Lehmschicht nach der anderen auf, so entsteht schließlich der fruchtbare bau- und siedlungsfähige Boden der Niederungen, wie wir solche im Beeckerwerth vor uns haben. Interessant war auch ein Hinweis auf die Römersiedlungen der Niederterrasse, besonders auf die noch wenig erforschte Siedlung in der Baerler Gegend, die wohl ausschließlich strategischen Zwecken diente.

Nach Schluss der Wanderung fand im oberen Saal des Gasthauses Brögmann eine Versammlung statt, in der Dr. Wildschrey nochmals die auf einer Wandkarte eingezeichneten Rheinstromänderungen bei besonderer Berücksichtigung des nunmehr festgestellten alten Laufs im Beeckerwerth erklärte, der nach den Funden zweifellos zu Römerzeiten bestand. Auch da gabs interessante Aufschlüsse. – ch.

17. Die Heimaterde und ihr Antlitz – Eine heimische Entdeckungsfahrt

Aus: Weiser, Leo: Hamborn. Ein Heimatbuch, Hamborn im September 1925, S. 7-25.

Ich schlage vor, wir machen einen gemeinsamen Spaziergang vom Rhein aus quer durch Hamborn nach Sterkrade zu.

Eigentlich müssten wir, soll der Weg schematisch-geradlinig verlaufen, ungefähr in der Gegend des Hafens von Thyssen beginnen. Aber erstens ist der Zutritt nicht jedem möglich, von wegen: „Das Betreten der Anlagen usw. usw." Und zum zweiten: Viel zu sehen ist da ja auch nicht mehr. Alles ist umgebaut. In steinerne Mauern eingepanzert usw. Wer aber wissen will, wie es ursprünglich, wie es noch vor 40 bis 50 Jahren in der Hamborner Gegend am Rhein aussah, der geht besser von Alsum aus rheinaufwärts, in die angrenzenden Teile des Beecker Werthes hinein.

Da ist – vorläufig wenigstens noch – die Natur ziemlich unberührt.

Da am Rhein also beginnen fette Wiesen und Weiden. Sehr fruchtbarer Boden – warum wird er aber nicht für Äcker benutzt; die geben doch einen viel höheren Nutzertrag? Das ginge ja schon, das geht aber nicht. Von wegen der Überschwemmungen. Das ganze Beecker Werth ist Überschwemmungsgebiet. Auch die ehemalige, jetzt von dem Moloch Industrie verschlungene Bauernschaft Schwelgern lag beständig in Hochwassergefahr. Ebenso wie Alsum noch heute.

Dieses ganze Hochwassergebiet gehört noch mit zum Rheinbett. Es ist das Reservebett des Stroms für Hochwasserzwecke. Zum Flussbett gehört nämlich nicht nur die Mittelwasserrinne, erst recht natürlich nicht die Niederwasserrinne. Vielmehr gehört dazu das ganze Gebiet, das er je bei Hochwasserfällen in Anspruch nimmt.

Dieses Gebiet nennt man hier am Niederrhein die Aue. Da Acker nicht im Überschwemmungsgebiet liegen darf, ist es nämlich mit saftstrotzenden Wiesen und Weiden bestanden.

Dieses ganze Gebiet ist sehr hügelig, das weiß jeder, der den Versuch macht, quer durch das Beecker Werth zum Rhein zu wandern. Es ist überall von Mulden und Geländerippen durchzogen offenbar alte Rheinläufe und die sie trennenden Erdwälle. Durchschnittlich liegt das Gelände ungefähr 24-25 Meter über dem Meere. Also 5 Meter über dem mittleren Pegelstand; der beträgt hier vielleicht 20 Meter über dem Meere. Nur 5 Meter Höhendifferenz – da braucht man sich über Hochwasser wahrhaftig nicht zu wundern!

Noch weniger wird man sich jetzt über die Hochwassergefahr im einstmaligen Schwelgernbruch aufregen. Da wissen ja schon die meisten, dass das ein alter Rheinlauf war. Man sieht das schon auf der Karte an dem Bogen, den das Bruch schlägt. Und der frühere Bruchbach ist die letzte feuchte Erinnerung an den Rhein, der einstmals hier floss. Es braucht noch gar nicht so lange her zu sein, dass er hier im Bruch seinen Lauf hatte – allerhöchstens ein Jahrtausend – für den Geologen, der sonst gewöhnlich nur in Jahrmillionen zu denken pflegt, eine lächerlich geringe Zahl. Aber bei einer großen Überschwemmung brach der Rhein bei Alsum gerade nach Norden durch; der abgeschnürte Arm des Schwelgernbruchs wurde von oben her bei Alsum vom Fluss durch eine Sand- und Kiesbarre abgesperrt, und trocknete allmählich aus. Über die Art und Weise, wie das geschah, haben die Bauarbeiten bei dem neuen Schwimmbassin uns aufgeklärt. Doch davon später mehr.

Und dass auch dieses Gebiet heute noch überschwemmt wird, oder besser gesagt, überschwemmt würde, wenn der Mensch den stolzen Strom nicht durch Deiche in Fesseln geschlagen hätte, das braucht jetzt niemand mehr zu wundern.

Wir verfolgen unseren Weg weiter nach Osten. Am Stadion vorbei. Da macht das Gelände plötzlich einen Sprung aufwärts. An der Wiesenstraße etwa. Ungefähr von dem Eingang VII an der neuen Hafenstraße an können wir den Anstieg deutlich verfolgen. Er führt allerdings nicht immer die Straße entlang. Er führt am Kibitzberg, an den Schrebergärten vorbei, setzt dann über die Bahn hinüber und stellt weiter im Norden die südliche Begrenzung von Aldenrade dar.

Kurz und gut: Diese Geländestufen folgen genau dem alten Rheinlauf.

Haben wir sie erst einmal überwunden, dann gelangen wir auf eine ziemlich glatte Fläche, die selbst bei stärkstem Hochwasser nicht mehr überflutet wird. Sie liegt hier ungefähr 30 bis 32 Meter über dem Meere, also etwa 5-8 Meter über der mittleren Auehöhe und stark 10 Meter über dem Mittelwasser des Rheins. – Da ist sie auch vor den stärksten Hochwassern absolut sicher.

Diese Fläche heißt die Niederterrasse. Sie zieht sich als ebene Fläche nur durch Bachbette ein wenig ausgerillt ist, ungefähr 6 Kilometer weit nach Osten. Bis dicht vor Sterkrade. Nach Norden geht sie über Dinslaken, Wesel und Emmerich. Nach Süden über Duisburg, Huckingen, Calcum, Düsseldorf, Benrath und weiter. Es ist die hochwasserfreie Talfläche – die Talsohle, die fast alle Städte und Dörfer trägt. Für den Menschen die wichtigste Fläche des ganzen Rheintales. ---

Wollen wir unseren Spaziergang weiter verfolgen, dann müssen wir sehen, dass wir auf irgendeine Weise zur Kaiser Wilhelmstraße kommen. Ihr gehen wir nach – bis in die Kaiser Friedrichstraße und weiter. Das Gebiet städtischer Bebauung haben wir längs hinter uns gelassen. Vor Biefang, einer noch rein ländlichen Ortschaft, treten wir auf Sterkrader Gebiet über. Weiter geht es dann längs der Königstraße, der Weierstraße. Immer in derselben Weise. – Unterwegs haben wir einige Male Wasserläufe mit ihren Mulden überqueren müssen. Das Gelände hebt sich im Allgemeinen um 1-2 Meter – niemand merkt es, wenn er nicht gerade auf der Karte die Höhenschichtlinie studiert.

Aber unmittelbar hinter dem Mühlenbach, an Schlagermanns Hof, da wo von Norden her die Weißensteinstraße einmündet – da fällt uns eine neue Steigung auf. Der Radfahrer wenigstens wird sie recht deutlich merken. Ungefähr 100 Meter östlich der Weißensteinstraße haben wir die Steigung überwunden – da haben wir eine neue Ebene erreicht, ungefähr 40 Meter über dem Meere. Der Sprung gegenüber der Niederterrasse beträgt 8 Meter.

Diese neue Ebene heißt Mittelterrasse. Einige hundert Meter weiter biegen wir rechts ab und gehen die v. Trothastraße und die Weststraße weiter, überschreiten dann nördlich vom Bahnhof auf der Rampe die Bahn. Weiter geht es dann durch die Bahnhofstraße und Hütenstraße.

Schon vom Bahnhof an fiel uns auf, dass der Weg langsam aber sicher wieder anzusteigen beginnt. Da ist es mit der Mittelterrasse offensichtlich schon wieder zu Ende. Nicht einmal einen ganzen Kilometer ist sie breit.

Talwärts lässt sie sich über Barmingholten bis Hiesfeld verfolgen, dort hört sie auf. Weiter rheinabwärts habe ich sie, auf deutschem Gebiet wenigstens, bis jetzt nicht mehr auffinden können. Nach Süden wird sie noch in Sterkrade durch das Emschertal abgeschnitten, jenseits aber erscheint sie an der Gutehoffnungshütte wieder und läuft dann östlich an Oberhausen vorbei; auch Speldorf liegt auf der Mittelterrasse. Auch bei Duisburg und weiter aufwärts ist sie vorhanden, entschleiert das Geheimnis ihres Daseins aber nur dem geschärften Auge des Geologen. Im Ganzen spielt sie im Gelände eine unbedeutende Rolle; sie ist nur als schmale Gehängeleiste entwickelt.

Wir verfolgen unseren Weg weiter. Bahnhofstraße, Hüttenstraße – da müssen wir uns schon zu einem stärkeren Anstieg entschließen. Und ich kann es mir nun gut vorstellen, dass mancher Radfahrer, der nicht gerade mehr jugendlicher Tatendrang die Heldenbrust zu sprengen droht, auf alle ehrgeizigen Aspirationen verzichtet und sein Renneisen still neben sich führt. Weiter geht es dann zur Provinzialstraße nach Dorsten und Münster, wo wir schon bald auf das Gebiet der Provinz Westfalen kommen.

Nicht weit von der Grenze, noch etwas diesseits, am Tackenberg, auf dem die Windmühle steht (wenigstens hoffe ich, dass sie heute noch da steht), da erreichen wir wieder eine neue Fläche – eine Hochebene. Dass sie ungefähr da liegt, wo heute Rheinland und Westfalen, wo einstmals das Franken-, das Sachsenland, sich scheiden, das ist wahrhaftig kein Zufall. Das hat eine tief innere Bedeutung. Diese Übereinstimmung lässt sich auch noch weiter nach Norden verfolgen. Ich will hier nicht genauer darauf eingehen; ich will hier nur kurz bemerken, dass überhaupt politische und völkische Vorgänge aufs Engste an die Bodengestaltung geknüpft und harmonisch mit ihr verbunden sind, aus ihr gewissermaßen mit Naturnotwendigkeit emporwachsen. --

Diese neue Fläche heißt Hauptterrasse. Sie liegt ungefähr 35 Meter über dem Meere. Gegen 5 Meter also müssen wir von Sterkrade aufsteigen. Da brauchen wir uns allerdings nicht zu wundern, dass uns manches Mal der Atem mehr oder weniger ausgeht.

Diese Ebene wird vielfach durch Bachtäler zerschnitten. Besonders nach Norden und Süden hin. Aber immer erscheint sie jenseits des Tales wieder, und zwar ungefähr in derselben Höhe. Offenbar bildet das Ganze ursprünglich einmal eine einheitliche Fläche, die nachträglich erst durch die Bäche und die großen Flüsse zersägt und zerstückelt wurde. Sie führt meilenweit nach Osten ins Land hinein. Bei uns wird sie allerdings durch die Münstersche Bucht künstlich abgeschnitten. Ein natürliches Ende findet sie dagegen ein Stück weiter im Süden. Schon zwischen Emscher und Ruhr, da beginnt hinter Mülheim, aber noch vor Essen, ein neuer Aufstieg ins Gebirge. Er ist von da an ungefähr lückenlos nach Süden zu verfolgen. Hinter diesem Aufstieg beginnt nämlich die Hochfläche des Bergischen Landes. Das geht aber schon über den Kreis der Aufgabe, die uns die Hamborner Heimat stellt, hinaus.

Jedenfalls wissen wir es nun: Die Hauptterrasse ist eine mehrere Kilometer, 1-2 Meilen breiter Streifen. Rheinabwärts geht er bis zu den Testerbergen, erscheint aber jenseits des Lippetales wieder. Rheinaufwärts, oberhalb der Ruhr, erscheint die Terrasse bei Duisburg wieder mit dem Duissernschen Berg, der erst seit neuester Zeit Kaiserberg genannt wird. Von da aus setzt sie sich durch den Duisburger Wald nach Süden fort, über Gerresheim Ohligs usw.

So stellt sich denn jetzt das Bild unserer heimischen Landschaft als Stufenlandschaft dar. Drei Stufen, die den ganzen Rhein stromauf, stromab begleiten. Wie kommt dieser merkwürdige Bau zustande? Zufall? --- Es gibt keinen Zufall. Wenigstens in der Naturwissenschaft nicht. Alles vollzieht sich nach ewig unabänderlichen Gesetzen. Alles ist die Verkörperung einer besonderen Naturkraft.

Welche Kraft steht denn hinter dem Terrassenaufbau unserer heimischen Landschaft? Wenn wir für diese merkwürdige Tatsache eine Erklärung finden wollen, müssen wir uns zunächst die Flächen und ihre innere Beschaffenheit genauer ansehen.

Wir fangen mit der Niederterrasse an. Eine Menge von Sand- und Kiesgruben stehen in Hamborn offen. Da ist z.B. die Grube der Emschergenossenschaft an der Walsumer Straße bei Aldenrade, ferner verschiedene Gruben auf dem Gebiet von Thyssen; besonders zahlreich sind sie weiter im Süden nach Schmidthorst und Neumühl zu.

Überall wo wir einschlagen, finden wir zu oberst eine Decke ungeschichteten feinen Sand oder Lehm, 1-2- Meter mächtig. Sie soll uns vorerst nicht interessieren. Darunter aber überall geschichteten, etwas groben Sand und Kies.

Alles, was geschichtet ist, wurde einst vom Wasser abgesetzt. Welches Wasser? Darüber belehrt uns die Art der Schichtung genauer. In Meeren, Seen und Teichen sind die Absatzverhältnisse auf große Erstreckungen hin dieselben. Daher sind solche Schichten auf große Erstreckungen, unter Umständen kilometerweit aushaltend, im ganzen Verlauf gleichmäßig, ebenflächig waagerecht.

Ganz anders dagegen die Flussschichtung. In Flüssen ändert sich die Stromrichtung jeden Augenblick. Der Stromstoß geht einmal rechts, einmal links, unter Umständen sucht er sich auch ein neues Bett – kurz und gut, eine ganz wirre, auf den ersten Augenblick unregelmäßig erscheinende Schichtung muss die Folge sein. Genau kann man das augenblicklich in Beecker Werth an der Grube Vollrath, nahe am Oestrichshof studieren. Dort ist, um Sand und Kies zu gewinnen, der Rheinlauf der Römerzeit und des Mittelalters angeschnitten.

Die Kreuzschichtung ist also charakteristisch für Flussabsatz. Und genau diese Kreuzschichtung findet man in den Sanden und Kiesen all der genannten Gruben der Niederterrasse!

Ja weiter noch! Auch auf der Mittelterrasse sind einzelne Gruben geöffnet. Z.B. in Sterkrade in der Nähe der Weierstraße, ungefähr 150 Meter nordöstlich von Schlagermann an der Weißensteinstraße, oder in Barmingholten auf dem Gebiet des Tackenhofes. Auch da finden wir überall Sand- und Kiesmassen mit dieser unruhigen Kreuzschichtung.

Ja – die letzten Jahre haben eine Menge Sand- und Kiesguben auch oben auf der Hauptterrasse angeschnitten: nahe beim Sterkrader Venn, auf der Klosterhardt, in Osterfeld, nahe bei Bottrop. Dort ist in den Formsandgruben auch die Unterlage aufgeschlossen, deswegen kann man dort die Mächtigkeit der ganzen Beschotterung feststellen. Auf dem Grundgebirge, das dort fast die ganze Berghöhe von der Niederterrasse bis zum Gipfel ausfüllt, lagert eine verhältnismäßig dünne Schotterdecke, 7 bis 8 Meter mächtig, und auch hier wieder dieselbe Art der Anordnung: kreuzgeschichtete Sande und Kiese.

Wie oben schon erwähnt, ist Kreuzschichtung das „besondere Kennzeichen" in dem Steckbrief für Flüsse. Hiernach ist gar nicht mehr daran zu zweifeln, dass der Schotterteppich aller drei Terrassen durch Flüsse abgesetzt ist. Mit anderen Worten, dass die drei Terrassen selbst ehemalige Flussbette sind. Um sie allerdings als solche zu erkennen, muss man sie sich wiederhergestellt denken. Die Niederterrasse ist augenblicklich durch die Auemulde der verschiedenen Flüsse unterbrochen. Denken wir sie uns dagegen über die Rheinaue nach links fortgesetzt, bis etwa zum Tönisberg-Örmeter Höhenzug, oder noch weiter bis zum Viersen-Straelener Höhenzug, dann bekommen wir eine geschlossene Fläche. Und ebenso erscheint auch die Mittelterrasse auf der linken Rheinseite wieder, in der Gegend von Krefeld-Kempen-Geldern bis kurz vor dem genannten Höhenzug. Und selbst die Hauptterrasse setzt sich über die ganze niederrheinische Tiefebene über den genannten Höhenzug, ja bis über die Maas hinfort. Wo ihr linkes Ufer liegt, ist mir bis jetzt noch nicht bekannt geworden, vielleicht erst im Gebiet der Schelde. Also: ehemalige Flussbette waren alle diese Terrassen. Wie es kam, dass sie in die „gehobene Stellung“ gerieten, die sie tatsächlich einnehmen, dass soll uns vorläufig noch wenig kümmern. Vorerst wollen wir uns vielmehr für die Frage interessieren: welche Flüsse waren es?

Diesem Problem werden wir schon näher kommen, wenn wir uns mit einer „kleinen Anfrage“ an die Schotter wenden: „Woher ihr kamt der Fahrt ...“

Ich sitze da im Beecker Werth an den Ufern des Rheins. Eine Menge von Steinen liegt da am Strand umher, dazwischen auch ein wenig Sand, der mich aber wenig interessiert. Alles Steine, die offenbar der Strom hierher geschleppt hat. Ganz deutlich sehen wir das zwischen den Kribben – einst wurden diese in den offenen Rhein hineingebaut; jetzt ist der Raum zwischen ihnen schon fast ganz mit Kies ausgefüllt. Übrigens, auch an den Ufern von Walsum findet man diesen Kies; in reiner Form vielleicht noch in der Kiesbaggerei von Vollrath im Beecker Werth, nahe beim Oestrichshof. Ja, wer aufpasst, der hat es in Hamborn noch bequemer: Überall wo betoniert wird, werden Sand- und Kiesmassen von ziemlich bunter Zusammensetzung angefahren. Es ist Rheinkies, und er liefert uns eine ganze Musterkollektion von Rheingesteinen.

Da fällt uns zunächst auf: viel frischgewaschener, rosa- oder fleischfarbener Sand. Er interessiert uns aber weniger. Viel eher schon die Kiese, die sogenannten Gerölle. Sie sind sehr buntscheckig zusammengesetzt. Da gibt es weißen Quarzkiesel, außerdem Sandsteine, die in allen Farbnuancen schillern: blaugrau, schwarzgrau, grünlichgrau, hellgrau, bordeauxrot oder purpurfarben. Sie entstammen alle den Felsen des rheinischen Schiefergebirges.

Außerdem werden uns aber viele hellrote „Buntsandsteine“ auffallen; sie stehen in den oberen Flussgebieten von Lahn, Main, Mosel und Saar, sogar im Oberrhein an. All diese Sandsteine zusammen mit den weißen Rheinkiesen machen die Hauptmasse des gesamten Kiesbestandes aus.

Dazu kommen dann noch schwarze und gelbe Kieselschiefer aus dem Nassauischen (in Kinderkreisen sind sie unter dem Fachausdruck „Jucksteine“ oder Kitzelsteine“ bekannt), dazu rote Eisenkiesel, d.h. verkieselter Roteisenstein mit weißen und blauen Quarzschnüren, auch aus Nassau. Ferner grünglänzende, mit weißen Quarzkieseln verquetschte Sericitschiefer.

Nicht selten findet man auch, wenn man sucht, gelblich rosa gefärbte Porphyre und dunkel rotbraun gefärbte Melaphyre von der Nahe, seltener schon hellgraue Trachytsteine vom Drachenfels, oder blassgraue Granite vom Schwarzwald oder Odenwald; noch seltener im Allgemeinen Basalte vom Siebengebirge, Westerwald oder Eifel.

Kurz und gut: eine gedrängte Musterkarte von allen häufigeren Gesteinen des rheinischen Gebirges. Alle waren offenbar einstmals Felsbrocken. Durch den Frost wurden sie aus dem Gebirge losgesprengt, vom Regen in die Bäche, von diesen in die Flüsse, in die Ströme gespült – alles „Schiebung“. Dabei erhielten sie hier einen Puff, da einen Stoß, verloren so allmählich alles Eckige und Kantige ihres Wesens und wurden so zu den Rollkieseln, als die sie sich heute darbieten. Das, was von ihnen abgestoßen wurde, das gibt eben den Sand. ---

Schon an der Ostseite der Vollrathschen Grube fällt uns ein Schotter von etwas anderer Beschaffenheit auf: im Ganzen ist der Kies viel gröber, im Westen war er durchschnittlich nuss- bis apfelgroß, hier apfelgroß bis faustgroß. Dazu wenig Sand, und die Steine selbst sind überwiegend eintönig grau, dann noch weiß und schwarz. Es fehlen ihnen die bunten Anteile, dagegen haben sie genau dieselbe Zusammensetzung wie der Schotter, den heute noch die Ruhr mit sich führt. So findet man ihn nämlich in dem Ruhrbett selbst, so wird er aber auch im Großschifffahrtskanal von Mülheim-Speldorf, oder in der Nähe des Mülheimer Stadions bei Alstaden-Styrum gegraben und gebaggert.

In der Hauptsache sind es die grauen Sandsteine, die sogenannten Grauwacken aus dem Steinkohlengebirge, das die Ruhr bis Mülheim durchfließt.

Dazu die charakteristischen Feldspatsandsteine, die sogenannten Arkosen mit weißen Feldspatpünktchen, ferner graue, betonähnliche Sandsteine, sog. Karbonkonglomerate, - alles Gesteine, die von Mülheim aufwärts im Steinkohlengebirge zu beiden Seiten der Ruhr anstehen, über Kettwig, Werden, Steele hinaus.

Daneben gibt es aber auch Porphyre, die sich durch ihre Größe und gröbere Einsprenglinge von den rheinischen resp. Naheporphyren ganz bestimmt unterscheiden. Vor allen Dingen aber dadurch, dass sie mehr verwittert sind. Ihr Feldspat ist in eine weiße, kreideähnliche Masse, das sogenannte Kaolin übergeführt; dadurch werden die ganzen Gesteine wie kreidig und klebrig an der Zunge. Meine Schüler haben sie deswegen Lecksteine getauft. Es ist Porphyre aus dem oberen Ruhr- und Lahngebiet, aus dem Sauerland – „Lenneporphyre“.

Dass sich übrigens diese Ruhrgesteine in dem alten Rheinlauf der Vollrathschen Grube finden, hat noch einen besonderen Grund. Sie liegen dort an der Ostseite, und diese war einst die Außenseite einer starken Rheinkrümmung. An der Außenseite ist aber die Strömung immer am stärksten, und nur die gröbsten Gesteine können sich dort halten; alles Feine wird fortgeschleppt. Nun mündet kurz oberhalb die Ruhr hinein, und gerade die Ruhr führt solch grobes Material – der Rhein tritt schon bei Bonn aus dem Gebirge, und findet in den 100 Kilometern von Bonn bis hier genügend Gelegenheit, sein Material zu zermahlen und zu zerreiben. Die Ruhr aber verlässt erst bei Mülheim, also 12 Kilometer aufwärts, das Gebirge, daher führt sie nur wenig Sand, und ihre Steine sind sehr grob. Daher ist das Material; das sie dem Rhein zuführt, das gröbste, was dieser hier besitzt. Und daher musste es sich in der Vollrathschen Grube im Osten ansammeln. – Wieder einen anderen Schottertypus finden wir in der Umgebung der Emscher, z.B. in der Hottelmannschen Sandgrube, an der Beecker Straße, nahe der Meidericher Straße, nicht weit von Schacht IV oder der Kokerei. Da findet man vorwiegend Sand, zum Teil mit einer charakteristischen rotbraunen Farbe durchschossen, und nur wenig Kies eingestreut. Genau denselben Typus findet man überall längs der Emscher, z.B. in Oberhausen, bei Osterfeld und weiter aufwärts im engen Emscherkanal. Vorwiegend Sande, zum Teil hellgrau ausgebleicht, zum Teil auch von rosa Farbe ähnlich wie Rheinsand. Vielfach aber rotbraun durchschossen, wie nie im Rheinsand. Und vor allem häufig mit sandigen Lehmadern, die Wasser führen und daher in älteren Gruben immer von einer grünen Algenflora bedeckt sind.

Dass dieser Typus für die Emscher charakteristisch ist, lässt sich bei dem Vorkommen immer in unmittelbarer Nachbarschaft der Emscher nicht bezweifeln. Wie erklärt sich aber diese Beschaffenheit?

Bei den Erdarbeiten im Oberhausener Kaisergarten kam ich der Sache auf die Spur. Da hatte man diese Sandlagen in einer schmutzig olivgrünen Farbe; sie stimmten fast genau überein mit den Formsanden, die in der Nähe, bei Bottrop oder Osterfeld gegraben werden, und die zu den Grünsanden der Kreideformation gerechnet werden. Alle die oben geschilderten Emschersande sind aus den grünen Sanden der Kreideformation durch mehr oder weniger stark fortgeschrittene Verwitterung entstanden. Die grüne Farbe des frischen Grünsandes entsteht durch ein Mineral namens Glaukonit. Wenn dieses sich zersetzt, gibt es Brauneisenstein. Und dieser verleiht dann der ganzen Umgebung die charakteristische rostbraune Farbe. Und der Ton- oder Lehmgehalt mancher Sandlagen im Emscherschotter rührt von den Ton- oder Mergelschichten der Kreideformation aus dem oberen Emschergebiet her. Die wenigen eingestreuten Kiesmassen dagegen sind von den älteren Rheinterrassen hereingeschwemmt, die sich ja fast bis Essen fortsetzen. ---

So, jetzt haben wir denn nun glücklich alle Gesichtspunkte zusammen, nach denen wir die Schottermassen der Hamborner Terrassen genauer untersuchen können.

Zunächst interessiert uns die Niederterrasse, sie ist ja die weitaus wichtigste. Ich sagte oben schon: Eine ganze Reihe von Sandgruben bieten uns Aufschlüsse. Die Hottelmannsche Grube an der Beecker Straße, nahe der Meidericher Straße, dann die städtische Sandgrube zwischen Beecker Straße und Duisburger Straße (schon ziemlich verstürzt, unten aber doch noch etwas zu erkennen); die Gruben an der Fliederstraße, die Pothmannsche Grube an der Gerlingstraße, ferner die verschiedenen Sandgruben auf Thyssenschem Gebiet, z.B. gegenüber der Zinkhütte zwischen Buschstraße und der Duisburger Straße, ferner in der Nähe der Pforte VII an der neuen Hafenstraße, nahe der Wiesenstraße; oder bei den vielen Ausschachtungen für Kanalisationsarbeiten. Überall treffen wir auf dieselbe Beschaffenheit. Zunächst eine Decke von umgeschichtetem Sand oder Lehm, durchschnittlich 5/4 Meter stark; sie interessiert uns vorläufig noch nicht Darunter aber bis zum Grundwasser eine 4 Meter mächtige Lage von Sanden mit unruhiger Kreuzschichtung, zuweilen feuchte Lehmbänder eingelagert, auch wohl Kleinkies eingesprengt. Farbe frisch rosa oder lebhaft rotbraun, selten weiß ausgebleicht. Kurz und gut: Es sind Emschersande.

Überall im ganzen Stadtgebiet von Hamborn, soweit ich bis jetzt habe feststellen können, wird der Boden oben von Emschersanden aufgebaut.

In der Gegend des Grundwasserspiegels beginnt mit einem Male grober Kies; unser Blick ist jetzt schon geschärft: wir erkennen ihn ohne weiteres als Ruhrkies. Er ist zu sehen in den beiden Thyssenschen Gruben, die ich oben anführte, ferner in der Pothmannschen Grube an der Gerlingstraße. Hier hat man eine Mächtigkeit von mindestens 1 Meter festgestellt. Weiter zu graben war nicht möglich, wegen des Grundwassers.

Diesen Bau der Niederterrasse haben wir nicht nur in Hamborn, sondern auch weiter südlich in Obermeiderich und Oberhausen: überall zu oberst eine mächtige Lage von Emschersanden, darunter Ruhrkies.

In Hamborn zeigt sich nur in den westlichen Gruben eine schüchterne Beteiligung des Rheinschotters: bei Aldenrade in der Grube der Emschergenossenschaft an der Walsumer Straße und in der Thyssenschen Sandgrube bei Pforte VII, neue Hafenstraße neben Wiesenstraße. Da liegt überall Rheinkies umher – leider sind die Gruben schon verfallen und verstürzt, so dass man die ursprünglichen Lagerungsverhältnisse nicht mehr genau feststellen kann. Es scheint aber, als ob der Rheinschotter eine Mittellage zwischen Emscher- und Ruhrablagerung einnähme. Genau dasselbe habe ich auch in Obermeiderich beobachten können.

Danach können wir uns jetzt über die Entstehung der Niederterrasse in unserer Heimat schon ein klareres Bild machen: Zur Niederterrassenzeit – ich will sie einmal kurz so benennen – floss bis Duisburg etwa der Rhein, dann machte er eine Schwenkung nach links, auf das heutige linke Rheinufer hinüber. Das Gebiet unterhalb der heutigen Ruhr wurde anfangs von der Ruhr voll und ganz in Anspruch genommen. Später breitete sich über das ganze Gebiet der Oberhausener Bucht, also das von Oberhausen, Obermeiderich, ferner Buschhausen, Schmidthorst, Hamborn usw. die Emscher aus. Zwischen diesen beiden Epochen drang auch der Rhein wieder einmal nach Osten – in der Oberhausener Bucht bis nach Obermeiderich, in Hamborn bis zu den westlichen Teilen, die an das Schwelgernbruch angrenzen. Natürlich ist das nicht so zu verstehen, als wenn der Fluss zur gleichen Zeit diese ganze Ebene ausgefüllt hätte. Er hatte auch damals eine Rinne, die nicht viel breiter war als die heutige. Aber in der damaligen Zeit gab es noch keine Menschen, die ihn durch Dämme und Deiche einengten. Er pendelte nach Belieben einmal hierhin, einmal dorthin. Ganz abgesehen vom dem Hochwasser. –

Für die Mittelterrasse kann ich zwei Gruben anführen: Die Grube an der Weißensteinstraße 150 Meter nordwestlich von Schlagermannshof. Ferner die Sandgrube im Tackenhof bei Barmingholten. Dort ist zwar in beiden Fällen viel Sand enthalten, der Kies aber ist fast ausschließlich Ruhrkies. Die Mittelterrasse ist also in unserer Gegend ehemaliges Ruhrbett. ---

Oben in der Hauptterrasse allerdings findet man einen Schotter von etwas anderem Typus. Einzelne Ruhrkiesel – nun ja, die erklären sich leicht. Auch heute noch fließt ja die Ruhr ein Stückchen weiter oberhalb. Daneben aber findet man in den Gruben der Klosterhardt die grünlichen, gelb verwitterten Taunussteine, ferner helle rheinische Porphyre von der Nahe, seltener Basalte von Eifel oder Westerwald. Kurz und gut: Die Hauptterrasse stellt in der Hauptsache ein altes Rheinbett dar, das oberhalb schon die Ruhr aufgenommen hat. So erscheint es jetzt absolut sicher: Die drei Terrassen sind Reste von drei alten Flussbetten.

Aber die Höhe könnte uns wirklich noch Kummer machen. Selbst die Niederterrasse liegt heute vollkommen außerhalb des Flussbereichs. Selbst bei stärkstem Hochwasser wird sie von Wasser nicht mehr benetzt. Und doch war sie einstmals Flussbett.

Nun, dann bleibt eben weiter nichts übrig, als in den sauren Apfel zu beißen und anzunehmen, dass das Land sich seitdem gehoben hat. Der Fluss aber ließ sich das nicht gefallen; er tat einfach nicht mit. Er schuf sich vielmehr eine neue Rinne, und das ist das heutige Auegebiet zusammen mit der Niederwasserrinne.

Übrigens, dass die absolute Höhe unserer Erdoberfläche nicht etwas unter allen Umständen Unveränderliches ist, das haben die Präzisionsnivellements bewiesen, die die Werke gerade in unserer Heimat in den letzten Jahrzehnten haben vornehmen lassen. Sie zeigten unwiderleglich, dass auch außerhalb des Gebietes der Bodensenkungen die Erdoberfläche beständig schwankt. Woher freilich diese Unruhe kommt, das können wir vorläufig noch nicht sagen. Wir müssen uns damit begnügen, dass sie da ist, und damit haben wir eine für unsere Zwecke genügende Erklärung der Terrassenbildung gewonnen. ---

Das Land hebt sich, je länger umso mehr. Auch die Mittelterrasse war, wie wir sahen, einst Flussbett. Sie liegt über dem heutigen Rhein doppelt so hoch wie die Niederterrasse. Also muss sie auch doppelt so alt sein. Und gar erst die Hauptterrasse! Sie liegt bei uns fünfmal so hoch – bei Düsseldorf sogar noch mehr – als die Niederterrasse. Sie muss also uralt sein. Sie ist das älteste Flussbett in unserer Gegend.

Aber, wenn wir auch nicht alles erklären können . eine Frage können wir vielleicht doch lösen: Woher kommt diese eigenartige, stufenförmige Ausbildung unserer heimischen Landschaft? Diese dreifache Wiederholung alter Flussbette? Wenn weiter nichts in Betracht käme als die bloße Hebung des Landes, dann müssten wir vom Rheinufer aus bis zur Höhe des Gebirges einen glatten, ununterbrochenen Anstieg finden. Stattdessen aber diese dreifache Unterbrechung des Anstiegs – stattdessen diese Stufenbildung. –

Dieses Rätzel habe ich lösen können. Das Mammut hat mir dazu verholfen. Bekanntlich ein riesiges, elefantenähnliches Tier der Vorzeit, das nur in der Eiszeit lebte und das in ähnlicher Weise an das Eis angepasst war, wie der Eisbär, das Walross usw. Bekanntlich ging der Jetztzeit eine Zeit großer Vereisungen vorher. Drei eiszeitliche Epochen unterscheiden wir. Das Mammut ist das Charaktertier dieser Eiszeit; im Höhepunkt der letzten Vereisung starb es aus. Nun werden bekanntlich in der Niederterrasse viele Mammutreste gefunden: Backenzähne, Stoßzähne, Knochen, auch ganze zusammenhängende Skelette. Ja manchmal, wenn die Leiche unter Grundwasser liegt, macht sich ein unangenehmer Trangeruch bemerkbar: ein Beweis, dass die Zersetzungsprodukte der Mammutleiche sich noch nicht ganz verflüchtigt hatten.

Aus allem müssen wir schließen, dass die Niederterrasse in der Zeit abgesetzt wurde, in der diese Tiere lebten, d.h. in der dritten Eiszeit.

Auch für die Mittelterrasse konnte ich nachweisen, dass sie einer Eiszeit angehört, und zwar der vorletzten. Das war die Zeit, da der große nordische Gletscher von dem skandinavischen Gebirge aus ins Tal vorstieß, die ganze norddeutsche Tiefebene überflutete, auch den Rhein überschritt und bis Krefeld-Moers vordrang. Seine Reste, die sogenannte Grundmoräne, fand ich hier überall auf und in der Mittelterrasse. Z.B. gerade in der Grube bei Schlagermannshof, Weißensteinstraße, Sterkrade. Also war die Mittelterrasse das Flussbett in der zweiten Eiszeit. Und dass die Hauptterrasse das Flussbett der ersten Eiszeit ist, habe ich durch Funde auf der linken Rheinseite wahrscheinlich machen können.

Nun haben wir alle Kräfte zusammen, die uns die Terrassenbildung erklären können: Hebung des Landes, Flussablagerung, Eiszeit. – Hiernach können wir jetzt die Geschichte unserer heimischen Landschaft erzählen.

Die Epoche, die der Eiszeit unmittelbar vorherging, nennt der Geologe das Tertiär – mehrere hunderttausend Jahre ist es her, dass sie zu Ende ging. Zu dieser Zeit war die Oberfläche unserer Heimat die Fläche, die von Essen aus über die Gipfel der Berge von Kettwig (Kettwiger Busch) und Heiligenhaus nach Südosten geht. Diese Fläche dehnte sich aber auch in einer Höhe von ungefähr 150 Meter über der Niederterrasse über das ganze Rheintal nach Westen bis Holland und Belgien aus.

Noch vor der ersten Vereisung beginnt das Land sich zu heben; in demselben Maße schneidet der Fluss sich ein. Der östliche Sägeschnitt ist der Hang, der sich von Essen-Bredeney nach Mülheim abdacht. Zu der damaligen Zeit ging der Talboden nicht nur wie heute bis Mülheim, Sterkrade (Klosterhardt), Duisburg (Duissernscher Berg), sondern über das ganze Rheintal bis über die Maas hinüber.

Nun kommt die erste Eiszeit. Es mag 200.000 Jahre her sein. Vielleicht auch das Doppelte, vielleicht auch nur die Hälfte –genau lässt sich gerade diese Zahl vorläufig noch nicht bestimmen. Wenn nun zu dieser Zeit auch der Gletscher nicht selbst bis hierhin kam, so sank doch die Temperatur auch in unserer Heimat gewaltig. Durch die Frostperiode wurde das Gebirge in unerhörter Weise zersprengt und zersplittert. Alle die abgesprengten Felsbrocken wurden in die Bäche, in die Flüsse, in die Täler gespült und lieferten dort den Sand und Kies. Durch den Frost wurde eine solche Menge von Gebirgsschutt herangespült, dass die Flüsse beim besten Willen damit nicht mehr fertig wurden: die Massen blieben eben liegen, und trotz der allgemeinen Hebung des Landes schnitt sich der Fluss nicht nur nicht mehr tiefer ein, vielmehr erhöhte er sein Bett durch die Schottermassen, die sich auf der Talfläche ansammelten. So entstand der Schotterteppich, den wir heute noch auf der Hauptterrasse sehen. ---

Es wurde wieder wärmer. Die Zerstörung des Gebirges hörte zwar nicht ganz auf, wurde aber doch sehr gering, und lieferte auch bei den großen Flüssen in der Hauptsache nur Sand – so wenig, dass der Fluss ihn gut wegschaffen konnte. Er diente ihm sogar als Schleifpulver, als er von neuem begann sich einzusägen.

So entstand denn der große Hang von der Hauptterrasse zur Mittelterrasse. Seine ungewöhnliche Höhe ist ein Beweis, dass die erste Zwischeneiszeit, in der er gebildet wurde, sich sehr lange hinzog.

Da naht, vor 50.000 – 75.000 Jahren, eine neue Eiszeit; es war die zweite. Wiederum sinkt die Temperatur, wiederum bröckelt im Gebirge so viel Schutt ab, dass die Talflächen von neuem damit ausgepolstert werden. So entsteht denn der Schotter der Mittelterrasse.

Zu der Zeit muss hier die Ruhr dicht am Gebirge entlang geflossen sein, der Rhein dagegen weiter westlich; anders lässt es sich nicht erklären, dass die Mittelterrasse hauptsächlich mit Ruhrschotter bedeckt ist.

Zu diesem Zeitpunkt geschah es auch, dass unsere Heimat einen seltenen Besuch erhielt. Der nordische Gast, der skandinavische Gletscher, machte uns selbst eine Visite. Auch er brachte eine Menge an Schutt mit, die sogenannte Moräne, die er auf allen Oberflächen ablagerte, die damals schon existierten: auf der Hauptterrasse der Klosterhardt, auf dem Hang von der Hauptterrasse zur Mittelterrasse bei Sterkrade, Schmachtendorf und Lohberg, schließlich auf der Mittelterrasse bei Sterkrade, an der Weiherheide, an der Kiesgrube bei Schlagermannshof, ferner auch noch in Holten.

Daher stammen auch alle die vielen nordischen Findlinge, die man dort in allen Wäldern findet. Dazu gehören z.B. auch die weißgekälkten Steine, die man bei Sterkrade als Prellböcke aufgestellt hat, und die der Straße den Namen gaben. ---

Nach dem Ende der zweiten Eiszeit gab es eine kurze Zwischeneiszeit, in der der Hang von der Mittelterrasse zur Niederterrasse sich bildete. Dann – es mag 20.000 – 25.000 Jahre her sein; diese Zahl ist ziemlich genau – kam die dritte Eiszeit. In ihr bildete sich der Schotterteppich der Niederterrasse mit all den vielen Mammutresten.

Damit ist aber die Entstehungsgeschichte unserer heimischen Landschaft noch nicht vollkommen aufgeklärt. Gewiss, sie steht im Rohbau. Es fehlt ihr noch die feinere Modellierung, die ihr das individuelle Gepräge gibt und sie von den Gebieten von Dinslaken, Wesel und Duisburg unterscheidet. Es fehlen ihr vor allen Dingen noch die Aumulden der verschiedenen Flüsse.

In den 20.000 Jahren, die seit der letzten Eiszeit verflossen sind, hat die Welt nicht stillgestanden. Auch in dieser Zeit hob sich das Gebirge weiter. Da aber die starre Schotterbelieferung mit der Eiszeit ihr Ende erreichte, konnte der Strom auf die Dauer die starke „Bezuschussung“ des Talbodens nicht weiter durchführen. Die Hebung des ganzen Gebietes hielt aber weiter an. Und so sah er sich dann schließlich wieder zu seiner ursprünglichen Tätigkeit verurteilt, sein Bett einzutiefen.

So schnitt sich denn die Aumulde ein. Oder vielmehr besser gesagt, die Aumulden. Denn gerade in Hamborn haben wir es mit einer ganzen Reihe von Aumulden zu tun. Mehrere Flüsse haben hier mitgewirkt und haben ein ganz verwickeltes System von Aumulden geschaffen. –

Da ist zunächst der Rhein. Mit scharfem Sägeschnitt fuhr er von oben her in die Terrasse hinein, setzte dann den Rundhobel an und arbeitete seitwärts in die Landschaft hinein. Auf diese Weise entstand der Terrassenhang, der von Stockum aus an der Westseite von Beeck entlangzieht. Er wird durch die Beeck unterbrochen, bildet aber immerhin die Westgrenze des ehemaligen Bruckhausen. Heute liegen da die Werke der August-Thyssen-Hütte auf der Niederterrasse; die Terrassenkante zog ungefähr an der Bahn von Thyssen entlang.

Weiterhin folgt dann die Terrassenkante der Wiesenstraße; von der neuen Hafenstraße an ist sie deutlich zu sehen. Weiter unten in Marxloh verläuft sie ein Stück ungefähr 100 Meter, westlich der Weseler Straße, dann an der Südgrenze von Aldenrade gegen das Schwelgernbruch hin. Am Rhein hat sie ihren Bruchpunkt und verläuft von da an wieder nach Norden, der Hauptstraße von Walsum entlang.

Alles was westlich dieser Linie verläuft, ist Aue, und zwar Rheinaue. Also das Beecker Werth, das Gebiet von Alsum, das Schwelgernbruch und die ganze ehemalige Bauernschaft Schwelgern. Ferner die Wiesen westlich von Alsum.

Diese Aue ist nicht so zu denken, dass der Rhein die ganze Mulde gleichzeitig ausfüllte; das geschah vielmehr, genauso wie heute, nur bei Hochwasser. Unter normalen Umständen zog sich der Fluss nur als schmaler Wasserfaden durch die Aue. Dieser Faden ist allerdings nicht starr und tot: er lebt, er bewegt sich. Er pendelt mal hierhin, mal dorthin. An einer Stelle wird „abgebaut", an einer anderen dafür wieder „aufgebaut". Kurz und gut: er entwickelt eine ganz komplizierte Tätigkeit, die man im Einzelnen kaum mehr ganz wird verfolgen können.

In der Vollrathschen Grube in Beecker Werth z.B. sind an der Westseite seit der Römerzeit mehrere Meter Sand und Kies angeschüttet worden. An der Ostseite dagegen hat er abgebaut. In den letzten tausend Jahren wurde das allerdings dann alles mit Hochflutlehm ausgeglichen.

Und nun das Schwelgernbruch! Die Stelle, wo die Bauernschaft Schwelgern lag, stellt zwischen dem Rhein und dem Bruch eine kleine Anhöhe, einen Inselberg dar. Sie gehört mit zur Aue, liegt aber noch ziemlich hoch und hat seit der frühen Nacheiszeit kaum mehr etwas erlebt. Dagegen hat das Schwelgernbruch selbst auch noch in den letzten Jahrtausenden recht wechselvolle Schicksale an sich vorüberziehen sehen. Es können erst einige Jahrtausende her sein, da hat es noch den lebenden Rhein beherbergt.

Wann, das habe ich leider noch nicht ermitteln können. Beim Bau des Schwimmbassins sind Funde, durch die ich hätte diese Frage entscheiden können, nicht gemacht worden. Und da in absehbarer Zeit dort Ausschachtungen nicht mehr stattfinden werden, wird unsere Generation wohl über diese Frage kaum mehr Klarheit gewinnen können. War es noch in der Vorzeit, oder war es schon in geschichtlichen Zeiten – wer weiß das?

Nur das eine hat der Bau des Schwimmbassins mit Sicherheit ergeben: Hier muss sich der Rhein einst ein ganz ungewöhnlich tiefes Bett ausgehobelt haben. Im Allgemeinen sind die Ufer der Flüsse ganz seicht, und die Strombauverwaltung hat alle Mühe, eine tiefere Fahrrinne dauernd zu erhalten. Aber eine solch tiefe wie hier – ich glaube über 10 Meter – ist für einen natürlichen Fluss doch ungewöhnlich. Vielleicht hängt das damit zusammen, dass der Fluss hier eine scharfe Kurve machte und dabei gegen die hohe Mauer der Niederterrasse anstieß. Im Allgemeinen hat der Fluss die Neigung, sich an solchen Stellen nach außen, hier also gegen Osten, auszudehnen. Hier aber stemmte sich der hohe Niederterrassenwall dagegen. So musste der Strom seinem Tatendrang dann eine andere Richtung geben und arbeitete in die Tiefe. Das ist meine Vermutung.

Später hat sich dann der Rhein plötzlich weiter westlich einen Weg gesucht. So etwas kann leicht passieren; der Rhein hatte hier eine Schlinge gebildet, ähnlich wie im ehemaligen Rheinlauf über Duisburg auf Werthausen zu. Fließendes Wasser hat die Eigentümlichkeit, die man sich nach mechanischen Gesetzen (nach der Zentrifugalkraft) leicht erklären kann: bei Krümmungen immer nach der Außenseite hin zu drängen. Bei Schlingen also gegen die eingeschlossene Landzunge. Die engste Stelle der Schwelgerner Schlinge lag gegenüber dem Hafen an der linken Seite des heutigen Rheins, aber noch etwas diesseits von Biensheim; dort musste sich also die Schlinge mehr und mehr zusammenziehen. Bis schließlich wieder einmal eine große Überschwemmung kam, wie sie ja beim Rhein nichts Ungewöhnliches ist (1882, 1920-21). Das ganze Gebiet zwischen Marxloh und Lohmannsheide-Baerl wurde in eine tosende See verwandelt. „Das Wiesental begrub eine See".

Und als die Wasser sich wieder verlaufen hatten, da zeigte sich, dass der Strom an jener Landenge durchgebrochen war, und der Lauf des Schwelgernbruchs wurde zu einem toten Arme; die Fluten des Rheins, die bis dahin an dem heutigen Marxloh und Aldenrade vorbeigeströmt waren, flossen jetzt einige Kilometer weiter westlich, noch jenseits des heutigen Rheins.

Der lebende Rhein führt eine Menge von Schutt, von Sand und Kies mit sich. Er kann diese Massen transportieren, solange er in Bewegung ist. An der Stelle, wo der neue Rhein sich mit dem alten Rhein schnitt – es mag in der Gegend von Alsum gewesen sein – wurden diese Massen in den toten Rheinarm hineingeschoben. Aber dort hat das Wasser keine Bewegung mehr – dort blieben die Massen liegen. Eine Untiefe entstand. Sie erhöhte sich mehr und mehr und schließlich bildete sich da eine vollständige Barre: der alte Rhein wurde oben bei Alsum abgesperrt. So entstand das typische Bild, das wir bei allen Altwässern und toten Flussschlenken sehen, beim Rhein sowohl wie bei Ruhr, Emscher und Lippe: Flussaufwärts sind sie vom lebenden Fluss abgeschnitten; nur flussabwärts hängen die Wasserflächen noch zusammen.

Der „Verlandungsprozess“ ist damit eingeleitet; er geht weiter. Zwar Sand und Kies kommt jetzt in den toten Arm nicht mehr herein. Aber der Regen schwemmt noch von der benachbarten Niederterrasse aus Sand hinein, und außerdem bringt das Hochwasser immer eine Menge Schlamm mit. Jeder, der einmal Gelegenheit hatte, Hochwasser zu beobachten, wird gesehen haben, dass sich da eine schmutziggelbe Brühe dem Meer zuwälzt: schmutziggelb von vielen Schlammteilchen. Hochwasser entsteht meist bei starken Regengüssen, und diese schwemmen all den Verwitterungsstaub des trockenen Landes in die Flüsse hinein. Man braucht sich bei einem starken Wolkenbruch nur einmal die Farbe der Wassermassen anzusehen und braucht nur zu beobachten, wie rein hernach die Straßen geworden sind!

All dieser Schlamm bleibt in den Tümpeln und Altwässern des Überschwemmungsgebietes zurück und setzt sich dort nieder, wenn die Hochflut sich ein wenig verlaufen hat. In den vertrocknenden Tümpeln, im Beecker Werth z.B., nahe bei Alsum, bleiben diese Massen, wenn das Wasser abgetrocknet ist, als Schlammkrusten zurück.

Auch in den feucht bleibenden toten Schlenken setzen sich diese Schlammmassen ab. Aber in stehenden Armen ist das Wasser sumpfig und wird durch die Humussäure usw. sauer, die Säuren entfärben den gelben Schlamm und geben ihm eine graublaue Farbe.

So entsteht denn in den toten verlandenden Gewässern der bekannte blaue Schlick oder Letten. Sehr schön ist er heute noch zu sehen in der

Vollrathschen Kiesbaggerei im Beecker Werth. Dort liegt an der Ostseite grober Ruhrkies, den der Rhein an seiner lebhafter strömenden rechten Seite (Außenseite des Bogens) fallen ließ. Darüber lagert eine mächtige Lage von dem erwähnten blauen Schlick – dem charakteristischen Absatz von verlandenden Gewässern. In der Längsrichtung des Flusses ist die Schichtung geradlinig. Quer zur ehemaligen Flussrinne, d.h. nach Osten, fallen die Schichten sehr schnell ein. Sie folgen offenbar der Mulden förmigen Gestalt des verlandenden Flussbettes.

In solchen stillen verlandenden Gewässern treiben sich gern Flussmuscheln umher, daher enthält dieser blaue Schlick viele Muschelschalen begraben. Auch Wasserpflanzen, wie Seerosen und andere Sumpfgewächse, siedeln sich an. Und ist der Boden des verlandenden Gewässers durch solche Verschlammung hoch genug gestiegen, dann siedeln sich auch anspruchsvollere Pflanzen an. Üppige Schilfplantagen dringen von der Landseite aus gegen die Mitte vor; an jedem Bruch des Niederrheins kann man dieses Verlandungsstadium studieren. Das Schilf liefert eine Menge von toten Pflanzenresten und sammelt Flugstaub und bewirkt so, dass der Boden des Sumpfes noch schneller ansteigt. Allgemach gewinnen auch Bäume Interesse für die Sache; so entsteht denn der Bruchwald mit Weiden, Eschen, Erlen – schließlich finden sich auch Eiche und Buche ein, und es entsteht ein förmliches Waldmoor. Die abgestorbenen Pflanzenteile können nicht vollständig verwesen; sie werden von der Humussäure, die im Sumpfwasser enthalten ist, fast ebenso konserviert wie durch Karbolsäure. Auf diese Weise entsteht dann eine Torflage.

Ich erwähne das hier so ausführlich, weil sich alles das beim Bau des neuen Schwimmbassins im Schwelgernbruch wiedergefunden hat. Zu unterst eine Kiesschicht – sie stammt noch von dem lebenden Rhein her.

Darüber kamen dann Letten- und Torflagen – die Absätze des toten Armes. Die blaue Lettenschicht stellt die Schlammmassen dar. Sie ist hier ungewöhnlich stark, viele Meter mächtig. Das hängt eben damit zusammen, dass, wie ich oben schon erwähnte, der Rhein einstmals hier ungewöhnlich tief war.

Ferner sind die Torfschichten hier sehr interessant. Sie erzählen von üppigem Pflanzenleben in dem sterbenden alten Rhein. Merkwürdig ist allerdings, dass eine solche Torfschicht wieder einmal von einer Lettenschicht überdeckt war. Torf ist eine Flachwasserbildung, auf der die Vegetation bis zur Oberfläche gelangen kann; Lette dagegen setzt sich gewöhnlich in tieferem Wasser ab. Sollte hier der Boden geschwankt haben? Bei größeren Wasserbecken, wie See usw., würde man das unbedingt annehmen. Aber bei einem Fluss? Gewiss, durch die Präzisionsnivellements sind ja auch heute noch beträchtliche Bodenschwankungen nachgewiesen. Aber ob das dabei eine Rolle spielte? Im Allgemeinen kennzeichnet ein üppiges Sumpf- und Waldland gewöhnlich die letzten Epochen eines sterbenden Flusses, daher liegt meist die Torfschicht zu oberst. Einstweilen müssen wir diese Frage auf sich beruhen lassen. –

Endlich ist der Fluss „trocken gelegt". Bei weiteren Überschwemmungen wird der Hochwasserschlamm direkt auf Trockenland abgesetzt. Ich erwähnte oben schon die Tümpel und Mulden im Beecker Werth, nahe Alsum; man braucht dort nur einmal nach einer Überschwemmung hinzugehen und wird sehen, wie jedes Mal eine dicke Kruste von Hochwasserschlamm zurückbleibt. Das neue Gras wächst unverdrossen durch diese Schlammkruste hindurch; der Schlamm vereinigt sich mit dem Boden, und so erhöht sich der Boden Jahr für Jahr. Auf diese Weise entsteht der fruchtbare Lehm, der Auelehm. Genauso wie in Ägypten der Nilschlamm den fruchtbaren Boden absetzt. –

Wenn sich dieser Schlamm auf Trockenland absetzt, behält er seine ursprüngliche gelbe Farbe. Anstelle des blauen Schlicks in den toten Armen hat der Trockenlandlehm daher eine braune Farbe. Immer ist der blaue Schlick von solchem Lehm überlagert: im Beecker Werth sowohl wie im Schwelgernbruch; die Grenzschicht stellt daher den Moment dar, wo der alte Arm endgültig austrocknete.

Im Beecker Werth hat diese Lehmschicht eine Mächtigkeit von über 4 Metern. Daher finden wir überall in den Auemulden (Kaßlerfeld bei Duisburg, Beecker Werth, Alsum) auch so viele Ziegeleien. Dieser braune Lehm ist ebenso fruchtbar wie der Nilschlamm in Ägypten. So kommt es, dass sich mit dem Namen „Aue" gewöhnlich die Vorstellung von einem üppigen Pflanzenwachstum verknüpft. ---

Und dann das Swinsbruch. --- Wie der Rhein sich um die Gestaltung von Hamborn bemüht hat, wissen wir jetzt. Es ist aber nicht der einzige Fluss, der sich um die Modellierung und das Relief der heimischen Landschaft verdient gemacht hat.

Nehmen wir an, wir stehen am Nordende von Beeck und schauen vielleicht von der Nordstraße in das Bett der Beeck hinein. In der Tat – eine gewaltige Mulde. Mindestens 400 Meter breit und dabei so tief! Für einen kleinen Bach, wie es die Beeck heute ist, vielleicht etwas reichlich groß. Die „Beeck“ von Duisburg, der heutige Dickelsbach, führt auch nicht weniger Wasser, und trotzdem ist ihr Bett, d.h. ihre Auemulde, kaum halb so groß.

Das Bett unserer Beeck gleicht also gewissermaßen einem Kleid, das für den schmächtigen Leib viel zu groß ist und um die zarten Glieder schlottert. –

Weiter folgen wir der Terrassenkante nach Norden. Anfangs längs der Nordstraße, später im Ostacker längs der Lierheggenstraße. Ganz im Norden, in der Gegend der Papiermühlenstraße, kommen wir zur Grünstraße und haben da einen guten Überblick. Auf der Westseite der Mulde liegt Bruckhausen; die Bachmulde hat sich hier aber schon zu einem riesigen Bruch erweitert, dem alten Swinsbruch. Längs der Grünstraße ist es in der Ost-West-Richtung nicht weniger als 1300 Meter breit! Und von der Grünstraße aus nach Norden ungefähr ebenso viel. Und so ein kleiner Bach, wie es die Beeck ist, soll das alles ausgenagt haben? – Das kann einer allein kaum glauben, - dazu gehören mindestens zwei. ---

Übrigens – an der Grünstraße dreht sich mit einem Male das Bruch ganz zielbewusst nach rechts. Nach Osten nämlich. Ja sogar wieder nach Süden: um Overbruckshof herum, dann wieder auf Meiderich zu! Zieht über den Stadtwald weg. Dann aber, an der Kokerei, da wo der große Gasometer steht – da stehen wir mit einem Male mitten im Emschertal, in der Emschermulde. Schacht IV steht schon in der Emscheraue. Sie kommt von der Neuen Mühle, von Wittfeld und geht über Schacht IV an der Papiermühle, an Rönsbergshof vorbei weiter nach Westen.

Da wir mit einem Male des Rätzels Lösung: Das ganze beschriebene Bruch, das heute die Beeck bewohnt, ist weiter nichts als ein Zweigarm des Emschertales. Unterhalb von Wittfeld gabelt es sich. Weswegen? – Ja, weswegen! Die Wege des Schicksals sind wunderlich. Vornehmlich in der Geologie. Und nicht immer weiß der Mensch alle Gründe anzugeben. Jedenfalls steht die Tatsache fest, dass die Emscher sich hier zu einer Extratour entschloss. Die Emscher ist weiblichen Geschlechts – na, ich will darüber weiter nichts sagen. Jedenfalls hat sie auch hier wieder einmal Launen entwickelt. Sie wusste anfangs wohl noch nicht recht, ob rechts herum, oder ob gerade aus. Erst verhältnismäßig spät hat sie sich denn endgültig zu ihrem heutigen Lauf geradeaus über die Papiermühle und am Thomashof vorbei entschlossen.

Ein älterer Lauf ging rechts herum – es ist derjenige, durch den wir gekommen sind. Vom Gasometer der Kokerei aus ging das rechte Ufer dieser Mulde ungefähr der heutigen Meidericher Straße parallel, nur etwa 50-100 Meter weiter westlich. An der Abtei vorbei – das Krankenhaus steht gerade an der Stirnkante dieser Terrasse. Von da an dreht sich die Mulde nach links. Das rechte Ufer geht allerdings noch ein Stück nach Norden längs der Klosterstraße, dreht sich dann an den Eisenbahnwerkstätten auch nach links, nach Westen nämlich, und geht dann nach Süden eine Zeitlang östlich von der Kaiser Wilhelmstraße vorbei; dann allerdings entfernt sie sich immer weiter von dieser und nähert sich mehr der Beeck.

Das linke Ufer dieses nördlichen Zweigtales geht von Rönsberghof aus nach Norden bis zur Grünstraße, d.h. bis zum alten Overbruckshof (übrigens der Name Overbruckshof hängt ebenso wie der Name Bruckhausen sichtlich mit Bruch, d.h. dem Swinsbruch, zusammen). Da, am Overbruckshof, dreht sich das linke Ufer nach Westen und dann bald nach Südwesten und zieht weiter links der Lierheggen- und der Nordstraße entlang, in umgekehrter Richtung, wie anfangs beschrieben. So sind wir wieder am Ausgangspunkt unserer Wanderung angelangt.

Jetzt ist die Sache vollkommen klar: für das Swinsbruch ist die Beeck nicht verantwortlich zu machen. Es ist ein alter Emscherlauf. Jetzt verstehen wir es auch, weswegen das Kleid für die Beeck viel zu groß ist. Es ist nicht auf Maß gearbeitet, sondern gehörte früher der größeren Schwester an. Und als diese das Gewand abgetragen hatte, überließ sie es der kleinen Beeck.

Von der östlichen Überführung der Grünstraße aus hat man einen guten Überblick über das Bruch: Die zahllosen Geleise des Rangierbahnhofes verwirren zwar das heutige Bild, aber die Schrebergärten sind für die Talsohle des Bruchs recht bezeichnend. Gegen Nordosten zu sehen wir dann die Terrassenkante – das alte Ufer der Mulde – sehr schön aus dem Bruch heraussteigen, gekrönt von der Abtei. Gegen Nordosten zu liegt der Stadtwald größten Teils im Bruch. Er klettert allerdings auch den Terrassenhang hinauf – ja ein ungefähr 50 Meter breiter Streifen schließt sich noch auf der Terrassenfläche an und bemüht sich mit Erfolg, die Meidericher Straße von der Stirnkante fernzuhalten.

Die letzten Reste eines alten Flusslaufs sind stets Bäche. Sie sammeln das Wasser, das heute noch in dem Entwässerungsgebiet seitlich der Mulde niederfällt und das ehemals dem Fluss zulief: So sorgen sie dafür, dass die

Erinnerung an den einstmaligen Fluss nicht ganz ausstirbt. Im Schwelgernbruch war es der Bruchbach; im Swinsbruch haben wir eine ganze Reihe von Bächen, die sich schließlich gegen die Lierheggenstraße zu in die Beeck ergießen. Der größte Teil der Quellen stammt aus der Gegend der Abtei; auch der Weiher im Stadtwald gehört offenbar zu diesen Wasseransammlungen im Bruch. Alle diese Läufe sammeln das Wasser, das vom Berge kommt, und das sich von Sterkrade aus als Grundwasserstrom durch die Niederterrasse seinen Weg bahnt – in Schmidthorst usw. bei einer Tiefe von 4-5 Meter unter der Oberfläche (wie dort alle die großen Sandgruben zeigen).

Aber ein wenig hat auch der Rhein an diesem Bruch mitgearbeitet. In der südlichen Verlängerung der Schulstraße, da wo sie die Bahn schneidet, wurde bei der Fundamentierung der neuen Unterführung 4 Meter Lehm ausgehoben. Also genauso viel, wie in der Rheinaue, im Beecker Werth z.B., liegt. Ich glaube nicht, dass diese mächtigen Lehmmassen von der Emscher stammen. Wir sind hier nicht weit von der Rheinaue entfernt. Ich glaube weit eher, dass bei Überschwemmungen auch das Rheinwasser hier eindrang. Hier in diesem toten Winkel fließt das Wasser nicht weiter, infolgedessen kann es sofort seine Schlammteilchen fallen lassen. Daher wird wohl die Lehmdecke stammen.

Übrigens ist zwischen der Emschergabelung ein Stück der Niederterrasse inselförmig stehengeblieben. Das Gebiet heißt in diesem östlichen Teil Ostacker. Ich nenne sie daher die Ostacker-Beecker Insel.

Im Norden schiebt sich zwischen dem Swinsbruch und Alsum vom Norden her eine Terrassenzunge nach Süden vor, die sich nach Süden zu immer mehr abflacht. Da auf ihr Bruckhausen liegt, nenne ich sie die Bruckhausener Landzunge.

Jetzt haben wir von der Oberflächengestaltung Hamborns ein klares und deutliches Bild gewonnen. Wenigstens was die architektonischen Grundzüge betrifft. Es gibt da zwar noch eine Reihe von kleinen Bächen, die auf Hamborner Gebiet oder in der Nachbarschaft umherirren. Dazu gehören Wittbach, Elperbach usw. Aber sie besitzen nur schmale und seichte Mulden, die ihnen angepasst sind und die sie offenbar auch selbst ausgenagt haben. Eine allgemeine Bedeutung besitzen sie nicht; in dem Landschaftsbild treten sie kaum hervor.

Der Bau ist nun fertig, wie aber steht es mit der Decke dem wetterfesten Verputz? Auch diesen hat die Natur nicht vergessen.

Überall, wo in der Nähe der Flüsse eine Sandgrube die Niederterrasse aufschneidet, werden die Sandmassen von einer leichten Lehmlage bedeckt. Im ganzen Walsumer Feld sehen wir sie noch kilometerweit vom Rhein entfernt. Die vielen eingezeichneten Ziegeleien machen es schon demjenigen klar, der auf der Karte theoretisch Heimatkunde betreibt (wenn man nämlich ein Messtischblatt liest, dann kann man darauf sehr viele Entdeckungen machen!) Bei Aldenrade ist in der alten, jetzt fast schon verstürzten Grube der Emschergenossenschaft an der Walsumer Straße die Lehmdecke freigelegt. Auch in der Umgebung des Kibitzberges ist der Lehm vorhanden, liegt da allerdings unter einer Flugsanddecke den Blicken verborgen. Weiter südlich ist er dann Ecke Wiesenstraße und neue Hafenstraße in der Sandgrube neben Pforte VII, ferner in der ganzen Bruckhausener Landzunge und der Ostacker-Beecker Insel wieder sichtbar.

Also: überall längs des Rheins finden wir einen Lehmstreifen auf der Niederterrasse. Weiter östlich in Marxloh aber schon nicht mehr.

Ebenso findet er sich aber auch längs der Emscher: an der Abtei, im Wittfeld (sehr schön z.B. in der Grube Hottelmann an der Beecker Straße, nahe der Meidericher Straße), dann auf allen Feldern nach Neumühl hin. (Der Emscherabsatz zeichnet sich auf den Feldern durch eine schmutzig braungraue Farbe aus). In der Grube Pothmann an der Gerlingstraße, ferner in der Grube an der Sophienstraße ist er wieder angeschnitten, in den tieferen Lagen ist er allerdings im Anschnitt merkwürdig hell. Und so zieht sich die Lehmdecke weiter östlich an der Emscher entlang bis nach Buschhausen, ja bis Oberhausen und weiter. ---

Auch südlich der Ruhr und nach der Lippe zu habe ich diese Gesetzmäßigkeit feststellen können: Immer längs des Ufers zieht sich ein nur ein paar Kilometer breiter Lehmstreifen. Eigenartig. Wie ist das wieder zu erklären?

Ich zeigte oben, dass die mächtige Lehmdecke in der Aue von dem zurückgelassenen Schlamm der Überschwemmungen herrührt. Den Terrassenlehm erkläre ich folgendermaßen: Unmittelbar nach der letzten Vereisung begann der Fluss sich wieder von neuem einzutiefen; in die Niederterrasse begann die Auemulde sich einzusenken. Diese Mulde hatte anfangs nur Platz, um das Nieder- und Mittelwasser aufzunehmen; für das Hochwasser aber war sie noch zu klein. Da ergoss sich denn der Überschuss über den benachbarten Streifen von Terrassenlehm. Sobald aber die Flüsse mit dem Aussägen der Auenmulde tief genug gekommen waren, so dass sie auch das Hochwasser aufnehmen konnten, hörte der Absatz von Terrassenlehm auf, während er in der Aue noch immer weiter andauerte. Daher kommt es, dass die Lehmdecke auf der Terrasse nur 1-1¼ Meter mächtig ist, während sie in der Aue auf 4 Meter oder darüber aufsteigt, wie im Beecker Werth und in der Schulstraße. In der Vollrathschen Grube im Beecker Werth liegt schon der mittelalterliche Rhein unter einer solchen Lehmdecke von 4 Metern begraben. Und dass man in den flachen Mulden des nördlichen Beecker Werths nach Alsum hin, ferner bei Walsum die Lehmbildung heute noch beobachten kann, habe ich oben schon erwähnt.

Weiter nach Osten zu tritt außerhalb dieses Lehmstreifens die ungedeckte Terrasse zutage. Südlich der Ruhr, wo sie aus Rheinsand und Rheinkies besteht, ist sie auch auf den Feldern leicht zu erkennen. An den vielen Kiesen nämlich, die da auf der Oberfläche umherliegen. Hier bei Hamborn aber besteht die Terrasse nur aus den Emschersanden. Dieser aber ist oberflächlich von dem Flugsand, von dem sogleich die Rede sein wird, schwer zu unterscheiden. Wenn keine Aufschlüsse da sind, die die Flussschichtung zeigen, erkenne ich ihn im Allgemeinen daran, dass die Dünen fehlen, die bei Flugsand stets vorhanden sind. Nur selten findet man positive Merkmale. Solch ein Fall liegt z.B. nördlich des Rathauses vor. Da sieht man in den Gärten einen rötlichen Sand umherliegen. Aus den großen Gruben in Neumühl usw. wissen wir, dass diese Farbe für den Emschersand charakteristisch ist. So kann es sich also hier in der Umgebung des Rathauses nur um den ungedeckten Terrassensand handeln.

Der „Lehmverputz" ist sehr wetterbeständig – schade nur, dass er nicht für den ganzen Bau der heimischen Landschaft ausreicht – dass ein Stück ungedeckte Terrasse übrig blieb. Die Folgen sollten sich bald zeigen.

In der Nähe der Wiesenstraße findet sich in der Umgebung des Kiwitzberges, in den Schrebergärten, überall Sand auf dem Lehm. Der Sand zeigt aber eine merkwürdige Beschaffenheit. So sonderbar mehlig-staubig, etwas lehmig, dazu feinkörnig. Nicht umsonst unterscheiden ihn die Maurer als "weichen Sand" (oder auch „Puffsand") von dem „scharfen Sand", dem Flusssand, der meist keine Spuren von Lehmbeimengung hat, wenigstens beim Rheinsand nicht.

Außerdem ist dieser Decksand, wie sich im Anschnitt zeigt, ungeschichtet, im Gegensatz zu dem stets geschichteten Flusssanden. Und vor allen Dingen ist die Oberfläche im Bereich dieses Decksandes so merkwürdig wellig.

Der Kundige weiß sofort: Der Decksand ist Flugsand. Und diese Oberflächenwellen stellen Dünen dar. Der Kiwitzberg ist z.B. eine solche Düne.

(Ebenso wie übrigens auch der frühere Kiwitzberg bei Holten). Die ganze Umgebung besteht überhaupt aus Dünen. Diese Partie erstreckt sich über die Weseler Straße, bis an die „Sand"-Straße. Auch da sieht man einige deutliche Dünen, z.B. an der Kreuzung der Bahn.

Woher stammt den diese Flugsanddecke? Die Reihenfolge, in der die Schichten abgesetzt sind, stellt ihre Lebensgeschichte, ihr Stammbuch dar. Zu unterst lagen die Flusssande der Terrasse; sie sind daher die ältesten Ablagerungen; sie entstammen der Eiszeit vor 20.000-25.000 Jahren. Darüber liegt dann die Lehmdecke; sie wurde in der frühen Nacheiszeit abgesetzt, so vielleicht vor 15.000 Jahren. Es war gewissermaßen der Frühling, der dem rauen Winter der Eiszeit folgte. – Darauf liegt dann zu allerletzt der Flugsand, er ist also ganz spät.

Flugsand bildet sich nur in der Steppe, d.h. in Gebieten, wo der Boden nicht mehr von schützendem Grün überzogen wird, wo er also dem Angriff von Wind und Wetter schutzlos preisgegeben ist. Vor allem trocken muss es sein. Denn mit feuchtem Sand kann auch der stärkste Wind nicht viel anfangen. Daher sehen wir die bekannten Staubwolken bei windigem Wetter sich nur im trockenen Sommer oder Herbst erheben. In der Lehmzeit, wenn ich sie einmal so nennen darf, muss es aber feucht gewesen sein. Dafür sprechen die großen Überflutungen, deren Niederschlag eben der Lehm ist. Dann aber mit einem Mal muss es trocken und dürr geworden sein.

Eine ähnliche Erscheinung hat man auch in den nordischen Mooren beobachten können. Moore sind wie lebende Wesen: sie wachsen und gedeihen, dann aber findet man plötzlich in allen Mooren den sogenannten Grenzhorizont, eine Schicht, in der die Moore abstarben, vertrockneten, verdursteten. Offenbar war eine Zeit der Dürre und der Trockenheit über Deutschland hereingebrochen – eine Steppenzeit.

Das wird dieselbe Zeit gewesen sein, in der überall in Norddeutschland, wie auch hier am Niederrhein, der Flugsand abgesetzt wurde. (Er findet sich, wie gesagt, am ganzen Niederrhein, bei Düsseldorf und noch weiter südlich in der Wahnerheide. Dann zieht sich dieser Gürtel durch Norddeutschland, über die Lüneburger Heide durch die Mark Brandenburg, durch Polen und Russland bis in die Rokitnosümpfe in der Ukraine).

Aus den nordischen Mooren aber erfahren wir noch etwas anderes über diese Zeit: Aus dem Pflanzenvorkommen können wir schließen, dass die Temperatur in Jahresmitte um 2 ½° wärmer war als heute. Das ist sehr viel. Denn nur 4-5° braucht sie zu sinken – und wir haben wieder eine neue Eiszeit.

Die Steppenzeit, in der der Flugsand abgesetzt wurde, war also nicht nur dürr, sondern auch heiß. Und man kann leicht auf den Gedanken kommen: Sie stellte gewissermaßen den Hochsommer unseres eiszeitlichen Jahreszyklus dar. Es hat ja mehrere Eiszeiten und Zwischeneiszeiten gegeben. In jeder Zwischeneiszeit haben wir dieselbe Erscheinung: Auf einen eiszeitlichen Winter folgt das eiszeitliche Frühjahr mit milder und feuchter Witterung. Dann in der Mitte der Zwischeneiszeit folgt der Sommer, eine Periode heißer und trockener Witterung mit Steppenklima, durch den Absatz von Löß gekennzeichnet. Dann allmählich wird es wieder gemäßigt und feucht: die Zeit des eiszeitlichen Herbstes; und wenn nicht alle Anzeichen trügen, dann leben wir augenblicklich in dieser Jahreszeit. Ob aber vielleicht im Laufe von einigen Jahrzehntausenden uns wieder eine neue Eiszeit beschieden sein wird – wer vermag das zu sagen? –

Das eine aber ist wohl ziemlich sicher: Unsere Heimat hat vor 10.000 Jahren eine Steppenzeit durchlebt. Die Trockenheit ließ alle Wälder, alle grünen Matten verdorren. Der Wind brauste über die ungeschützte Ebene hinweg. Da zeigte es sich dann, wie gut es war, dass die Natur in der Lehmdecke schon für ein wenig Verputz gesorgt hatte. Mit dieser Lehmdecke konnte der Wind nicht viel anfangen. – Vergeblich setzte er da den scharfen Zahn an. Mehr Glück hatte er im Osten, bei der ungedeckten Terrasse. In dieser konnte er nach Herzenslust herumwühlen. Und da konnte er das Material für eine mächtige Flugsanddecke herausholen. Das ist der Flugsand, den man in der Nähe der Mittelterrasse findet, z.B. am ehemaligen Kiwitzberg bei Holten, dann die ganze Flugsanddecke den Berg herauf bei Schmachtendorf und Sterkrade.

Auch die Flussrinne selbst bewährte sich als Sandlieferant. Der Fluss schleppte immer neuen Sand heran; im Hochsommer, wenn die Ufer trocken lagen, hatte der Wind gewonnenes Spiel. Er trieb ihn vor sich her, rollte ihn den Abhang hinauf und häufte ihn in der Nachbarschaft an. Er verteilte seine Gabe über Gerechte und Ungerechte – über fruchtbaren Lehm und unfruchtbaren Terrassensand. So entstanden dann gerade die Dünen in der Umgebung des Kiwitzberges bei Marxloh, in der Umgebung der Scherbergärten an der Wiesenstraße usw. Dieses Flugsandgebiet dehnte sich, wie ich oben schon beschrieben habe, weiter nach Osten aus. Früher hieß es die Alrayse, d.h. die Aldenradesche Heide. ---

So jetzt steht der Bau der heimischen Landschaft da mit allem Verputz, - mit der Lehm- und Flugsanddecke. Es fehlt nur noch der Maler und Anstreicher, um den Bau zur Wohnung für den Menschen herzurichten.

Die Natur selbst unterzieht sich mit Liebe und Hingebung dieser Aufgabe. Sie überzieht die ganze Landschaft mit einer wunderschönen Tapete in echt „naturgrün" – der Pflanzendecke.

Wo es sich irgendwie machen lässt, verwendet sie dazu Wald – Urwald natürlich. Laubwald ist das Feinste, was sie von dieser Art auf Lager hat, hält sich leider Gottes nicht überall. Buchenwald ist nämlich sehr anspruchsvoll. Er verlangt den besten und fruchtbarsten Boden, den eine Landschaft ihm offerieren kann. Dafür macht er da aber auch rücksichtslos das Recht des Stärkeren geltend. Erbarmungslos tötet und erstickt er da alles andere Baumgewächs. Die Kronen der Buchen schließen sich zu einem dichten Dach zusammen, das allen darunter stehenden jungen Bäumen Licht und Luft wegnimmt. Nichts außer eben der Buche kann da hochkommen. So hatten wir, wo heute Lehm ist, in Vorzeiten überall dichtgeschlossenen Buchenurwald. Wie der Lehm, so umsäumt auch er die Flüsse in einem Streifen von wenigen Kilometern Breite: Walsum, Aldenrade, Bruckhausen, Beeck und Ostacker, Wittfeld, Neumühl usw. trugen Buchenwald. Alles natürlich Urwald. Was seine Zeit erfüllt hat, das fällt um und vermodert an Ort und Stelle. Noch trägt kein Mensch einen Baum hinweg. Gestürzte Baumriesen, halb vermodert, liegen umher und versperren den Weg; Schlinggewächse, wie Geißblatt und Waldrebe, ranken ihr dichtes Gewebe von Baum zu Baum. Und in diesen finsteren Gründen leben die Tiere der Vorzeit: Auerochs, Büffel, Elen, Hirsch, Reh und Auerhahn, aber auch der Bär, Wolf, Wildkatze und Fuchs – sie alle finden da unzugängliche Verstecke und willkommenen Unterschlupf.

Auch auf der ungedeckten Terrasse ist es noch nicht ganz dürre: Vom Grundwasserspiegel aus kann durch die Kapillarität immer noch etwas Feuchtigkeit an die Oberfläche dringen. Daher kommt auch hier noch Urwald auf. Aber der feste Lehmboden ist es doch nicht. Darum überlässt die Buche das Gelände neidlos dem anspruchsloseren Nadelwald.

Nun aber die Flugsandgebiete! Die Dünentäler entwässern das ganze Gelände. Daher sind die Dünengebiete garantiert trocken. So kommt unter natürlichen Verhältnissen nicht einmal ein solch bescheidener Nadelwald hoch. Da kümmern höchstens von einigen besonders widerstandsfähigen Baumindividuen – einige bescheidene Büsche dahin. Sonst gilt nur für Heidekraut das Wort „Freie Bahn dem Tüchtigen“. Jawohl – Heide! Es ist daher kein Zufall, wenn wir überall dort, wo wir heute noch den Flugsand feststellen können, auf alten Karten das Wort „Heide“ finden. Z.B. „Alrayse Heide“, „Wittfelder Heide“ usw.

Und wenn man in solchen Sandgebieten den kümmerlichen Busch ganz rodet, dann siedelt sich hinterher gern Besenginster an, hier zu Lande „Bremmen“ genannt (Bremmenkamp!). Hierhin gehört auch der Namen Bremenstraße. Der Name ist falsch; es muss Bremmenstraße heißen. In alten Zeiten stand hier, wo heute die Kolonie steht, ein kümmerlicher Busch; als er in den letzten Jahrzehnten gerodet wurde, folgte ihm eine Bremmenheide, die den alten Bewohnern noch sehr gut bekannt ist. Sie wurde erst durch die heutige Kolonie verdrängt. Überall ist dort dürrer Sandboden. –

Jetzt bleibt nur noch die Aue übrig. In der Rheinaue, dicht neben dem strömenden Fluss, da kann sich kein Wald halten. Zwar die Überschwemmungen schaden nicht so viel, wohl aber der Eisgang, der häufig mit Hochwasser verbunden ist. Der bringt schon feste Brückenpfeiler und Mauern zum Einstürzen; erst recht räumt er mit dem Wald auf. Erbarmungslos rasiert er jeden Baum ab, der sich ihm in den Weg stellt. (In der schon ziemlich hochgelegenen Rheinpromenade in Bonn findet man auf allen Bäumen ungefähr ein Meter über dem Boden an der Südseite eine große Wunde, die durch ein mit Eisgang verbundenes Hochwasser geschlagen wurde). Hierfür ist das Wort wie geschaffen: Biegen oder Brechen. Nur die schmieg- und biegsamen Weidenruten vermögen sich zu halten. Sonst aber nur Wiese; daher findet man am Rhein in den Auestreifen neben dem lebenden Fluss nur fette Wiesenmarschen oder Weidegestrüpp. Hier findet man daher auch noch ganze Plantagen von Korbweiden. Bis vor wenigen Jahren standen sie auch noch gegenüber Duisburg in Werthausen, wie heute noch am Niederrhein.

In den geschützten Auen dagegen, wie im Swinsbruch, da ist natürlich Eisgang ausgeschlossen. Da kann sich üppiger Bruchwald entwickeln. Feuchtigkeit liebende Bäume, wie Esche, Erle, Weide und Eberesche gedeihen da besonders gut. Daher findet man in allen Bruchgebieten auf den alten Karten Wälder eingezeichnet, von denen der Stadtwald heute den letzten Rest darstellt.

So, jetzt ist der Bau der heimischen Wohnung mit Verputz und Anstrich fix und fertig – schlüsselfertig. Der Bewohner, der Mensch, kann einziehen...

18. Der Unkelstein[g]

Aus: Rhein-Ruhr-Zeitung vom 24.01.1926.

Mit großem Interesse haben Herr Dr. Ring und ich die Mitteilungen des Herrn Dr. Burkhart über den Namen Unkelstein gelesen.[h] Noch in meiner Jugend leitete man den Namen volksethymologisch von Unken ab; in der Tat waren in den feuchten Gebieten dort viele Unken ansässig. Von Herrn Prof. Averdunk stammt dann die auch von uns übernommene Erklärung, die den Namen von dem Moerser Grenzstein herleitet und mit dem Unkeler Basaltsteinbruch in Verbindung bringt. Sie erschien uns wahrscheinlicher, wenngleich auch sie noch ein gewisses unbefriedigendes Gefühl zurückließ. Die interessanten Mitteilungen des Herrn Dr. Burkhart bringen uns nun die wünschenswerten Ergänzungen und scheinen die letzten Schwierigkeiten zu beheben, die sich der von Prof. Averdunk gegebenen Namenserklärung noch entgegenstellten. Denn wenn tatsächlich, wie Herr Dr. B. mitteilt, der Name „Unkelstein" als Gattungsbegriff für Basaltstein überhaupt gedient hat, ist es wohl so gut wie sicher, dass der Duisburger Flurname Unkelstein vom Moerser Grenzstein herrührt, der dann natürlich aus Basalt gewesen sein muss. – Wie der Unkelstein dazu kam, für jeden Basaltstein überhaupt im rheinischen Volksmund die Sammelbezeichnung zu liefern, das glaube ich aufklären zu können. Alle Basaltvorkommen stellen ehemalige vulkanische Trichter dar, die sich, in dem rheinischen Schiefer eingebettet, auf einem Schlot oben pilzförmig zur Seite ausbreiten und eine Art ehemaligen Maares ausfüllen. So auch beim Unkeler Steinbruch. Nur lag der ehemalige Trichter hier größtenteils im heutigen Rhein; der Strom hat die ganze Osthälfte, und von der Mitte den oberen Teil weggenagt, sodass vom ehemaligen Krater nur noch das westliche Viertel am heutigen Berghang klebt. (Der ehemalige Vulkanschlot liegt heute im Rhein; die herausragenden Basaltsäulen – das Felsenriff wurde von den Schiffern „Unkelstein" genannt – bildete noch vor 200 Jahren für die Schifffahrt eine große Gefahr, wie auch noch Kupferstiche aus der damali-

---

[g] Anm. Hrsg.: „Unkelstein" war die Ortsbezeichnung für die Gegend um den alten Holzhafen, wo ein Grenzstein aus Basalt – eben „Unkelstein" genannt – zur früheren Moerser Grenze hin aufgestellt war.

[h] Anm. Hrsg.: Einige Tage zuvor hatte in der Tageszeitung Dr. med. Burkhart auf den Ursprung des Begriffs „Unkelstein" hingewiesen und verdeutlicht, dass, auch wenn der Name auf die Basaltbrüche bei Oberwinter mit der lokalen Bezeichnung „Unkel" zurückgehe, „schließlich dieses Wort überhaupt Handelsmarke für alle Steine gleicher Art und Herkunft wurde" (aus. RRZ vom 16.04.1926).

gen Zeit zeigen.) Jedenfalls konnte auf diese Weise der Stein vom Rhein aus ohne Schwierigkeiten gebrochen und unmittelbar in die Schiffe verladen werden.

Wohl bot sich eine ähnlich günstige Gelegenheit einige Kilometer aufwärts an der rechtsrheinisch gelegenen Erpeler Ley. Der Unkeler Stein muss sich aber durch eine ganz besondere Güte ausgezeichnet haben, denn selbst nachdem um 1810 herum ein großer Bergrutsch passierte, der den Bruch stark demolierte und den Abbau erschwerte, wurde der Betrieb noch fortgesetzt. So bot also der Unkeler Stein die beste Gelegenheit, einen guten Basalt kennen zu lernen und bequem zu gewinnen und zu versenden. Und diese Gelegenheit scheint so ausgiebig genutzt worden zu sein, dass für das ganze Mittelalter der Begriff des Basaltes mit dem Namen „Unkelstein“ verschmolz. – Der Vulkanismus ist erst seit etwa 100 Jahren ein Zweig der Wissenschaft; an seinem Ausbau hat gerade das rheinische Vulkangebiet den allerwesentlichsten Anteil gehabt. Es ist schade, dass die rheinischen Geologen die bequeme Gelegenheit nicht wahrnahmen, für das fremdländische „Basalt“ den rheinischen Volksnamen „Unkelstein“ zu nehmen; wahrscheinlich erschien ihnen das Fremdländische wissenschaftlicher. – Der Duisburger Heimatfreund kann Herrn Dr. Burkhart für seinen interessanten Nachweis nur dankbar sein. Bei der Gelegenheit möchten wir aber anregen, dass man den Namen „Unkelstein“ nicht völlig untergehen lässt, dass man ihn vielmehr als Wegebezeichnung in der Nähe des alten Unkelsteins erhält, in ähnlicher Weise, wie man es mit dem ehemaligen Philosophengang getan hat.

19. Das Urmeer am Duisserschen Berg

Aus: Rhein-Ruhr-Zeitung vom 21.04.1926.

Am Gabelpaltz, am Südhang des „Duisserschen Berges“ wird gewühlt. Die Mülheimer Straße soll erbreitert werden, um einen Fußgängerweg zu schaffen. Schön sieht es augenblicklich dort nicht aus. Der Geologe aber begrüßt solche Arbeit mit Behagen. Ein einziger Abschnitt dieser Art kann ihm in kurzer Zeit mehr Erkenntnisse bringen als jahrelanges Umherkriechen in Dickicht und Busch.

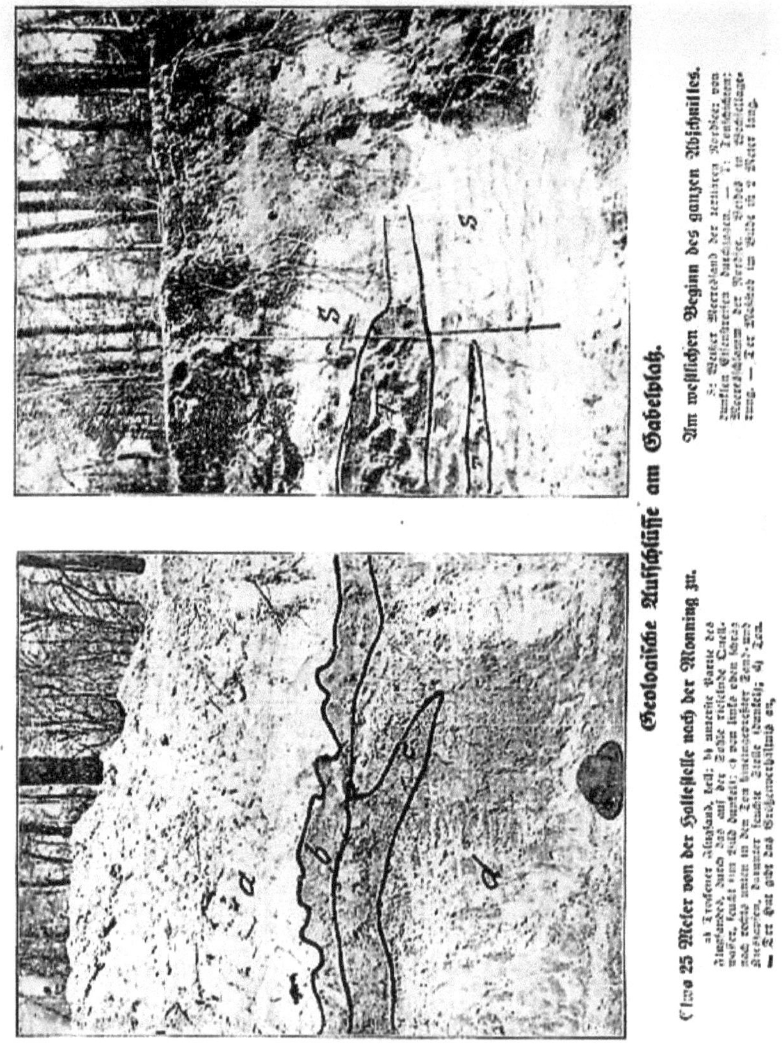

Der Erdboden ist das Tagebuch unserer Heimat. Alles was sie an Umwälzungen erlebt, ist mit lapidaren Lettern (wirklich mit steinernen Lettern in des Wortes wahrstem Sinne) in ihr Lebensbuch eingetragen.

Ich will versuchen, die geheimnisvolle Schrift zu deuten, die die Natur der Duisburger Heimat am Gabelplatz ins Stammbuch geschrieben hat.

Gerade an der Haltestelle Gabelplatz wird nach der Stadt und nach der Monning zu der Hang abgestochen. Wir gehen von der Haltestelle aus etwas zurück. Wir können 15, wir können 50 Schritte zurückgehen: überall derselbe Anblick. Da steht eine blaugraue, nur wenig rotbraun gefärbte Erde an. Sie bricht in dicken schweren Klumpen los und ist so zähe, dass sie sich nicht mehr abstechen lässt; sie muss gehackt werden, und die Hackspuren bleiben darin sitzen. Die scharf ausgetrocknete Masse wird rissig und hart; die Wand bleibt senkrecht stehen. Aber wo Feuchtigkeit darüber rieselt, wird die Masse weich und klebrig.

Es ist Ton. ---

Östlich der Haltestelle (nach der Monning zu) ist dieser Ton auf einer Strecke von ungefähr 30 Metern von einem hellen, orangegelben, mehligen, trockenen Sand gelagert, der dort einen deutlichen Berg bildet. Es ist ganz „jugendlicher" Flugsand, der „Berg" ist eine Düne. Höchstens 15000 Jahre ist er alt. Das vom Berg herabrieselnde Wasser durchdringt ihn, trifft dann auf den undurchlässigen Ton und muss auf dieser Sohle weiter laufen. So tritt das Wasser an dieser Grenzschicht überall zu Tage. Daher kommt auch das Rieselwasser, das in der Richtung nach der Stadt zu in der Entfernung von 15-40 Metern westlich des Aufganges die Wand hinabsickert und den Boden feucht macht.

Vom Gabelplatz aus senken sich Berghang und Straßenniveau nach der Lotharstraße hin. Der Einschnitt der Mülheimer Straße erschließt uns Schichten von immer größerer Tiefe.

Etwa 50 Meter westlich der Haltestelle – 5 Meter westlich der dort stehenden Laterne – hört die Feuchtigkeit der Tonwand plötzlich auf. Und wenn wir mit dem Finger prüfen, erkennen wir, dass auch das Material ein anderes geworden ist: es ist weich und fühlt sich sandig an. Nicht mehr das Blaugrau, sondern ein helleres Rostbraun ist die Grundfarbe, von hellgrauen Flecken durchzogen, die meist senkrecht stehen (an solchen Stellen ist der braune Rost nachträglich ausgelaugt worden). Ungefähr am

Anfang der Anlagen (Promenadenweg) ist der Sand am Boden schon fast weiß.

Ist der Flugsand mehlig-körnig, so ist der untere Sand fein, lehmig. Ist der obere trocken, so ist dieser feucht; der obere orange gelb, der untere hell bräunlich mit einem Stich ins grünliche oder gar hellgrau.

Aber auch an dieser westlichen Hälfte des Aufschlusses ist noch der Ton zu sehen. Nur liegt er hier höher, allerdings nur scheinbar, da der Weg sich senkt.

Wenn man hier bohrte, würde man in einer Tiefe von vielleicht 10 Metern den Sand durch eine dünne Kiesbank abgeschlossen finden. Darunter befindet sich der grüne Mergel der Kreideformation. ---

So lautet das ganze Profil denn: unterst einige Handbreit Kies, darüber Sand (im Ganzen vielleicht 5-10 Meter), darüber endlich der Ton (er setzt sich bis zur Spitze des Duissernschen Berges fort). Dieses Profil ist für die Ablagerungen des ganzen Duissernschen Berges, des Duisburger Waldes, für Speldorf charakteristisch.

Das alles sind Meeresablagerungen. Ablagerungen der Nordsee (Mitteloligozän). 25 Millionen Jahre mögen seit diesen Ablagerungen verflossen sein, die bei dem Einbruch der Niederrheinischen Bucht stattfanden.

Am Meeresufer rollt die Brandung aufgeregt hin und her. In dieser Bewegung kann nur Geröll und Kies sich halten und liegen bleiben. Weiter nach dem Norden zu werden die Wogen schon etwas ruhiger und lassen auch den Sand fallen, den die Flüsse hineinschleppten; für den feisten Schlamm ist es auch da noch zu unruhig. Dieser wird noch weiter nach Norden geschleppt und kommt erst dort (in größerer Tiefe) zu Ruhe.

Das Ufer aber bleibt nicht stehen – das Meer dringt vor; seine Brandungsfront rollt über die Duisburger Heimat hinweg. In dem Augenblick, als die Kampfzone der Brandung in unserer Heimat liegt, wird auch hier Kies abgesetzt – das sind die dünnen Kiesbänder, die ich in den Bohrungen an der Unterwelt, in Speldorf feststellen konnte. Die Front schreitet weiter nach Süden, nach Ratingen; das Meer wird bei uns tiefer und ruhiger. So setzt sich denn der Sand ab, den wir am Gabelplatz beobachten können, denn auch die Bohrungen in der Unterwelt ergaben, den man heute in Speldorf abbaut, und den Prof. Bärtling in der Beckerschen Ziegeleien der Nähe der Monning auffand. Auch hier am Duisserschen Berg (in der ersten Grube gegenüber der Lotharstraße), in der heute die hübsche, gelbe Villa liegt, wurde er bis vor etwa 30 Jahren gegraben und als Formsand in die Gießereien nach Hochfeld gefahren. ---

Aber das Meeresufer rückt noch weiter nach Süden, bis weit ins Bergische hinein. Bei uns wird das Wasser noch tiefer, noch ruhiger – auch der feste Schlamm kann sich jetzt hier absetzen. Es ist der Ton des Duisserschen Berges, der im ganzen Duisburger Wald und weiter nach Süden ansteht – bis über Ratingen hinaus. An der Mülheimer Straße ist dem Sand schon eine dünne Tonlage eingeschaltet, die sich aber noch nicht durch die Farbe, sondern nur durch die Härte vom Sand unterscheidet. Bei ihrem Absatz hatte sich das Meer schon vertieft; es folgte dann wieder eine kurze Verflachung, in der sich die obere Sandschicht absetzte. Dann erst zog sich das Meer auf die äußerste Südgrenze zurück und legte ausschließlich Ton ab.

Bis ungefähr 25 Meter stadtwärts von dem Haltepunkt sehen wir den Ton von ungefähr waagerechten Lagen von groben Sand und Kies durchzogen, die sich durch ihre braune Farbe von dem blauen Ton unterscheiden. Dasselbe findet man nach der Monning zu; hier wie dort sieht man auch die ganze Tonmasse von Einzelkieseln gespickt. Diese haben ursprünglich nicht in dem Ton gesteckt; sie sind sehr viel jünger und müssen mit einer gewaltigen Kraft hinein gepresst worden sein. Durch den Druck der nordischen Inlandseises nämlich.

Rund 200000 Jahre ist das her (nach den neuesten astronomischen Berechnungen nämlich, über die ich kürzlich berichtete). Da kam der schwedische Gletscher von Norddeutschland her, fiel am Niederrhein in die Rheintalrinne hinein und floss von da rheinaufwärts weiter, verwehrte am Schnabelhuck der Ruhr den Ausgang so dass sie längs der Umgehungsbahn am Säuglingsheim entlang fließen musste, rückte dann weiter an der Westlehne des Duisserschen Berges entlang nach Süden, und ergoss sich hinter dem Berg wie ein zäher Brei längs der Mülheimer Straße nach Osten, nach der Monning zu. Das am Gabelplatz ein Eisstrom tatsächlich diesen Weg genommen hat, lässt sich an einer Stelle sehr schön erkennen. Etwa 25 Meter von der Haltestelle nach der Monning zu, vier Meter östlich des großen Baumstrunkes, der da oben noch auf dem Rande liegt, fällt auch dem Unkundigen im Ton eine feuchte Stelle auf. Und wer daraufhin genauer zusieht, der findet, dass hier eine wasserhaltige Kies- und Sandpartie zapfenförmig von oben her in den Ton eindringt und das Wasser wie eine Rohrleitung herunterführt. Aber nicht genau senkrecht schiebt sie sich hinein, sondern schräg von links oben nach rechts unten. Die Kraft, die von senkrecht oben nach unten presste, ist offenbar die Schwerkraft gewesen; die Richtung von links nach rechts aber kann nur durch die Bewegungsrichtung des Eises an dieser Stelle hineingekommen sein. Also kam es hier von der Lotharstraße her. Die Sand- und Kiesmassen stammen dann von dem Rheintal; sie froren an der Sohle des Eises fest und bildeten dann die sog. Grundmoräne. Gleichzeitig wird damit auch die Theorie bestätigt, die ich schon vor Jahren anstellte, dass durch das Eis nämlich die Ruhr zu ihrem Durchbruch nach Süden veranlasst wurde.

Auch sonst ist die ganze Tonmasse in den oberen Lagen mit solchen Einzelkieseln durchspickt; die ganze Tonmasse östlich der Haltestelle möchte ich daher als Moräne bezeichnen. Und zwar als „unreife Moräne", in der die Bestandteile sich noch nicht ganz durch Mischen verloren haben, so wie oben etwa auf dem Berg in der Ostmannschen Grube, am Ende der Alleestraße.

So lässt dieser Aufschluss am Gabelplatz einen ganzen Film aus der heimischen Vergangenheit in mehreren getrennten Akten vor unseren Augen abrollen. Er zeigt wieder einmal, wie außerordentlich interessant und vielseitig die geologische Geschichte gerade unserer Duisburger Heimat ist-vielseitiger und interessanter als z.B. in Düsseldorf, Köln oder Wesel. Und wie wechselvolle und reiche Geschichte sie durchlebte.

20. Aus der Vorgeschichte Neudorfs

Aus: Duisburger Volks-Zeitung vom 11.07.1926 (Vortrag beim Katholischen Arbeiterverein).

Der Katholische Arbeiterverein von St. Gabriel zeigt ein eifriges Bildungsstreben. Nicht nur im Winter hält er einen Unterrichtskursus ab, sondern auch im Sommersemester findet er bei der dann besonders günstigen Lage seines Vereinslokals „Am Steinbruch" zahlreiche und aufmerksame Zuhörer, sogar aus weiteren Kreisen der Pfarrgemeinde. Besonders interessant gestaltete sich ein Abend durch einen Vortrag des hiesigen Geologen Dr. Wildschrey über „Die Vorgeschichte Neudorfs": Der Referent ging vom naheliegenden Steinbruch aus, dem letzten Rest eines uralten Gebirges, das noch der Steinkohlenzeit (dem Altertum der Erde) angehörte. Das Alter wird auf rund 320 Millionen Jahre geschätzt. Die Berechnung dieser Zahl beruht auf der Umwandlung des Radiums, das aus Uranpecherz entsteht und sich schließlich in Blei umsetzt. In jedem Jahr verwandelt sich 1/80000000 Prozent um: 1 Prozent also in 80 Millionen Jahren. Alle Proben von Uranerz, die man an den verschiedensten Punkten der Erde aus der Steinkohlenformation untersucht hat, enthielten nun übereinstimmend 4 Prozent Blei; die erfordern also 80 x 4 – 320 Millionen Jahre zu ihrer Bildung. Das ist also demnach das Alter der Steinkohlenformation.

Zu dieser Zeit entstand also ein großes Gebirge, das sich im Halbkreis quer durch ganz Europa zog und auf einen Schub von Süden her zurückgeht. Es setzt sich aus mehreren Ketten von Falten und Tälern zusammen. Diesem Gebirge gehört auch der Steinbruch an; die schräge Stellung der Schichten weist auf die Aufwölbung des Gebirges hin. Nach längerer Zeit drang das Mittelmeer über ganz Europa nach England und Schweden vor. Es überschwemmte auch unsere Heimat und hinterließ hier Schlammmassen, die beim Kanalbau von Raffelberg herausgebaggert wurden. Es zog sich aber wieder zurück. Vor ungefähr 25 Millionen Jahren wuchsen in unserer Heimat noch Palmen, die am Siebengebirge ihre Reste hinterließen. Das war ungefähr die Zeit, als das Siebengebirge selbst noch eine Gruppe von tätigen Vulkanen war. Zu derselben Zeit rückte von Norden her die Nordsee bis in unsere Heimat vor, und setzte den Ton des Duisserschen Berges und des Duisburger Waldes ab. Kurz vor unserer heutigen Zeit durchlebte unsere Erde die Eiszeit, bei deren Hereinbrechen die Palmen aus dem Rheinland nach dem Süden flüchteten.

Die Eiszeit erklärt sich aus astronomischen Ursachen. Die Erde bewegt sich in einer Ellipse, in deren einen Brennpunkt die Sonne steht. Außerdem dreht sich die Erde noch um die eigene Achse, die schräg zur Erdbahnebene steht. Die Stellung der Sonne im Brennpunkt und die schiefe Stellung der Erdachse sind aber beide veränderlich. Dadurch kann es vorkommen, dass die Erde zeitweise weniger Wärme von der Sonne zugestrahlt erhält, auf diese Weise kommt dann eine Eiszeit zustande. Die Zeiten, in denen sich diese Störungen abspielten, kann man astronomisch berechnen. Die älteste Eiszeit, von der wir in Duisburg Zeugnis haben, war vor 540000 Jahren, die jüngste ist vor 20000 Jahren zu Ende gekommen. In der vorletzten großen Vereisung kamen die Gletscher von Schweden aus bis tief in Deutschland hineingeflossen. Sie flossen über Duisburg hinweg und kamen erst in der Gegend von Krefeld-Hüls, Mörs, Kleve zum Stehen. Dass sie auch in Duisburg waren, zeigt ein großer Findling, der in der Nähe des hl. Brunnens am Kammerweg liegt und aus schwedischem Granit besteht. Durch diese Gletscher wurde auf eine Zeit lang die Ruhr gezwungen, zwischen Monning und Duisserschen Berg, längs der Umgehungsbahn nach Süden durchzubrechen. Ihre Spuren finden sich z.B. in den Ablagerungen der städt. Kiesgrube bei „Berg und Tal“. Durch die einzelnen Eiszeiten sind in verschiedenen Höhen der Landschaft Flussterrassen eingeschnitten worden: oben auf dem Gipfel des Duisserschen Berges und im Walde am hl. Brunnen die Hauptterrasse, am Säuglingsheim die Mittelterrasse und in Neudorf, Duissern, Duisburg und Hochfeld endlich die Niederterrasse.

Vor etwa 5000 Jahren kam der Mensch zum ersten Mal in unsere Gegend, und siedelte sich in der offenen Heide von Neudorf und der Wedau an. Redner zeigte einige Steinwaffen vor, deren sich der Mensch damals bediente; später benutzte er Bronze und Eisen anstelle des Steins. Tausende von Hügelgräbern legen von diesen Zeiten Zeugnis ab, auch der hl. Brunnen ist eine alte heidnische Kultstelle aus diesen frühen Zeiten vor Christi Geburt. Später zogen sich die Menschen aus der offenen Heide nach Norden und gründeten da um die Zeit vor Christi Geburt die Dorfsiedlung Duissern, das damals wahrscheinlich Deuso hieß. Ihre Bewohner hatten sich auf dem Schnabenhuk eine Fluchtburg erbaut. Sie trieben mit den Römern Handel. Später in der Frankenzeit wurde dann unser heutiges Duisburg gegründet. Als sich die Stadt mit Mauern umgab, erhielt sie 1129 von Kaiser Lothar die Erlaubnis, die dazu nötigen Steine in unserem heutigen Steinbruch zu brechen. Später wurde unter Friedrich dem Großen bei uns „op de Heid“ die Kolonie Neudorf begründet, die 1870 die Feier ihres

100jährigen Bestehens feiern konnte. Dazu gehören noch all die kleinen Häuschen auf der Koloniestraße.

Zum Schlusse betonte der Referent, dass, wenn man das heutige Duisburg auch in seiner jetzigen Entwicklung sieht, man immer bedenken möge, dass nur aus der Vergangenheit die Jetztzeit zu erklären ist.

Am letzten Sonntag unternahm der Verein dann unter der Führung des Herrn Dr. Wildschrey einen Spaziergang in die Umgebung des geologisch wie landschaftlich hochinteressanten Steinbruchs, wo die einzelnen geologischen Entwicklungsstufen und Erscheinungsformen an Ort und Stelle vor Augen geführt und erklärt wurden. Es zeigte sich, dass sogar bei den Kindern der Kursusteilnehmer Interesse und Verständnis dafür geweckt worden war.

21. Der alte Duisburger Rheinlauf wieder aufgefunden

Aus Rhein-Ruhr-Zeitung vom 02.09.1926 (als Leserbrief verfasst)

Die Erinnerung daran, dass Duisburg einst unmittelbar am Rhein gelegen, war längst zur Sage geworden, die noch von dem berühmten Leidenfrost[i] bekämpft wurde. Vor etwa 50 Jahren frug unser Gymnasialdirektor Prof. Genthe bei dem Oberberghauptmann v. Dechen (dem Verfasser der geologischen Karte des Rheinlandes)[j] an, ob sich die einstige Existenz dieses alten Rheinlaufes nicht mit geologischen Gründen stützen ließe. V. Dechen musste antworten, dass die Geologie in dieser Frage nichts sagen könnte. Mittlerweile hat aber die Wissenschaft bedeutende Fortschritte gemacht. Wenn auch aus historischen und archäologischen Gründen das Vorhandensein dieses alten Rheinlaufes längst feststeht, so stützt sich diese Annahme doch mehr auf indirekte Schlüsse. Der Geologie aber blieb es vorbehalten, die noch fehlenden direkten Zeugnisse – wahrscheinlich die noch einzigen möglichen – beizubringen.

Augenblicklich wird beim Schleusenumbau die Baugrube für das neue Schleusentor ausgehoben. Die Arbeiten, die sehr schnell fortschreiten, haben folgendes Profil offengelegt: zu oberst ungefähr 6 Meter angeschütteter Boden des Hafendammes mit den Fundamentresten der ehemaligen Schenkwirtschaft von Hermann Witzer. Darunter fängt bei etwa 24 Meter Meereshöhe der gewachsene Boden an (es ist die durchschnittliche Höhe unserer Flussaue). Oben 2 Meter ununterbrochener blauer Schlick, darunter einzelne Schlicklagen, aber in Wechsellagerung mit Sand-und Kiesschichten. (Wenn der blaue Schlick stellenweise als trichterförmige Kegel in die Tiefe sinkt, so handelt es sich dabei um ehemalige Strudellöcher oder Auskolkungen, die an sich zwar sehr interessant sind, aber mit der Hauptfrage nichts zu tun haben). Darunter dann endlich Sand- und Kiesschichten rein. Die Sand- und Kiesschichten tragen alle die bezeichnenden Merkmale der Rheinablagerungen; sie müssen noch vom strömenden Fluss abgesetzt sein. Die Massen sind schräg geschichtet (Kreuzschichtung); sie fallen nach dem Schwanentor zu ein. Das beweist, dass der Strom vom Hafenmund her kam und nach dem Schwanentor zu floss – was für den alten Rheinlauf ja auch stets angenommen wurde. Wenn Sand- und Kiesschichten wechseln, so entspricht das kleinen Änderungen

---

[i] Anm. Hrsg.: Johann Gottlob Leidenfrost (1715-1794) war als Mediziner Professor an der alten Universität Duisburg tätig (auch als Rektor der Universität).

[j] Anm. Hrsg.: Heinrich von Dechen (1800-1889) war Professor für Geologie und Bergbau.

in der Wasserführung und Stromstärke. Die zwischen 20 und 22 Meter Meereshöhe liegende Bank mit abwechselnden Lagen von Sand, Kies und blauem Schlick entspricht der ersten Zeit nach der Rheinverlegung, die nach Prof. Averdunk bekanntlich um 1275 stattfand. Anfangs spülte – besonders bei Hochwasser – noch ein starker Wasserstrom durch das verlassene Bett und brachte noch gröbere Massen mit. Den größten Teil der Zeit über war das Wasser aber schon ohne nennenswerte Bewegung, so dass nur noch der feinste Schlamm hereinkam und sich als blauer Schlick niedersetzte. Die meisten Sand- und Kiesmassen, die der lebende Rhein mit sich führte, schob er am heutigen Hafenmund in den verlassenen Arm und ließ sie da fallen, da das Wasser dort seine Bewegung und seine Tatkraft verlor. So entstand da eine Barte, die allmählich die Höhe des Mittelwassers erreichte und damit den ehemaligen Lauf abschloss und zum toten Arm machte. Von diesem Zeitpunkt an konnte sich nur noch Hochflutschlamm in ihm absetzen. Auf dem trockenen Land bildete dieser den bekannten braunen Lehm, der im Kaßlerfeld und Neuenkamp abgeziegelt wird. In dem alten, mittlerweile sumpfig gewordenen Flussarm werden aber durch den verwesenden Pflanzenmoder die Eisenoxydulverbindungen (Brauneisenstein), die die braune Färbung hervorrufen, zu Eisenoxydulverbindungen reduziert, welche eine blau-grüne Färbung haben und dem Schlick seine charakteristische Färbung verleihen. [k] Auch die Schlickmassen sind geschichtet; neben Lagen von zähen, festen Letten gibt es magere Partien, auch einzelne Lagen, in denen der Sand vorwiegt, sogar einzelne kleine Kiesel. Es handelt sich dabei wohl um Massen, die gelegentlich vom Hochwasser mitgeschleppt wurden. Dass es sich hierbei um eine versandendes, sumpfiges Wasser handelte, zeigen auch einzelne aufgefundene Baumstrünke von Weiden, Erlen usw., die offenbar vom Rande her in das Wasser hineinwuchsen, sowie schwarze Abdrücke von Schilf. Das Bild, das unsere Landschaft zur damaligen Zeit bot, war wohl ungefähr dasselbe, wie bei dem alten Rheinlauf von Beek bei Xanten.

Dieses Projekt ist der einzige unmittelbare Zeuge für jenes Ereignis, das die Entwicklung unserer Vaterstadt so entscheidend beeinflusste und aus der mittelalterlichen rheinischen Großstadt, mit der man nur noch Köln in Vergleich setzen kann, das kleine unbedeutende Landstädtchen machte. Proben von dem Profil sind geborgen und sollen später im Museum dem Publikum zugänglich gemacht werden – als letzte Erinnerung an jenen tragischen Vorfall.

---

[k] Anm. Hrsg.: „Eisenoxydul" ist die ältere Bezeichnung für Eisen(II)-oxid.

22. Geologie und Tiefbau

Ein Kapitel angewandter Heimatkunde

Aus: Rhein-Ruhr-Zeitung vom 27.01.1929.

Bei den Gasrohrbrüchen der letzten Zeit wurde verschiedentlich auf meine geologischen Untersuchungen hingewiesen, die ich bei der Verlegung der Leitung angestellt hatte. Mir stand damals nur kurze Zeit für diese interessante Feststellung zur Verfügung und ich konnte natürlich nicht ahnen, dass sie später einmal von praktischer Bedeutung sein werde. Aber schon damals waren mir zwei Stellen aufgefallen, die ich besonders hervorhob: die eine war am Kiefernweg, die andere am Klubhaus Raffelberg an der Lotharstraße. Diesen könnte dann als dritter Stelle, die damals allerdings noch nicht in Arbeit genommen war, die Bahnunterführung an der Schweizerstraße am Schnabenhuck an die Seite gestellt werden. An allen diesen Stellen wechselt der Boden. Mit undurchlässigen Schichten treffen wasserführende Lagen zusammen: dadurch wird ein starker Wasserzufluss an einer eingeschränkten Stelle bedingt. (Auf die zuletzt genannte Stelle konnte ich die Bauleitung schon vorher aufmerksam machen und meine Voraussage ist, wie man mir später mitteilte, tatsächlich auch eingetroffen.)

Am Kiefernweg handelte es sich, um es nochmals kurz zu sagen, um Fließsandschichten, die dem Tone des Duissernschen Berges eingelagert sind und gerade dort eine Mulde bilden, ähnlich so wie bei dem eingestürzten Hause in Saarn. Auf diese Weise drängte sich dort das Wasser mit großer Gewalt zusammen und es entstand eine Art artesischer Quelle. Wenige Meter von der Muldenachse, aber noch im Bereich des Wasserzuflusses, trat tatsächlich der Bruch auf; bei den Reparaturarbeiten musste das Wasser ausgepumpt werden. – An der Lotharstraße öffnet sich das Urstromtal der Ruhr, das den größten Teil des Walddreiecks bildet, nach der Niederterrasse hin. Starke Wasserströme treten gerade am Klubhaus Raffelberg auf, um westlich der Lotharstraße in der dort tiefliegenden Niederterrasse zu verschwinden. Wie ich früher schon mitteilte, haben diese Wassermassen bereits beim Bau des Säuglingsheims zu Verwicklungen geführt.

An solchen Stellen, wo die Bodenarten wechseln, treten im Boden Spannungen auf, die sich allerdings im Laufe der vielen Jahrtausende, die seit dem Eintritt der heutigen Verhältnisse verflossen sind, ausgeglichen haben. Durch den Eingriff des Menschen wird das Gleichgewicht aber wieder gestört. Sehr deutlich sah man das am Kiefernweg, wo beträchtliche Risse in der Wand der Baugrube auftraten, und das, obgleich diese stark verschalt war. Selbst wenn jetzt diese Baugrube wieder aufgefüllt wird, kann das Gleichgewicht so ganz vollkommen nicht wieder hergestellt werden, da die Füllmassen natürlich einen anderen Zusammensetzungskoeffizienten haben als der gewachsene Boden. So mussten von neuem Spannungen auftreten, die den Anlass gaben, dass der Boden von neuem arbeitete. Dieses Arbeiten kann durch lokale Wasserströme natürlich nur gefördert werden.

In der Gärtnerstraße und an den anderen Stellen konnte man von vorherein geologische Ursachen nicht angeben. Dort ist alles Niederterrasse – eine Packung von Sand und Kies, die 10 bis 20 Meter mächtig werden kann. Natürlich können auch da durch den Wechsel von feinem Sand und grobem Kies, vielleicht auch durch lokale Toneinlagerungen Grundwasserströme und auch Spannungen auftreten: diese kann der Geologe aber nicht voraussehen, und sie sind jedenfalls auch von geringerer Intensität. Ich glaube also nicht, dass an den anderen Stellen außer in der Nähe des Berges die geologische Beschaffenheit bei den Rohrbrüchen eine Rolle spielt. In dem ganzen Gebiet der Niederterrasse hat man sich beim Bauen um die Beschaffenheit des Bodens kaum gekümmert, und noch nie ist mir ein Unglück bekannt geworden, das hier auf die Bodenbeschaffenheit zurückzuführen wäre. Nur an der Grenze der Niederterrasse und außerhalb, d.h. also am Berge, tritt ein starker Wechsel auf, und nur dort also können Spannungen auftreten, die zu unliebsamen Zwischenfällen führen.

Neuerdings will man, wie ich aus Zeitungsberichten entnahm, auch die Bodensenkung im Gebiete von Meiderich auf Fließsand zurückführen. Meiner Ansicht nach wohl kaum zu Recht. Denn der Fließsand kann nur dann eine bedeutende Wirkung haben, wenn er wie am Kiefernweg oder in Saarn an dem zusammengestürzten Hause oder bei dem Grubenunglück auf Franz Haniel II (Sterkrade)[I] in feste Tone oder Mergel eingelagert ist und dadurch zum Wasserträger wird: Meiderich aber liegt in dem Gebiete der Niederterrasse. Fließsand tritt dort nur in kleineren, eng umschriebenen Bezirken auf. die sich zudem in der Wasserführung von der Umgebung -–Grobsand oder Kies – nicht wesentlich unterscheiden. Solche starken Einwirkungen, wie sie dort auftreten, wird man daher kaum auf diese ver-

[I] Anm. Hrsg.: Am 25.09.1925 ereignete sich auf Zeche Franz Haniel der Gutehoffnungshütte ein Schwimmsandeinbruch, der dazu führte, dass ein Schacht „vollständig verschlammt und verloren“ gegangen ist. Personen kamen damals nicht zu Schaden (RRZ vom 28.09.1925).

hältnismäßig unbedeutenden Fließsandschmitzen zurückführen können. Und vor allem: Dieselben Fließsandschichten gibt es im ganzen Gebiet der Niederterrasse von Basel bis Rotterdam, ferner auch ruhraufwärts, aber, soweit mir bekannt ist, sind da noch nirgendwo die hier beobachteten Schäden in solchem Umfange aufgetreten.

Solche bedenklichen Bodenbewegungen, wie sie am Kiefernweg und an der Lotharstraße auftraten, finden sich nur im Bereich der Hauptterrasse und der Mittelterrasse – d.h. am Berg, im Walddreieck usw. Am Berge hatte ich vor Jahren schon Gelegenheit, bei der Planung der Schnellbahn darauf hinzuweisen, dass man im Bereich des Berges gerade durch die Wasserverhältnisse großen Überraschungen ausgesetzt sein könnte. Von maßgebender Seite wurden diese Bedenken denn auch anerkannt. – Auch beim Hausbauen ist man längs des Berges bei den Gründungen schon wiederholt auf Schwierigkeiten gestoßen; man musste stellenweise sogar zu Pfeilergründungen seine Zuflucht nehmen. Eine andere gefährdete Stelle ist das Walddreieck mit Ausnahme seiner erhöhten Ränder, wo tektonische Bewegungen bessere Verhältnisse geschaffen haben. Gefährdet ist also das Gebiet von der Umgehungsbahn bis etwa unterhalb des alten Saarner Weges.

Ich will natürlich nicht behaupten, dass zu den jetzigen Rohrunglücken die Bodenverhältnisse allein den Anlass gegeben haben, selbst da nicht, wo solche wie am Kiefernweg oder an der Lotharstraße zu vermuten sind. Die Bruchstellen sind, soweit mir bekannt, stets an den Nähten vorgekommen, und diese stellen natürlich die schwachen Stellen an der ganzen Leitung dar. Ich will nur sagen, dass man an solchen Stellen, die ihrer geologischen Natur nach gefährdet erscheinen, besonders großen Wert auf eine gute Verbindung und sorgfältige Grundierung legen muss.

Für die Bauten auf Duisburger Boden möchte ich allgemein Folgendes sagen: Auf dem ganzen Gebiet der Niederterrasse erscheint das Bauen im Allgemeinen unbedenklich – nur nach Südosten hin wird man auf höhere Grundwasserspiegel stoßen. Abgesehen von der Höhe des Grundwasserspiegels zeigte auch die Aue guten Baugrund. Gefährdete Stellen sind dagegen stets die Grenzgebiete. Dazu gehört der östliche Teil der Duissernstraße, d.h. die Terrassenkante da, wo Niederterrasse, Aue und Berg zusammenstoßen, ferner gehören dazu die Hänge des Berggebietes, also das Gebiet östlich von der Schweizerstraße sowie das Walddreieck. Ganz besondere Vorsicht ist in dem Gebiet der alten Tongruben östlich der

Schweizerstraße geboten, weil hier sehr häufig angeschütteter Boden, Haldenrutsch usw. vorliegt, was der Laie im ersten Augenblick nicht erkennen kann. Natürlich ist das Bauen hier in keiner Weise unmöglich, nur sind hier von vornherein große Vorsicht und unter Umständen besondere Maßnahmen wie Pfeilergründungen geboten.

23. Vom Tropenhimmel über Duisburg

Als die Nordsee das niederrheinische Land bedeckte
Forscherpech und Forscherglück

Aus: Duisburger General-Anzeiger vom 03.06.1934.

Das war so vor ungefähr 5 Millionen Jahren. Oder mögen es 15, oder gar 25 Millionen Jahre gewesen sein – wer vermag das zu sagen? Der Geologe hat sonst in dem Radium eine sehr gut funktionierende Uhr. Er weiß z.B. das Alter der Steinkohlenzeit mit ungefähr 320 Millionen Jahren ziemlich genau anzugeben: so alt sind z.B. die Ablagerungen von Sandstein und Schiefer an unserem Duisburger Steinbruch. Aber gerade an dieser Stelle, wo wir sie so sehr gebrauchen könnten, versagt diese Uhr. Ein paar Millionen von Jahren – so halbes Dutzend bis zu einem Dutzend – wird es wohl doch gewesen sein. Da kam die Nordsee auf einen gar absonderlichen Gedanken: sie machte einen Seitensprung mitten in das Schiefergebirge hinein. Nun ja – man hat ja schließlich Verständnis für alles. Sie war noch jung. Und wem wäre nicht schon im Leben so eine kleine Jugendtorheit begegnet?

Damals herrschte noch ein feucht-tropisches Klima in unserer Heimat. Palmen, Zimt und Lorbeer gediehen in den von feuchtem Dunst geschwängerten Dschungeln. Heute sind ihre Reste nur noch am Nordrand der Eifel erhalten, z.B. am Siebengebirge. Und in großen Binnenseen lagerte sich dort der weiße Ton („Piepenerd") ab, den die Römer, die mittelalterlichen Pöttkesbäcker so sehr schätzten, und aus dem vor allem die großen Kunsthandwerker der Renaissance in Siegburg, Frechen und Raeren ihr berühmtes Tafelgeschirr machten, das an den Höfen der Fürsten und der reichen Handelsherren von ganz Europa zu finden war und dessen Reste wir heute in Düsseldorf im Hetje[n]s-Museum bewundern können.

Gewiss –solche Palmendschungeln – solche großen, mit weißem Tonschlamm erfüllten Binnenseen haben wir auch hier gehabt. Aber sie sind verschwunden. Die Nordsee ist schuld daran. Die Nordsee hat sie alle hinweggefegt – hat sie hinwegrasiert.

Es war übrigens dieselbe Zeit, als weiter im Süden – im Siebengebirge – die Erde ihre Schleusen öffnete und ausspie Tod und Verderben. Da Feuerströme und Glutasche der Erde (von denen noch einer neben dem Bahnhof von Rolandseck erhalten ist) entstiegen und dieses tropische Palm-Idyll verbrannte. Am Wintermühlenhof im Siebengebirge liegen die Reste aller dieser tropischen Pflanzen unter der erkalteten Glutasche der Siebengebirgsvulkane, die dieses tropische Leben erstickten, wie die Vulkane des Toten Meeres Sodom und Gomorra.

Es stieg aber auch empor und sammelte sich in den Vulkantrichtern feuerflüssige Lava. Und diese erstarrte Lava bildet heute die harten Kuppen des Siebengebirges: Drachenfels, Petersberg, Ölberg usw.

Es ist ein beständiger Kampf zwischen Feuer und Wasser, zwischen Meer und Land – zwischen Flut und Gebirge. Damals setzte sich der Nordrand des Rheinischen Schiefergebirges, des Sauerlandes – von Mülheim aus über Duisburg und Krefeld nach Aachen fort. Aber schon seit hunderten von Jahrmillionen war hier eine schwache Stelle im Gebirge – schon hunderte von Jahrmillionen vorher war die See, war das Zechsteinmeer von Norden her bis nach Ruhrort vorgedrungen. Dessen entsann sich die Nordsee jetzt. Sie entschloss sich zu einer groß angelegten Offensive gegen das Gebirge. Mitten in das Gebirge hinein.

Die Niederrheinische Bucht sank ein und die Nordsee folgte. Zug um Zug. Bis fast vor den Toren Kölns. – Woher wir das alles wissen?

Nun ja, sie selbst hat ihre Spuren hinterlassen. Und es sind nicht einmal die scharfen Augen eines Fährtenlesers wie Winnetou, des berühmtesten und besten Häuptlings der Apachen, nötig, um sie zu entdecken. Früher lagen längs der Schweizer Straße in Duisburg eine ganze Reihe von Pöttkesbäckereien und Dachpfannenfabriken. Die letzte Dachpfannenfabrik (Kor) lag am Kiefernweg und ist während des Krieges verbrannt; die älteste – die Pöttkesbäckerei von Ostermann – blüht jetzt noch. Alle aber hatten ihre Tongruben am Duisserschen Berg, hinter der Nationalbrauerei, am Kiefernweg und oben neben der Alleestraße sind sie heute noch zu sehen. Und was ist dieser Ton weiter als verhärteter Meeresschlamm der Nordsee aus der Tertiärzeit?

Beweise? ... Ja freilich, es gibt auch Beweise! – Und wer Glück hat, der findet sie auch. Unser Prof. Heß von der Oberrealschule aber hatte kein Glück. Vor etwa 30 Jahren erforschte er diesen Ton. Fünfzehn Jahre seines Lebens hatte er damit zugebracht, diesem Ton nachzusteigen, hatte mit heißem Bemühen um Erkenntnis gerungen. Fünfzehn Jahre lang hatte er das ganze Waldgebiet von der Ruhr bis zur Anger, bis nach Ratingen durchwandert. Doch 15 Jahre lang hatte ihm dieser Ton seinen Personalausweis – die Meeresmuschel Leda – vorenthalten. Heß war aus allen möglichen Gründen überzeugt, dass dieser Ton, der sich übrigens auch bei

Sterkrade, bei Osterfeld, an den Tester Bergen findet, der Meeresschlamm der tertiären Nordsee sein müsse. Aber, aber, es fehlte immer noch das Tüpfelchen an dem i.

Dem Landesgeologen Prof. Fliegel war mehr Waidmannsheil beschieden. Es geschah dieses aber also: Prof. Athenstädt, der Heimatforscher, hatte ihn nach Duisburg gerufen. Es war damals, als die Umgehungsbahn erbreitert und die von der Bahn abgeschnittene Bergspitze am Schnabelhuck – da, wo heute die Zigeuner zu lagern pflegen – abgetragen wurde. Aus dem Material wurde nämlich der Damm der Umgehungsbahn gebaut. Und dabei kamen aller Hand interessante Dinge zu Tage. Die Herren begingen also das Schlachtfeld. Vor den Füßen von Prof. Fliegel lag ein großer Tonblock. „Was ist denn das?" fragte er und stieß mit dem Fuße daran. Der Block zerfiel in tausend Brocken. Zerfiel in eine große Zahl von Muscheln. Und jede einzelne war die seit 15 Jahren steckbrieflich gesuchte Leda! Damit war aber auch die Beweiskette geschlossen. Und also kam es, dass Prof. Fliegel Glück hatte. Und Prof. Heß Forscherpech; wer kam für Malheur?

Seitdem wissen wir unumstößlich, dass der Ton unseres Waldgebirges von der Anger bis zur Ruhr, von der Emscher bis zur Lippe, von Duisburg bis Speldorf-Bruch verhärteter Meeresschlamm der tertiären Nordsee ist, die rund vor einem Dutzend Millionen Jahre unserer Heimat eine Stippvisite abgestattet hatte.

24. „Was uns ein Stein erzählt“

Aus: Duisburger General-Anzeiger vom 24.06.1934.

Vor mir liegt ein Stein als Briefbeschwerer. Ich fand ihn, wie auch schon mehrere seiner Art auf der Hauptterrasse hinter Sterkrade. Fast genau denselben Stein fand ich aber auch schon vor 15 Jahren gegenüber der Monning hoch oben auf dem Wolfsberg. Es ist offenbar ein rund gerolltes Geschiebe der Hauptterrasse. Unscheinbar genug sieht der Stein aus: dunkelgrau, dabei sehr glattmatt-glänzend. Also offenbar sehr hart: ein Quarzit. Aber noch etwas sah ich, was den meisten wohl entgeht: kleine viereckige Löcherchen, kaum millimetergroß: die Begrenzung hat allerdings durch den Abschliff etwas gelitten. Es saßen einst goldglänzende Kriställchen darin, die von Laien immer wieder für Gold gehalten werden. In Wirklichkeit ist es aber Schwefelkies. Dem wissenschaftlich interessierten Leser will ich den Namen des Gesteins nicht vorenthalten: Es ist Revinten-(spr. Revintäng-)quarzit. Ein sehr interessantes Gestein. Vor 25 Jahren fand ich bei meinen Eifeltouren ein ähnliches Gestein als Felsen anstehend jenseits der deutschen Grenze in den Ardennen. Dort gehörte es den ältesten bekannten Erdformationen an. Viel älter als unser Devonisches Rheinisches Schiefergebirge: Alter so um die 400 Millionen Jahre. Gerade dieses Gestein verhalf mir damals zu einer wichtigen geologischen Entdeckung im Siebengebirge. All die Bergkuppen sind dort bekanntlich alte Vulkanruinen. Dort fand ich ein ähnliches Gestein als Einschlüsse im Basalt. Nur dass der messingglänzende Schwefelkies in bronzeglänzenden Magnetkies umgewandelt war. Also was dem Menschen nicht vergönnt war zu schauen, der Vulkan brachte es an den Tag. Der Feuerfluss kam aus großer Tiefe und brachte das mit, was dem Menschen sonst unzugänglich war. Doch das ist eine andere Geschichte.

Jedenfalls ist das eine sicher: die Schichten, die bei uns in unermesslicher Tiefe lagern, heben sich nach Westen heraus, treten in den Ardennen ans Tageslicht. So kommt auch unser Stein als ursprünglicher Fels dahin. Und nur ein einziges natürliches Transportmittel gibt es, das diesen Stein zu uns hierher bringen kann – Die Maas!

Lang – sehr lang ist es schon her, als unsere niederrheinische Heimat einsank und anstelle des Gebirges, das sich von Duisburg bis Aachen fortsetzte, eine große Tiefebene entstand: Die heutige Niederrheinische oder Kölner Bucht; die Spitze liegt im Siebengebirge. Heute ist diese Ebene zwischen Rhein und Niers von vielen Hügeln überstreut: bei Krefeld, Moers und weiter nördlich. Aber damals war sie noch tischeben. Maas und Rhein mündeten in der Hauptterrassenzeit – also vor rund 430.000 Jahren – in sie hinein. Und für beide war diese flache Ebene ein beliebter Tummelplatz. Beide sind zwar heute in Charakter und Lauf ziemlich gefestigt. Aber damals betrieben sie noch so etwas wie – na, es lässt sich doch nicht länger verschweigen, also so etwas wie einen lockeren Lebenswandel. Bald kam er zu ihr, blad kam sie zu ihm. Und dies letztere fand gerade hier in unserer Heimat, hier bei uns in Duisburg statt!

Denn von hier aus talabwärts: bei Sterkrade, Hünxe und weiter nördlich der Lippe habe ich diesen Stein oft auffinden können. Aber bergwärts! An den vielen Fundstellen der Hauptterrasse bei Mintard, Lintorf und Ratingen entsinne ich mich nicht, ihn je gesehen zu haben. Also gerade hier bei Duisburg muss vor rund 450.000 Jahren die Maas in den Rhein geflossen sein!

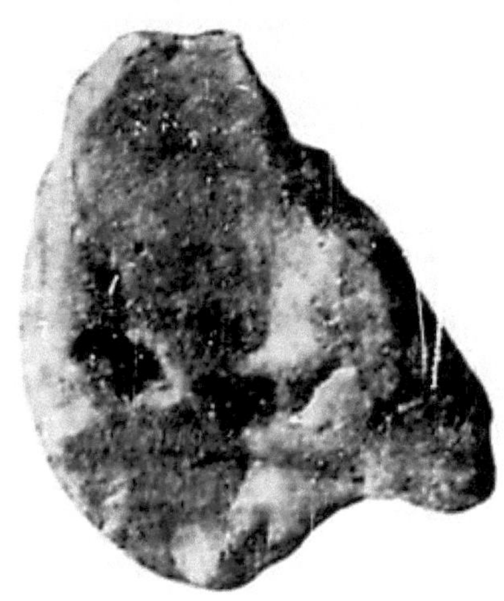

Maasgeröll in unserer Heimat

Die Vorderfläche stellt die glatte Grundfläche des Gletscherschliffes mit Schrammen (schräg von links oben nach rechts unten) dar. Rechts und oben scharfe Kante des Windschliffes. Oben Dreikanter. Die kleinen schwarzen Oeffnungen enthielten den Schwefelkies, der die Herkunft aus dem Maasgebiet beweist.

Aber auch sonst noch weiß der Stein von mancherlei Zeitereignissen zu erzählen. Auf der einen Seite ist er rund, genauso wie das einem pflicht- und ehrliebenden Flussgeröll eignet und gebühret. Auf der anderen Seite aber ist er glatt. Zeigt bei gründlicher Untersuchung in freistehendem Licht seine Streifen und leichte Schrammen: typischer Gletscherschliff! Vor 200.000 Jahren besuchte der nordische Eisriese Europa; er kam gerade bis zu uns. Es gelang ihm, unseren Stein an der noch heute runden Seite zu packen. Mit der andern Seite scheuerte er ihn so lange über den hart gefrorenen Boden, bis er da seine runde Begrenzung verlor, fast glatt wurde und vor allem diese geschrammte Grundfläche bekam. (siehe Bild).

Und noch etwas anderes verrät uns die Grundfläche. Auf der einen Seite ist die begrenzte Kante weder rund noch halb rund mehr: sie ist zu einem scharfen Grat geworden. An der einen Seite stoßen drei solcher scharfer Grate in Form einer stumpfen dreiseitigen Pyramide zusammen. So scharfkantig, mit solchen angeschliffenen dreiseitigen Pyramiden sehen alle Steine in der Wüste aus. Dort wurde nämlich durch die ungehemmte Kraft des Windes der Sand gegen den Stein geblasen. Und dieses „Sandstrahlgebläse" der Wüste oder der Steppe ist es, das alle diese „Windschliffe" und besonders diese „Dreikanter" schuf. Genau diese Dreikanterform hat aber auch unser Stein! Also muss auch er einmal eine solche Wüsten- oder Steppenzeit durchgemacht haben. Ich glaube aber, es wird nicht die letzte gewesen sein, die in Neudorf und Obermeiderich den ganzen Flugsand zusammenschleppte; diese Steppenzeit muss der Eiszeit unmittelbar gefolgt sein.

Maasmündung bei Duisburg – Eiszeit – Steppenzeit: alles das verrät uns dieser Stein. Keines Menschen Auge hat alles das gesehen. Aber wo Menschen schweigen, werden Steine reden.

25. Wenn die Steine reden ...

Der Kaiserberg erzählt seine Geschichte – Von 30 Jahrmillionen

Aus: Rhein-Ruhr-Zeitung vom 05.04.1936.

Am Schnabelhuck wird durch die Zubringerstraße zur Reichsautobahn wieder einmal ein Stückchen des Berges abgeschnitten. Die Baustelle sieht ja nicht gerade schön aus. Aber sie ist interessant! Für den Geologen, für den Naturfreund, wie überhaupt für jeden Heimatfreund.

Das ist der Abstich am Kaiserberg (Aufnahme RRZ)

Eine mächtige Bergwand wird da abgetragen. Unten – vielleicht bis zur Höhe von ungefähr 8 Metern über den Bahnschienen – besteht sie aus einem feinen, etwas lehmigen Sand, im Ganzen hellgrau in verschiedenen Schattierungen. Über ihm lagert, mit ziemlich scharfer Grenze abgesetzt, Ton. Zu unterst dunkel, fast grauschwarz, in mächtigen Blöcken abbrechend, die zur Ziegelei geschaffen werden. Darüber wird er immer heller in Folge der Verwitterung, die aus den vielen Spalten eindringt. In diesen sitzen dünne gelbe Krusten von Oralit, einem sehr seltenen Verwitterungsmineral, das außer hier nur an wenigen Punkten vorkommt. In den untersten Lagen des Tons – fast unmittelbar über dem Sand – sieht man hellgraue, flachovale, brotlaibähnliche Kalkbrocken eingelagert (gewöhnlich enthält die Wand 4-5 Stück zu gleicher Zeit), die in senkrechten Klüften zerspringen und Septarien[m] genannt werden. Die dunkle Farbe des Tons rührt von feinverteiltem Schwefelkies her, der zuweilen auch in größeren Stücken eingelagert ist. Er verwittert und macht dabei Schwefelsäure frei. Mit dem Kalk zusammen bildet diese die großen Kristalle von Gips oder Marienglas[n], die in daumengroßen glasigen Einzelkristallen oder faustgroßen Zusammensetzungen vorkommen, gut spalten und von den Jungen gern gesammelt werden. Es wird wohl für lange Zeit die letzte Fundstelle sein.

Wie ist das alles entstanden? – Die ganzen Massen verdanken einer Laune der Nordsee ihre Entstehung. Vor rund 30 Millionen Jahren machte sie hier eine Stippvisite. Vorher ging der Nordrand des Schiefergebirges gerade durch bis zu den Ardennen. In der mittleren Tertiärzeit stürzte die Niederrheinische Bucht in einem dreieckigen Zipfel zwischen Mülheim und Aachen zusammen. Das Meer drang ein und seine Spuren sehen wir hier. Die unruhige Brandungsfront der Küstenlinie – das war die Sturmfront dieser vorrückenden Meereslinie. Da gab es große Brocken, da setzte sich Kies ab. Auch hier am Schnabelhuck passierte diese Front; der Kies liegt aber tief unter dem jetzt aufgeschlossenen Niveau. Dann drang die Brandung weiter nach Süden, vielleicht bis Ratingen. Dahinter, in dem noch immer wenigstens leicht bewegtem Meer setzte sich dann der feine Meeressand ab, den wir zuunterst hier sehen. Er repräsentiert gewissermaßen die mächtigen Infanteriekolonnen der vorrückenden Front. Als dann die stürmende Brandungsfront noch weiter nach Süden in Richtung auf Köln vorrückte, da verschob sich die Sandfront nach Ratingen: Formsandgruben. Bei uns aber, in der Ruhe der Etappe, setzte sich in dem tiefen, unbewegten Meer der feinste Schlamm ab. Das ist der Ton, den wir da oben sehen.

Jahrmillionen verstrichen. Das Land hob sich, das Meer zog sich wieder zurück. Das Diluvium brach an. Dem zurückgewichenen Meere strebte der Rhein nach. Von ihm stammen die Kiesmassen der Hauptterrasse, die man oben auf dem Grat des Berges, am besten neben der Ruine, sieht. Das war vor 450.000 Jahren. Das Land hob sich noch weiter. Das Flachland wuchs zum Berg empor. Von beiden Flanken wurde der Schnabelhuck von Flüssen angeknabbert. Im Westen vom Rhein, im Osten von der Ruhr. Die

---

[m] Anm. Hrsg.: Kalkkonkretionen im kalkhaltigen Ton.

[n] Anm. Hrsg.: Glasartige Gipsform, aus der früher Reliquien- oder Marienbilder hergestellt wurden.

Westflanke an der rechten Seite ist in der jetzigen Form noch etwas älter. Sie ist nämlich, als vor rund 200.000 Jahren der nordische Gletscher rheinaufwärts quoll, mit einem mächtigen Moränenpolster versehen worden: das ist die schätzungsweise 10 Meter mächtige Decke von Lehm, Sand und eingepressten Kieslinsen, die da mit schräg einfallender Grenze den Hang überlagert. Besonders die eingebetteten Kieslinsen zeigen, mit welcher Gewalt die Eiswalze darüber hinwegbügelte. Auch auf der Seite der Unterwelt muss früher eine solche Moränendecke gelegen haben. Dort aber kam vor etwa 2000 Jahren – also in der Römerzeit – die Ruhr und hobelte mit scharfem Hobel alles wieder weg. Den Hobelstrich sieht man an der linken Steilkante deutlich aufgeschlossen: es ist die schräge Grenze zwischen dem hellen Meeressande rechts und dem darüber gerutschten Ton links. Nach dieser Zeit erst kam der Ton von oben heruntergerutscht und setzte sich, als die Ruhr sich wieder verlegt hatte, ungestört am Bergfuß nieder.

Man bekommt hier einen guten Einblick in das Walten der Naturkräfte und versteht manches, was dem Laien im ersten Augenblick unerklärlich dünkt. Da liegen etwas weiter im Süden die Reste der altgermanischen Fluchtburg von Duissern – der De-usoburg.[o] An dem Promenadenweg nördlich hinter der Steubenstraße sind Wall und Graben am Waldrande gerade in der jetzigen Jahreszeit noch sehr gut sichtbar. Wie überhaupt an der ganzen Westflanke des Duissernschen Berges. Aber an der Ostflanke, in der Unterwelt, keine Spur! Diese Rutschmassen an der Unterweltseite des Schnabelhuck bieten die Erklärung: Die Ruhr hat seit der Frankenzeit da alles abgerissen, nachdem der Amtssitz des Gauhäuptlings und die Burg selbst zum Burgacker verlegt wurde und sich hier kein Mensch mehr um die Instandhaltung kümmerte. Die Ruhr bestand jedenfalls in der Stauferzeit, als die Duissernschen Nönnchen den Versuch machten, sich mit Misserfolg in der Nähe der Ruhr am Versunkenen Kloster anzusiedeln. Dieser Steilabsturz am Schnabelhuck zeigt auch, weswegen das Kloster, das an der Terrassenkante gebaut war, versinken musste.

Dieses und noch vieles mehr erzählt uns dieser im ersten Augenblick so unscheinbare Aufschluss am Schnabelhuck!

---

[o] Anm. Hrsg.: Zur strittigen Interpretation der Wallanlagen auf dem Kaiserberg als Fluchtburg siehe die Erläuterungen von Krause, Günter: Archäologische Zeugnisse zur frühen Geschichte Duisburgs, Duisburg, 2020, S. 393ff.

26. Die Geologie in der Volkshochschule

Aus: Professor Dr. W. Dieck: Ziele und Wege der deutschen Volkshochschule, Erster Band, M.Gladbach, 1923, Volksvereins-Verlag, S. 33-40.

A. Bedeutung der Geologie in der Volkshochschule

Gehört die Geologie überhaupt in die Volkshochschule? – Ich meine doch. Geologie, richtig verstanden, eröffnet ein Verständnis dafür, dass es auf der Erde nichts – aber auch gar nichts Unveränderliches gibt, und sei es scheinbar auch noch so fest gefügt wie die großen himmelstürmenden Gebirge. Geologie lehrt uns, Zeiträume in die praktische Rechnung zu ziehen, die den meisten Volksgenossen Ewigkeiten dünken.

Die Erde ist geworden, die Erde wird. Alles verändert sich. Nichts, aber auch gar nichts bleibt in den Zeiträumen, die der Geologie zu Gebote stehen, starr und unveränderlich. Dieser Gedanke wird durch die Geologie breiteren Kreisen weit packender und eindringlicher klar als durch das abstrakte und blutleere „Alles fließt" des Philosophen. Dieses formale Ergebnis halte ich für die wertvollste, weil allgemeinste Frucht des Geologiestudiums.

Noch aus einem anderen Grunde halte ich die Geologie wie wenige andere Fächer für berufen, eine Volkswissenschaft und Lehrgegenstand der Volkshochschule zu werden. Sie ist die Lehre von der Gestaltung der Erdrinde. Erdrinde gibt es überall. Überall wird man ein Erosionstal, einen Bachlauf mit Anschwemmungen, eine Düne, eine Moräne oder dergleichen finden. Überall hat man Gelegenheit, die geologische Natur in ihrem Schaffen und Wirken selbst zu belauschen. Es ist hier verhältnismäßig einfach, ohne große Umstände bis ins Innere dieser Wissenschaft vorzudringen.

Auf keinem anderen Gebiete verspricht die Arbeit der Volkshochschule der Wissenschaft selber größeren Nutzen als gerade in der Geologie. Sie setzt sich ja die Erforschung der ganzen Erdrinde zum Ziele, und die dazu erforderlichen Beobachtungen übersteigen die Kräfte der heute vorhandenen Fachgelehrten. Je mehr Freunde und Kenner diese Wissenschaft unter denen erwirbt, die in Bergwerken, Lehm- und Sandgruben, Steinbrüchen oder sonst in Gottes freier Natur ihrem Tagewerk obliegen, desto reicher wird das Beobachtungsergebnis und der Fortschritt der Geologie werden. Dass so die Geologie vielen Handarbeitern bei der Ausübung ihres Berufs Gelegenheit bietet, in ihrer Weise an der Mehrung der Wissenschaft mitzuarbeiten, das sollte ihr einen der ersten Plätze in der Volksbildung sichern.

Dann noch eins. Ich sagte, die Geologie soll eine Volkswissenschaft werden. Sie muss die Grundlage für die heimische Geographie, für die Geschichte (Siedlungskunde) werden. In den meisten Fällen wird man die Gründe, weswegen eine Siedlung gerade an dem und dem Punkt entstanden ist und sich entwickelt hat, ohne Geologie nicht verstehen.

B. Ziel der Geologie in der Volkshochschule

Der Begriff des Werdens, der Veränderung muss im Brennpunkt des gesamten geologischen Unterrichtsbetriebs stehen. Alle Darbietungen müssen sich um diesen Begriff herum gruppieren. Von dem Begriff der Veränderung aber lässt sich der Begriff der Kraft als Ursache der Zustandsänderung philosophisch nicht trennen. Die Aufgabe des geologischen Allgemeinunterrichts muss also darin bestehen, den geologischen Kräften in ihrem Wirken nachzuspüren und sie aufzuzeigen.

Bei der großen Verschiedenheit, die die Erdrinde von Ort zu Ort darbietet, ist das so ziemlich das Einzige, was sich über dieses Fach allgemein sagen lässt.

C. Allgemeine Methode des geologischen Unterrichts

Zur Übermittlung des Wissens gibt es zwei Wege: den deduktiven und den induktiven Weg. Der deduktive Weg eignet sich ausgezeihnet zum Vortrag und ist infolgedessen der bequemere. Der induktive Weg beruht vorwiegend auf Anschauung, auf Selbsterarbeitung. Für Lehrer und Hörer ist er infolgedessen nicht so bequem, aber dafür ertragreicher. Alle Erfahrungswissenschaften sollten sich auf der induktiven Methode aufbauen. Jede Wissenschaft arbeitet mit Begriffen. Bei den Erfahrungswissenschaften soll aber der Unterricht die abgezogenen Begriffe nicht in die Erscheinungen hineinpressen – sie vielmehr aus den Erscheinungen heraus frei entwickeln. Er soll den Hörern die Begriffe erleben lassen. Wenn für irgendeine Wissenschaft der deduktive Weg ungeeignet ist, dann ist es die Geologie. Lehrer und Schüler sollen vielmehr eine Arbeitsgemeinschaft bilden. Es werden keinerlei fachliche Voraussetzungen gemacht; vielmehr geht die Arbeit von der Fiktion aus, die Geologie von Grund aus selbst zu erforschen.

Das Material liefert die Erdrinde der Umgebung. Dieses kann nur auf Exkursionen dargeboten werden. Die Exkursion muss daher im Vordergrund des ganzen Unterrichts stehen, oder – besser gesagt – die Grundlage des ganzen Unterrichtsbetriebs werden. Sie darf nicht, wie es ja meist gemacht wird, zu einer gelegentlichen angenehmen Zugabe eines Vortrages herabsinken.

D. Forderungen an den Dozenten

Das Schwergewicht des ganzen Unterrichts soll also in der Feldarbeit liegen. Das setzt natürlich voraus, dass der Dozent die ganzen Zweige der Geologie (wenigstens soweit sie für die betreffende Gegend in Frage kommen) glatt beherrscht. Er muss im Stande sein, die geologischen Begriffe überall in der Natur wiederzufinden und sie aus ihr zu entwickeln bzw. aus ihr entwickeln zu lassen.

Der Dozent muss die Geologie seines Gebietes vollständig kennen. Die geologische Landesaufnahme bietet ihm hierbei viele Hilfe. Aber ohne weiteres ist sie doch nicht zu verwenden. Viele Einzelheiten, besonders stratigraphischer Art, sind für die Volkshochschule ohne Bedeutung, während andererseits gerade viele wichtige Einzelheiten aus der Geomorphologie (Entstehung der Erdoberfläche) von der Landesaufnahme als selbstverständlich nicht besonders erwähnt werden. Fast ebenso wichtig sind Lehrbücher in ihren allgemeinen Abschnitten. Aber daneben ist mehrsemestrige Geländearbeit unbedingt erforderlich. Beständiges Vergleichen der einzelnen Geländeteile untereinander und mit den literarischen Angaben fördert immer. Ich kann aus Erfahrung sagen, dass fast jede Begehung neue bisher unbeachtete Erkenntnisse zutage fördert.

E. Spezieller Lehrgang

Wenn möglich, wird eine einleitende Vorlesung vorausgeschickt, die das Wesen der geologischen Änderung behandelt.

Gleich zu Anfang eine Erdkarte aus früheren Perioden vorzeigen (zu gewinnen aus Arndt, Frech, Bölsche), ferner der Verlauf eines früheren Gebirges (Variskisches Gebirge aus Volk, Geologisches Wanderbuch). Wenn Zeit vorhanden, auseinandersetzen, wie diese Karten gewonnen werden. (Von der Forschungsmethode ist der Hörer in den kleinsten Einzelheiten zu unterrichten. Immer findet man noch bei Laien die Ansicht vertreten, dass die Ergebnisse der Geologie mehr oder weniger Phantasie seien!). Zunächst zeitliche Bestimmung irgendeiner Schicht (Leitfossil, Abänderung der fossilen Lebewelt als bloße Erfahrungstatsache benutzen – geologischer Kalender – ohne notwendigerweise die Abstammungslehre vorauszusetzen). Art der betreffenden Ablagerung (Konglomerate, Sandstein, Schlamm bzw. Tonschiefer, kontinentale Ablagerung) und der Fossilien (dick- oder dünn-

schalige Zweischaler, Korallen, blinde Tiefseetiere) als Prüfstein für die Verteilung von Land und Meer. Rekonstruktion alter Gebirgszüge durch Streichen; Zeitbestimmung für ihr Entstehen und Vergehen durch Diskordanzen – alles möglichst aus der betreffenden Gegend entnommen.
Nachdem so die frühere Beschaffenheit der Erdoberfläche tatsächlich festgelegt ist, Erklärung für die Abweichungen: Cuviers Katastrophentheorie. Gründe dagegen. Lyells Kontinuitätstheorie. Zu ihrer Begründung von der historisch bekannten Änderungen der Umgebung ausgehen (Verlegung großer Flussläufe!) oder von den geschichtlich überlieferten Veränderungen der Strandlinie an der Nordsee, der Bretagne oder Italien. Für Änderungen in der Vertikale: Tektonische Erdbeben, die oberflächlich sichtbare Verwürfe zur Folge hatten, Knistern des Gebirges in Bergwerken, Gebirgshebungen und Strandlinien, Präzisionsnivellements usw. Alle die Änderungen erstrecken sich höchstens über zwei Jahrtausende. Man muss den Mut haben, große Zeiträume in Rechnung zu stellen – Jahrmillionen. Mit diesen multipliziert, ergeben sich aus den kleinsten Änderungen die anfangs festgestellten Tatsachen. In der Tat: Wenn man zeitlich nahe beieinanderliegende geologische Stadien miteinander vergleicht, ergibt sich ein allmählicher Übergang, kein plötzlicher Bruch.

Diese Eröffnungsvorlesung kann auch sehr gut dazu verwandt werden, um Grundbegriffe einzuführen, die an anderen Orten gewonnen werden und daher nicht gut bei den Exkursionen entwickelt werden können.

Es beginnen dann gleich die Exkursionen, sechs bis zehn an der Zahl. Es muss sich zunächst darum handeln, den Begriff des Werdens, der geologischen Änderung praktisch klarzumachen. Man sucht solche Stellen auf, wo das geologische Geschehen, d.h. die Veränderung im Zusammenhang mit ihrer Ursache, noch deutlich ist, am besten diluviale oder postdiluviale Erscheinungen.

Beispiele

1. Absatz und Schichtung. Messung des Hochwasserschlammes bei Frühjahrsüberschwemmungen. (In den Kölner Straßen 1920 bis über Hand hoch, sonst im Rheingebiet 1bis 3 Zentimeter auf Wiesen – Vergleich mit der Lehmdecke auf Flussterrassen). Heutige Flussabsätze: Ablagerungen von Sand und Kies zwischen Kribben und bei sonstigen Anlandungen, Ausfüllung von toten Flussschlenken, Bildung der „wandernden" Gründe auf dem Boden der Flussrinne (Schiffererfahrungen!). Vergleich mit Sand- und Kiesablagerungen der Terrassen und Zurückführung auf die Flusstätigkeit. Schichtung, Kreuzschichtung und „Gründe", d.h. Schotterwellen auf dem Flussboden.
Rezente Dünenbildungen, eventuell Schneeverwehungen, dazu diluviale Flugsandbildungen. Löß (Mangel an Schichtung!)

2a. Erosion. Es wird wohl immer ein ungepflegter Bahndamm oder eine schlechtgehaltene abschüssige Straße in der Nähe sein, die Regenrinnen zeigen. Vergleich dieser rezenten Erosionsrinnen mit großen Erosionsmulden oder Bachtälern an Hängen oder in hügeligem Gelände. Grundgesetze der Erosion; V-förmiger, U-förmiger Querschnitt.
2b Unterlauf eines Bacheinschnittes mit verbreitertem Talboden. In Zusammenhang bringen mit der breiten hochwasserfreien Talsohle eines großen Stromtales. Höhenlage nur zu erklären durch Erhebung des Landes. Alle Hängeterrassen auf solche Talböden zurückführen.
3. Wenn Terrassen nach der Talachse zu einfallen: Senkungen, Abrutschungen, tektonische Vorgänge.
4. Chemische und mechanische Verwitterungserscheinungen: Denudation.
(Das sind nur ein paar Beispiele, die sich beliebig vermehren lassen. Von ihnen wird nur das ausgewählt, was in der betreffenden Gegend selbst sichtbar ist.)

Alles das sind Erscheinungen, die auf die Jetztzeit oder das Diluvium zurückgehen. Hier ist der Kausalzusammenhang noch deutlich. Je weiter wir in der Zeit zurückgehen, um so gewaltiger wird infolge der Summation die Wirkung der Kräfte (Abtragung, Aufsattelung der Gebirge), um so undeutlicher und verwischter werden aber auch die Zeugnisse, der Kausalzusammenhang. Deswegen geht man erst später Schritt für Schritt zu älteren Formationen über und benutzt bei der Rekonstruktion diejenigen Gesetze, die in den Anfangsexkursionen gewonnen sind.

Ein planmäßiger Aufbau kann natürlich nur im großen Ganzen vorgenommen werden. Die Natur ist nun einmal nicht systematisch geordnet (Gott sei Dank!). Das schadet für unsere Zwecke aber auch nichts. Denn selbst wo sie aus ungeordneten Einzelerscheinungen zu abstrahieren sind, werden die Begriffe schließlich doch geklärt, wenn sie nur beständig wiederholt werden. Um die Begriffsbildung zu fördern, ist es deswegen ganz zweckmäßig, wenn anfangs mehrere Exkursionen ähnliches bieten: dieselben Flussterrassen, ähnliche Kiesgruben, ähnliche Erosionstäler.

Weil zu viel neue Begriffe heranstürmen, dürfen die ersten Exkursionen nur kurz sein. Zwei, höchstens drei Stunden werden genügen. Erst allmählich geht man zu Halbtagsausflügen über. Nur die zwei oder drei letzten Exkursionen dürfen sich über den ganzen Tag erstrecken.

Die Arbeitsmethode ist immer dieselbe: möglichst den Hörer selbst arbeiten (beobachten und schließen) lassen; sich auf den Standpunkt stellen, als sei noch nichts bekannt, man müsse die ganze Geologie der Gegend selbst erforschen. Der Dozent geht vorteilhaft am Ende des Zuges und zwingt dadurch die Spitze zu schärferer Beobachtung – u.U. kann er auch schon vorher darauf aufmerksam machen, dass etwas besonders Interessantes kommen wird. Es wird in einem großen Zuge meist immer der eine oder andere dabei sein, der etwas Besonderes findet. Andernfalls lässt der Dozent die Spitze ruhig vorbeimarschieren und stellt dann mit einer gewissen Betrübnis oder Schadenfreude – je nachdem – fest, dass sich der sichere geologische Blick immer noch nicht eingestellt hat. (Überhaupt trägt ein wenig Humor, u.U. sogar Satire, nicht wenig dazu bei, die ganze Arbeit zu würzen und zu beleben.) An jedem Aufschluss ist es die erste Aufgabe, den Tatbestand festzustellen. Dadurch wird die geologische Beobachtungsgabe geschärft. Es folgt dann die zweite Aufgabe, daraus die nötigen Schlüsse entwickeln zu lassen und die Einzelerscheinung in die große Gesetzmäßigkeit einzuordnen. Eigentliches Dozieren würde ich nur zulassen, wenn nicht genügend Zeit vorhanden ist.

Sehr zweckmäßig ist es auch, wenn der Dozent an einem vorher ins Auge gefassten Rastpunkt Reliefmodelle und sonstige Modelle der Gegend unterbringt. Eine Wandtafel (Vereinstafel) ist ja in den meisten Lokalen vorhanden; sonst tut es auch schon schwarzes Schieferpapier. Ja, bei einiger Übung lässt sich auch ganz gut mit dem Stock in den weichen Boden zeichnen. Möglichst die Zustände genetisch entwickeln!

Bei den Exkursionen ist immer der Zug ins Große zu erstreben und alles Kleinliche möglichst zu vermeiden. D.h. also: man darf nicht an einem einzelnen Aufschluss kleben bleiben. Denn es soll ja nicht Petrographie, Mineralogie oder Fossilienkunde als Selbstzweck getrieben werden. Immer trachte man danach, über große Flächen hinaus zu verbinden, möglichst Aussichtspunkte aufzusuchen, die meilenweite Fernsicht gestatten, und von da aus die Morphologie, die Terrassen – eventuelle Sättel und Mulden zu zeigen.

Dringend abraten möchte ich auch, Mineralogie, Petrographie und Paläontologie gewissermaßen propädeutisch vorauszuschicken (vielleicht gar in Form von Vorträgen!). Erstens schreckt eine solche Propädeutik die meisten ab, die nicht gerade Liebhaber sind, und verhindert, dass sie zum eigentlichen Kern der Sache vordringen. Und dann ist eine solche Propädeutik nicht einmal nötig. Man kann sich sehr gut Sprachen aneignen, ohne vorher Vokabeln auswendig gelernt zu haben. Und gerade diejenigen, die eine Sprache fließend beherrschen, haben die wenigsten Vokabeln auswendig gelernt. Das lernt sich durch den Gebrauch von selbst (Berltz-

Methode!). Ich will die genannten Fächer nicht etwa ausschließen. Aber ich denke sie mir als Fortsetzung, als Spezialvorlesungen.

Die Exkursionen können wohl nur im Sommer stattfinden. Für den Winter wird zweckmäßigerweise als Abschluss eine zusammenhängende Vorlesung ins Auge gefasst, mit der Aufgabe, das unterwegs Geschaute in ein zusammenhängendes System zu bringen. Sie darf also nicht etwa ein Auszug aus einem bekannten oder unbekannten Lehrbuch bringen, sondern muss sich eng an die heimatlichen Verhältnisse anschließen. Ich habe es aufgrund langjähriger Erfahrung für zweckmäßig gefunden, hierbei die geologische Geschichte der betreffenden Gegend zu Grunde zu legen. In diesem Rahmen kann dann die gesamte allgemeine Geologie (Dynamik, Tektonik, nötigenfalls Mineralogie, Petrographie, Paläontologie) Unterkunft finden, soweit sie zum Verständnis der betreffenden Gegend notwendig ist.

In der ersten Vorlesung kann nochmals das wiederholt werden, was als einleitende Vorlesung vor der Exkursion angegeben war. Sodann kann im geschichtlichen Teil die erste Entstehung der Erde, Panzerkruste, archäische Formationen, Regionalmetamorphose behandelt werden – aber nur kurz. Möglichst bald sucht der Dozent zu der ältesten Formation zu kommen, die für die betreffende Gegend von Bedeutung ist.
Zunächst entwirft er ein allgemeines Bild von der betreffenden Periode (Verteilung von Land und Meer, Tier- und Pflanzenleben in Rekonstruktion, nach Frech, Arndt, Bölsche, Fraas, Abel usw.), erläutert dann die Umstände, unter denen die Absätze der betreffenden Gegend zustande kamen. Verfestigung schüttiger Ablagerungen, Störung durch Gebirgsbildung, Rekonstruktion der Gebirge nach Ort und Zeit, in der Gegend nachgewiesene Diskordanzen, Abtragung durch Denudation, Abrasion. Zum Schluss fluviatile und glaziale Eiszeiterscheinungen. Bei den Exkursionen sind möglichst charakteristische Stücke als Anschauungsmaterial mitgenommen worden. (Sie können vielleicht in einem Heimatmuseum aufgestellt werden). Sonstiges Anschauungsmaterial: Zeichnungen an der Tafel in genetischer Entwicklung, selbstgefertigte Gips- oder Pappmodelle, Fraasche Tafeln usw. Gutes Anschauungsmaterial für jeden gewünschten Zweck bietet auch Dr. F. Krantz, Rheinisches Mineralkontor, Bonn. Katalog 18: Allgemeiner mineralogisch-geologischer Lehrmittelkatalog.

4 bis 6 Stunden werden im Allgemeinen genügen. Es ist keine Breite, sondern Vertiefung, d.h. möglichst genaue kausale Erklärung der Vorgänge in der eigenen Heimat, zu erfahren.

Auf diese Weise wird für die betreffende Gegend ein vollständiger Längsschnitt erzielt. Der Hörer wird mit der Geologie seiner Heimat durchaus vertraut und wird sogar befähigt, sich auch in anderen Gegenden an Hand etwa vorhandener Literatur oder auch ohne sie selbstständig zu Recht zu finden.

F. Sonderlehrgänge

Das oben entwickelte System: Einleitende Vorlesung, Exkursion, Abschlussvorlesung, bildet den Grundstock des ganzen Geologieunterrichts. Er umfasst Sommer und Herbst (bis Weihnachten).

Darauf können sich nun Spezialvorlesungen aufbauen. Als solche nenne ich:

1. Geschichte des Lebens auf der Erde, möglichst mit populären Rekonstruktionen.

Für jeden Geologieunterricht mit Ausnahme vielleicht der Fachanstalten sind lebensvolle Rekonstruktionen weit wichtiger als Originalfossilien, wenn gleich auch von diesen einige vorgezeigt werden müssen. Anschauungsmaterial: Siehe oben. Auf absolute Richtigkeit in jedem Punkt, die Abel z.B. fordert, kommt es hier durchaus nicht an. Deswegen tun z.B. auch die Bölscheschen Rekonstruktionen ganz gute Dienste!

2. Der Boden und seine Entstehung. In einer Großstadt, wo sich genügend Liebhaber finden.

3.-5. Mineralogie, Petrographie, Paläontologie

Keine Vorlesung, sondern Praktikum. Ist immerhin schwierig wegen des Anschauungsmaterials. (Außer den Gegenständen selbst Dünnschliffe, Polarisationsmikroskop, Einrichtung zum Messen von Winkeln, Auslöschungsschiefen usw.)

6. In Gegenden, wo die betreffenden Dinge eine Rolle spielen: Kohle, Erze und andere nutzbare Mineralien; ferner Vulkanismus usw.

7. Vortragsreihen aus Nachbargebieten: Boden und Pflanzenwuchs (Acker- und Forstkultur), Abstammungslehre (Biologie), der eiszeitliche Mensch (Biologie, Geologie, Archäologie), Geologie und Siedlungsgeschichte usw.[p]

---

[p] Anm. Hrsg.: Die diesem Beitrag von Wildschrey angefügten Literaturangaben zu damaligen geologischen Lehrbüchern sind hier weggelassen.

Nachwort: Historische und fachliche Einordnung

Die Textauswahl

Die vorliegende Textauswahl umfasst Veröffentlichungen von Eduard Wildschrey aus den zwanziger und frühen dreißiger Jahren des letzten Jahrhunderts zu geologischen Themen des Niederrheins und der Duisburger Umgebung. Eduard Wildschrey war ein Duisburger Heimatforscher, der als promovierter Geologe in zumeist kleineren Veröffentlichungen einem breiteren Publikum die geologischen Abläufe der Heimat näher bringen wollte.

Die hier zusammengetragenen Texte richteten sich auch fast ausschließlich an eine breitere Leserschaft. Veröffentlicht wurden sie daher teilweise als Zeitungsartikel in lokalen Zeitungen wie beispielsweise in der *Rhein-Ruhr-Zeitung* und im *Duisburger General-Anzeiger* oder in periodischen Beiblättern zur Tageszeitung. Als letztere ist vor allem das Beiblatt *Niederrheinisches Museum – Zwanglose Blätter für Heimatgeschichte und Heimatkunde* zu nennen, das als Monatsbeilage u.a. für die zentrumsnahe *Hamborner Volkszeitung* erschien. Das *Niederrheinische Museum* brachte vor allem geschichtliche Beiträge zum Niederrhein, seinen Städten und angrenzenden Regionen. Laut seinem Herausgeber verfolgte das *Niederrheinische Museum* das Ziel, *„Heimatkunde und Heimatgeschichte [zu] pflegen und in Wort und Bild die Geschichte, die Natur, die Menschen vom Niederrhein [zu] beschreiben“*.[1]

In den ersten Jahrgängen dieses Beiblattes von 1921 bis 1923 veröffentlichte Wildschrey regelmäßig Beiträge zur regionalen und lokalen Geologie, aber auch zu historischen Themen. Der hier abgedruckte Haupttext *Die erdgeschichtliche Vergangenheit des Niederrheins* (Nr. 10) bildete darin die umfangreichste Veröffentlichung, die über mehrere Einzelhefte hinweg erschien. Auch die lokalgeologischen Beiträge *Der Kassenberg bei Broich* (Nr. 6), *Der Duisburger Steinbruch* (Nr. 8), *Das Kreidemeer am Kassenberg bei Broich* (Nr. 9), *Die Geologie von Sterkrade-Hamborn* (Nr. 13), *Geologische Irrtümer am Niederrhein* (Nr. 11) sowie *Zur Geologie Duisburgs* (Nr. 14) stammen aus dem Beiblatt *Niederrheinisches Museum*.

In Duisburger Tageszeitungen wie der *Rhein-Ruhr-Zeitung* und dem *Duisburger General-Anzeiger* veröffentlichte Wildschrey in den zwanziger, dreißiger und vierziger Jahren des letzten Jahrhunderts ebenfalls regelmäßig Artikel. In den dreißiger und frühen vierziger Jahren hatten seine Beiträge zunehmend heimatkundlichen, siedlungsgeschichtlichen oder archäologischen Inhalt. Die hier wiedergegebenen Texte *Sedanwiese und Ver-*

sunkenes Kloster (Nr. 1), *Die Steppenzeit bei Duisburg* (Nr. 2), *Geologie in der Unterwelt* (Nr. 7), *Das Urmeer am Duissernschen Berg* (Nr. 19), *Der alte Duisburger Rheinlauf wieder aufgefunden* (Nr. 21) und *Wenn die Steine reden* (Nr. 25) wurden von Wildschrey selbst als Artikel verfasst. *Ein Ur-Stromtal der Ruhr im Duisburg-Großenbaumer Walde* (Nr. 3), *Die Entstehung des Kaiserberges* (Nr. 12), *Aus Duisburger Vorzeit* (Nr. 15) und *Ruhrort – ein alter Rheinlauf festgestellt* (Nr. 16) sind Zeitungsberichte zu Vorträgen von Wildschrey, die sich aber eng an seinen mündlichen Ausführungen orientieren.

Sein früher Vortrag aus dem Jahr 1920 *Ein Ur-Stromtal der Ruhr im Duisburg-Großenbaumer Walde* (Nr. 3) verdeutlicht in besonderem Maße, wie Wildschrey seine damalige aktuelle Forschung zur Eiszeit und zur Flussgenese mit anschaulichen und verständlichen Informationen für den geologischen Laien zu verbinden wusste. Der Zeitungsartikel *Aus der Vorgeschichte Neudorfs* (Nr. 20) ist hier stellvertretend für weitere durch Wildschrey gehaltene Vorträge aufgenommen, die in der Presse damals lobend erwähnt wurden und die sich an ein breiteres Publikum richteten. Auch hier verband Wildschrey den Vortrag mit einer kleinen Exkursion in den Steinbruch, um das Gehörte vor Ort zu veranschaulichen.

Der Text *Die Heimaterde und ihr Antlitz* (Nr. 17) ist einem kleinen Jubiläumsband zur Geschichte der Gemeinde Hamborn anlässlich des 25-jährigen Gemeindejubiläums entnommen, in dem Wildschrey detailliert die Geologie des Hamborner Raumes beschrieb.

Die beiden Texte *Der Unkelstein* (Nr. 18) und *Geologie und Tiefbau* (Nr. 22) zeigen auf je eigene Weise, dass Wildschrey geologische mit anderen heimatkundlichen Fragestellungen inhaltlich verknüpfte. Der Beitrag *Der Unkelstein* (N. 18) stellt eine Verbindung zwischen geologischen und historischen Themen her. Der Aufsatz *Geologie und Tiefbau* (Nr. 22) beschreibt die Abhängigkeit bautechnischer Fragen von geologischen Voraussetzungen ausdrücklich als ein *„Kapitel angewandter Heimatkunde"*.

In den beiden Beiträgen *Das Urmeer am Duisserschen Berg* (Nr. 19) und *Wenn die Steine reden* (Nr. 25) nahm Wildschrey durch Baumaßnahmen verursachte Erdaufschlüsse zum Anlass, um anhand der freigelegten Geländeprofile die geologische Situation für den interessierten Laien zu schildern.

Aus dem Jahr 1934 sind hier schließlich zwei Artikel zur Geologie des Duisburger Raumes aufgenommen, die einmal mehr Wildschreys Anliegen unterstreichen, geologische Themen dem Publikum näher zu bringen. Der Text *Vom Tropenhimmel über Duisburg* (Nr. 23) führt in einen kleinen Abschnitt der damaligen lokalen geologischen Forschungsgeschichte ein. *„Was uns ein Stein erzählt"* (Nr. 24) verdeutlichte dem Leser, welche geologische Geschichte aus einem Handstück großen Stein herausgelesen werden kann.

All die bislang genannten Texte befassen sich mit geologischen Gegebenheiten des Duisburger Raumes und des Niederrheins. Davon unterscheidet sich lediglich die letzte hier abgedruckte Veröffentlichung *Die Geologie in der Volkshochschule* (Nr. 26). Diese Ausführungen Wildschreys bilden einen Beitrag in einem Sammelband, der unter der Herausgabe von Professor W. Dieck unter dem Titel *Ziele und Wege der deutschen Volkshochschule* in dem katholisch orientierten und der christlichen Soziallehre verpflichteten Volksvereins-Verlages in Mönchengladbach veröffentlicht wurde. Der Band vereinte Beiträge zu unterschiedlichsten Fachgebieten, die in den nach dem Ersten Weltkrieg neu gegründeten Volkshochschulen für ein breites Publikum angeboten werden sollten. Wildschrey stellte hier das Fach Geologie vor. Dieser Text fasst didaktische und methodische Grundsätze zusammen, die er in seinen Zeitungsartikeln, Vorträgen und Exkursionen auch anwandte.

Wildschrey selbst organisierte für die Volkshochschule der Stadt Duisburg in den zwanziger Jahren regelmäßig geologische Wanderungen, die zumeist an der Mühleimer Grenze bei der Monning oder am Gabelplatz starteten und in den Duisburger Wald führten. Die Kurse *„Geologische Wanderungen und Anleitung zum selbständigen geologischen Beobachten"* oder die *„Geologische Entwicklung der Heimat"* gehörten zum Repertoire seines Kursangebotes in der noch jungen Duisburger Volkshochschule.[2]

Wer war Eduard Wildschrey?

Eduard Wildschrey (1879–1944) war zunächst Assistent am mineralogischen Institut der Universität Bonn und promovierte dort im Jahr 1911 zu einem mineralogischen Thema mit dem Titel *Neue und wenig bekannte Mineralien aus dem Siebengebirge und seiner Umgebung.*[3] In seinen Schriften zur Geologie des Duisburger Raumes nahm er auch immer wieder vergleichenden Bezug auf die Geologie des Siebengebirges. Seiner Dissertation entnehmen wir folgenden Lebenslauf:

Lebenslauf. Geboren wurde ich, Johann Eduard Th. Wildschrey, evangelischer Konfession, am 9. Januar 1879 zu Duisburg, als Sohn des Schiffszimmermanns Joh. Wildschrey und seiner Ehefrau Margarethe geb. Witzer. Ich besuchte zuerst die Volksschule meiner Vaterstadt, dann das Realgymnasi-

um daselbst, das ich am 10. März 1899 mit dem Zeugnis der Reife verliess. Ich studierte dann in Marburg (2 Semester) Paris (1 Semester) Berlin (1 Semester) und Bonn (8 Semester), vorzugsweise Philosophie, Mathematik, Physik, Chemie, Mineralogie, Botanik und Zoologie, und bestand am 30. Juni 1906 das Lehramtsexamen, am 20 Juli 1910 die mündliche Doktorprüfung.

Gelegentlich hat Wildschrey in seinen Veröffentlichungen zur niederrheinischen Geologie von einer Begebenheit aus seiner Schulzeit berichtet, als er in einem Buchladen ein geologisches Werk der Zeit durchblätterte und der Buchhändler Zweifel äußerte: *„Nein, das glaube ich nicht. Woher will man das alles wissen? Es ist doch kein Mensch dabei gewesen!"* Bei ihm, Wildschrey, jedoch hätte die kartographische Darstellung früherer Erdzeitalter mit anderer Land- und Meeresverteilung gegenüber heute früh seine Neugierde für die Geologie geweckt.

Im Mitgliederverzeichnis des *Naturhistorischen Vereins der preußischen Rheinlande und Westfalen* wird Eduard Wildschrey in den Jahren 1906 bzw. 1907 als *Oberlehrer* und als *Kandidat des höheren Schulamtes* in Bonn geführt; im Jahr 1910 wird er dort mit gleicher Wohnadresse schließlich als *Assistent des mineralogischen Instituts der Universität Bonn* verzeichnet.[4]

Seine geologische Fachstudie *Ergebnisse der Untersuchungen über Einschlüsse in Rheinischen Basalten* wurde 1913 auch international in den Literaturnachrichten der *Geological Society of London* notiert. Bereits vor dem Ersten Weltkrieg hielt Wildschrey in der Bonner Region für ein breiteres Publikum geologische Vorträge; so u.a. im evangelisch orientierten Keplerbund von Bad Godesberg *Zur geologischen Geschichte der Rheinlande und insbesondere des Siebengebirges.*[5]

Ein im Februar 1916 veröffentlichter Aufsatz in der naturkundlichen Zeitschrift *Neue Welt* mit dem Titel *Die zerstörende Tätigkeit der Lebewesen in der Geologie* beschreibt eindringlich Wildschreys Kriegserlebnisse am „Hartmannsweiler Kopf" im Elsass – einem am stärksten umkämpften Frontabschnitt zwischen Franzosen und Deutschen während des Ersten Weltkrieges.

„Es war so gegen März, oben auf dem Hartmannsweiler Kopf. Heulend kamen von Molkenrain her die Granaten gepflogen – schwere Zweiundzwanziger. Der ganze Berg erbebte unter ihren Einschlägen. Turmhoch stiegen die erstickenden Gas- und Dampfwolken auf; mächtige Massen von Erde und Felsgestein nahmen sie mit in die Lüfte und ließen sie prasselnd

auf uns niederfallen. [...] Wenn man so im Feuer liegt – notdürftig durch eine vorspringende Felsecke gegen Spritzwirkung geschützt – dann muß man irgendeinen Gegenstand haben, über den man intensiv nachdenkt [...] sonst wird man verrückt. [...] Dann als das Feuer zu lebhaft wurde, da mußte ich krampfhaft an die Wirkung des Feuers auf das Gebirge denken."

Die Zeilen beschreiben nicht nur die Schrecken des Stellungskrieges an einem am stärksten umkämpften Frontabschnitt zwischen Frankreich und Deutschland, sie zeigen auch, wie Wildschrey aus dieser Bedrängnis heraus die Beschäftigung mit der Geologie sucht. „*[...] Denn was machen selbst 70 Stunden, wie wir sie jetzt in der Septemberoffensive erlebt haben, gegen die Ewigkeit, und was macht ein einzelner Schützengraben gegen ein so gewaltiges Bergmassiv!*"[6]

Dass Wildschrey sich mit Leidenschaft der Geologie widmete, verdeutlicht auch sein Bericht aus seiner Lazarettezeit in Badenweiler, wo er für die Kurgäste gleichwohl Exkursionen zur Geologie in die Umgebung des Schwarzwaldes durchführte.[7]

Unmittelbar nach dem Ersten Weltkrieg und insbesondere in den zwanziger, aber auch noch bis in die dreißiger Jahre des letzten Jahrhunderts hinein hatte Wildschrey in Zeitungsbeiträgen die Geologie des Duisburger Raumes und des Niederrheins einem breiteren Publikum in anschaulicher Weise näher gebracht. Dies bezeugen seine hier abgedruckten Texte.

Darüber hinaus beteiligte Wildschrey sich im Zeitraum von 1921 bis 1931 aktiv in der *Geologischen Gesellschaft Essen* mit Vorträgen und Exkursionen.[8] So wurden im Rahmen der Essener Geologischen Gesellschaft „*die geologischen Entdeckungen Dr. Wildschreys*" im Duisburger Wald nach einem seiner Fachvorträge in der Gesellschaft diskutiert und später vor Ort bei einer gemeinsamen Geländebegehung „*vor einem Forum von Fachleuten nachgeprüft*".[9] „*Diese Probe wurde glänzend bestanden. Es ist wahr, daß die Ruhr vor langer Zeit zwischen Kaiserberg und Monning nach Süden durchgebrochen ist, daß sie über den Steinbruch dem Rheinufer entgegen bis Lintorf floß, um sich wahrscheinlich zwischen Neuß und Krefeld mit dem Rhein zu vereinigen und daß sie wahrscheinlich durch den großen skandinavischen Gletscher soweit nach Süden gedrängt wurde (...)*".[10]

Wildschrey war für den Duisburger Museumsverein und den Verein für Heimatkunde tätig und gehörte dem Vorstand der Averdunk-Gesellschaft an. So hielt Wildschrey – „*Dr. Wildschrey bemühte sich eines volkstümlichen Tones*"[11] - beispielsweise bei den Festveranstaltungen zur Rheinischen Tausendjahrfeier 1925 im Verein für Heimatkunde einen Vortrag zur

Geschichte Duisburgs. Von 1926 bis 1930 leitete Wildschrey das Duisburger Stadtmuseum, damals Averdunk-Museum genannt.[12]

Bildunterschrift: *„Dr. Wildschrey spricht über die Geschichte des Burgplatzes"* (aus RRZ vom 13.06.1925). Im Rahmen der „Rheinischen Tausendjahrfeier" im Jahr 1925 hielt Wildschrey Vorträge, leitete Stadtführungen durch Duisburg und führte Exkursionen in die Umgebung mit *„geologischen und archäologischen Zwecken"*.

Wildschrey wurde 1930 von seinen Leitungsaufgaben des Museums und der Museumssammlung entbunden. Dazu hieß es damals in der lokalen Presse: *„Dort [im „Averdunk-Museum"] herrschte bis vor kurzem [Juni 1930] der durch seine Ausgrabungen und seine wissenschaftlichen Hypothesen über die Geologie und Prähistorie des Niederrheins bekannt gewordene Dr. Wildschrey. Er sollte dort den gedrillten Verwaltungsbeamten spielen und bekam das heulende Elend, wenn er daran dachte, wie Wald und Flur auf ihn warteten, damit er in ihrem Freiluftleben neue Forschungen ausgrabe."*[13] Die Umstände, die zu Wildschreys Absetzung als Museumsleiter führten, sind sicherlich als etwas undurchsichtig zu bezeichnen.[14] Der damals ausführlich in einem Zeitungsartikel beschriebene Vorgang, als dessen Resultat letztlich das Hamborner und Duisburger Museum unter einer Leitung zusammengefasst wurden, und Wildschrey seinen Posten verlor, hob hervor, dass Wildschrey zumindest *„seine Außentätigkeit [gemeint waren seine Geländebegehungen] wiedergegeben"* sei. Aber *„dass man in Abwesenheit des Gegners (Wildschrey fehlte) dessen Irrtümer herunterputzt"*, sei doch wohl nicht *„Brauch unter ernsten Wissenschaftlern"*.[15]

Wildschrey veröffentlichte auch in Folge weiterhin Zeitungsbeiträge zu geologischen und siedlungsgeschichtlichen Themen. Im Jahr 1936 verfasste er u.a. einen 19-seitigen Beitrag für den *Verkehrs- und Heimatverein Rheinhausen* mit dem Titel *„Die Entwicklung Rheinhausens"*. Der Eintrag im Duisburger Adressbuch führte ihn seit 1922/23 stets als *„Schriftsteller"* auf. Eduard Wildschrey kam im Alter von 64 Jahren am 15. Oktober 1944 beim großen Bombenangriff auf Duisburg – von alliierter Seite „Operation Hurricane" genannt - zu Tode; er wurde auf dem Friedhof Sternbuschweg beigesetzt.[16]

Kurzes Intermezzo: Zeitschrift „Industriekultur"

Im Jahr 1924 war Wildschrey Mitherausgeber der in Hamborn beim Verlag Hellmuth Geyer gedruckten und veröffentlichten *Zeitschrift für Politik und Wirtschaft, Literatur und Kunst - Heimat,* genannt *„Industriekultur"*. Die beiden Herausgeber, Dr. Leo Weiser[17] und Dr. Eduard Wildschrey, verfassten für das erste Heft am 11. April 1924 ein programmatisches Vorwort, in dem sie ihre Intention zur Herausgabe der Zeitschrift umschrieben.[18]

Der dem Menschen aufgegebene *„Dualismus"* zwischen Materialismus mit seiner Orientierung an dem Weltlichen, Stofflichen und Körperlichen einerseits sowie dem Idealismus mit dem Geistigen und Seelischen andererseits stehe für die durch die Industrie geprägte Menschheit als besondere Herausforderung dar. *„Nach dem Fiasko unserer materiellen Kultur in und nach dem Weltkrieg, nach der Einsicht in die seelische Leere des materialistischen Kulturlebens, [...] besinnt man sich, daß Menschsein heißt: Seele haben."* Die beiden Herausgeber verfolgten das hoch gesteckte Ziel, das materielle, durch die Industriearbeit bestimmte Leben der *„Menschenmassen"*, insbesondere der *„Industriemenschen"*, für das kulturelle, geistige Leben zu öffnen. *„Aber die Industriemenschen müssen für die Kultur gerettet werden. [...] Auch der Industriemensch hat einen in den allgemeinen Menschenrechten verbrieften Anspruch auf Kultur."* So sollte Industrie und Kultur zusammengebracht werden, als *„Industriekultur"*, oder – wie in einer geplanten Namensänderung der Zeitschrift für 1925 deutlicher hervorgehoben – *„Kultur und Heimat“*. Die Zeitschrift war als *„Brücke zwischen Industriebevölkerung und Kultur“* gedacht. Sie sollte dazu beitragen, *„eine harmonische Eingliederung in die Bevölkerung der weiteren Landschaft“* (*„Niederrhein“* und *„Ruhrland“*) zu befördern.[19] *„Dem Industriemenschen“* sollte *„seine Stadt und seine Stätte zur Heimat“* werden. Die durch Weltkrieg und Industriearbeit entwurzelte Bevölkerung sollte durch erzieherische und aufklärerische Kulturangebote neue geistige Orientierung in neuer Heimat gegeben werden.

Unter dieser Perspektive sind sicherlich auch Wildschreys geologische Veröffentlichungen und die darin häufig thematisierte Verknüpfung von Natur und Kultur einzuordnen, die der breiteren Bevölkerung die Heimat und ihre landschaftlichen und geologischen Eigenheiten näher bringen wollten. Leider war der Zeitschrift – vielleicht auch, weil sie aufgrund des eigenen hohen Anspruchs die *„Brücke zwischen Industriebevölkerung und Kultur“* doch nicht schlagen konnte - nur eine kurze Lebensdauer beschieden.

Einschub: Wildschreys diskutierte Beiträge zur Duisburger Stadtgeschichte

Seine gelegentlich eigenwilligen Thesen zur Siedlungsgeschichte Duisburgs regten in historisch interessierten und bewanderten Kreisen kontroverse, teilweise bis in die Gegenwart reichende Diskussionen an. Der frühere Stadtarchivar Günter von Roden weist beispielsweise in seiner *Geschichte der Stadt Duisburg* darauf hin, dass die Annahmen Wildschreys zur vor- und frühgeschichtlichen Besiedlung Duisburgs *„allzu sehr auf Hypothesen einer starken Phantasie“* beruhten.[20] In gleicher Weise äußerte sich von Roden in einer Aktennotiz, die der Nachlass-Akte mit der Bezeichnung „Wildschrey, Heimatforscher“ (46/006) im Stadtarchiv Duisburg beigelegt ist: *„Die Arbeiten Wildschreys sind zum großen Teil überholt. Seit Mitte der 30er Jahre vor allem verläßt Wildschrey bei seinen Untersuchungen den Boden der Tatsachen zu oft. […] Anfechtbar sind vor allem Wildschreys Thesen zur Vorgeschichte, zur Besiedlung durch die Römer, zum Namen Duisburgs, zur Duisserner Fluchtburg usw.“*

Immer wieder wurde bis in die jüngere Vergangenheit in Veröffentlichungen zum Stand und zur Entwicklung der Duisburger Stadtgeschichte die Rolle von Eduard Wildschrey diskutiert. In einem Beitrag zu den *Duisburger Forschungen* aus dem Jahr 2002 wird Wildschrey beispielsweise bescheinigt: *„Seine Interessenschwerpunkte waren die Geologie und die Vorgeschichte, er besaß keine Verwaltungserfahrung, kein Einfühlungsvermö-*

gen und keine Termintreue."[21] Oder nochmals ein Beispiel aus einer aktuellen Veröffentlichung von 2020 zur Archäologie der Stadt Duisburg: Die Altertümersammlung *„wurde nach dem Ausscheiden von H. Averdunk im Jahre 1919 seit 1924 von dem Geologen Eduard Wildschrey betreut. Ihm wuchs die Sammlung aber über den Kopf, so dass die Stadt ihn 1930 von seinen Aufgaben als Betreuer derselben entband, aber weiterhin beschäftigte. E. Wildschrey entwickelte schon damals ganz fantastische Vorstellungen vom Alter Duisburgs, die jeder überprüfbaren Realität entbehren."*[22]
Abenteuerlich und phantastisch waren insbesondere Wildschreys Thesen zur Frühgeschichte Duisburgs, die er u.a. in dem Bändchen *Die Entwicklung Rheinhausens* von 1936 oder in einer Sonderausgabe der *National-Zeitung* aus dem Jahr 1941 vertrat. Seinem Analogon treu bleibend, die Geschichte wie ein Schauspiel in einem Mehrakter darzustellen, beschrieb Wildschrey dort das *„Lebensschicksal einer Stadt in fünf Akten"*. Dabei verstieg er sich zu der These, dass die Gründung der Stadt Duisburg auf griechische Siedler der frühen griechischen Stadt Massilia (heute Marseille) zurückginge. Ein kleiner Textauszug vermittelt einen Eindruck seiner damaligen Auffassung, die zudem sprachlich stark dem nationalsozialistischen Gedankengut angeglichen war: *„Die blonden Männer aus dem fernen Teutonenland brachten große Ledersäcke voll Bernstein. Und der Fremdling aus Massilia hatte ihnen dafür hispanisches Kupfer mitgebracht, [...]"* Den *„blonden Pionieren"* seien lt. Wildschrey weitere Bewohner aus der *„Vaterstadt Massilia"* gefolgt und hätten *„hier an der Unterstraße, der späteren Kühlingsgasse [...] eine Faktorei errichtet."*[23]
Um die Heftigkeit der damaligen Auseinandersetzung zwischen Wildschrey und den anderen Vertretern der Duisburger Heimatkunde abschließend zu verdeutlichen, hier ein Zitat aus einem Brief Wildschreys an den damaligen Stadtarchivar Walter Ring aus dem November 1941, in dem die von Wildschrey empfundene Kränkung und Bitterkeit um die Behandlung seiner Person ersichtlich wird:
„Gegen jeden weiteren Versuch mich mundtot zu machen und sich auf illegalem Wege hinten herum und durch Kulissenschiebung sich meiner Ergebnisse zu bemächtigen, werde ich mit <u>allen</u> Mitteln einschreiten. Ich bin Gott sei Dank nicht mehr ganz so machtlos wie früher – ich habe Beziehungen angeknüpft. Mich in so schamloser Weise zu behandeln wie früher, ist jetzt nicht mehr möglich. Wenn Sie einen öffentlichen Skandal wollen, der weit über Duisburg hinaus Aufsehen erregen und auch den ganzen früheren Gestank vom neuen aufleben lassen wird: nun gut. – Ich habe nichts mehr zu verlieren. Heil Hitler."[24]

Die kurz umrissenen problematischen Thesen Wildschreys und seiner diskutablen Rolle in der Duisburger Heimatforschung seien hier nur zur Abrundung seiner Persönlichkeit und seines Lebensweges angeführt. Schwerpunkt der vorstehenden Textsammlung bildet eindeutig die geologische Darstellung des heimatlichen Raumes durch Wildschrey und seinem Bestreben, die Geologie populärwissenschaftlich darzustellen.

Zum Stand der damaligen Geologie

Nun hat die Geologie, wie jede (Natur-)Wissenschaft in den gut hundert Jahren seit den zwanziger Jahren des letzten Jahrhunderts viele Veränderungen erfahren, zahlreiche Fortschritte einschließlich von fachwissenschaftlichen Paradigmenwechseln vollzogen, neue Forschungsmethoden entwickelt und in unzähligen regionalen und überregionalen Studien neue Erkenntnisse gewonnen. Daher kann man in Zweifel ziehen, ob die „alten" Texte eines damaligen Geologen heute noch von Interesse sind. Die geologische Wissenschaft hat sich maßgeblich seit der damaligen Zeit verändert. Außerdem verrät ein Blick in gegenwärtige Veröffentlichungen zur regionalen Geologie des Niederrheins, dass auch dort Wildschreys Arbeiten (entgegen Veröffentlichungen einzelner anderer Zeitgenossen) keinen nachhaltigen Eingang gefunden haben.[25] [26]

Ziel soll es hier nicht sein, die fachwissenschaftlichen Defizite aus den hundertjährigen Texten gegenüber dem heutigen aktuellen Stand der geologischen (Regional-)Forschung herauszuarbeiten. Nur einige wenige wesentliche Punkte seien zur besseren Einordnung angesprochen.[27]

Wildschrey beschäftigte sich wiederholt mit den „eiszeitlichen" Vorgängen, die unsere heimatliche Region geprägt haben. Dem damaligen Sprachgebrauch entsprechend verwendete er daher auch immer die Bezeichnung „Diluvium" für Eiszeitalter anstelle des heute eingeführten Fachbegriffs „Pleistozän". Sein wichtigster geologischer Fachbeitrag trägt daher auch den Titel *„Das Niederrheinische Diluvium"* (hier nicht abgedruckt).[28]

Wildschrey unterschied in seinen Texten durchgängig vier Vereisungen, wobei er sich regelmäßig auf die „alpinen", süddeutschen Vereisungen *Günz*, *Mindel*, *Riß* und *Würm* bezog. Dies begründete Wildschrey durchaus nachvollziehbar damit, dass vier „alpine" Eiszeiten ausgewiesen würden und damit eine Korrelation mit den unterschiedlichen Flussterrassen auch am Niederrhein leichter vollziehbar sei als mit den für unsere Region gebräuchlichen lediglich drei „nordischen" Vereisungen *Elster*, *Saale* und *Weichsel*. Die heutige stärkere Differenzierung von Kalt- (Glazialen) und

Warmzeiten (Interglazialen) mit weiteren Interstadialen sowie die aktuelle detailliertere Differenzierung der (Rhein-)Flussterrassen stand weder Wildschrey noch den anderen damaligen Geologen zur Verfügung.
Dem damaligen Stand der Quartärforschung entsprechend zog Wildschrey primär morphologische Kennzeichen zur stratigraphischen Einordnung heran. Daher beschrieb er ausführlich die Terrassenabfolgen am Niederrhein, aber auch die glazialen Oberflächenformen wie (End-)Moränen oder Sanderablagerungen. Darüber hinaus nutzte Wildschrey die Schotteranalyse, um anhand der Zusammensetzung abgelagerter Schotter und Kiese Einzugsgebiete und Genese der Flussterrassen näher zu bestimmen.
Wildschrey war bestrebt, seinem Leserkreis die damals gültigen geologischen Methoden und Fachbegriffe verständlich zu machen. Das „stratigraphische Grundprinzip", wonach jüngere grundsätzlich über älteren Erdschichten liegen, beschrieb er beispielsweise wie folgt: *„Zunächst wird wohl jedem Laien einleuchten, dass von zwei Schichten die obere immer die jüngere ist (ich nehme natürlich ungestörte Lagerung an)."*
Selbstverständlich bediente sich Wildschrey auch der damals gebräuchlichen geologisch-stratigraphischen Systematisierung. So lässt er beispielsweise dem damals weit verbreiteten Verständnis gemäß dem „Cambrium" unmittelbar das „Silur" als geologische Formation (heute „System") folgen. Das heute gesondert ausgewiesene, dazwischen liegende System „Ordovizium" (vor etwa 485-443 Millionen Jahren) wurde erst ab 1960 international als selbständige chronostratigraphische Einheit festgelegt. Auch unterschied er beispielsweise das Erdzeitalter des Tertiär (Beginn vor ca. 66 Mio. Jahren), welches erst seit dem Jahr 2000 nicht mehr offiziell als geologische Zeit geführt wird, von dem zeitlich folgenden Quartär (Beginn vor ca. 2,6 Mio. Jahren).[29] Die von Wildschrey in seinen Texten wiedergegebenen Altersangaben der geologischen Einheiten weisen noch erhebliche Unsicherheiten auf und weichen von den heute ermittelten Zeitdaten ab.
Dem damaligen Stand der geologischen Wissenschaft gemäß verwarf Wildschrey die „Katastrophentheorie" nach George Cuvier (1769-1832), wonach durch einzelne (Katastrophen-)Ereignisse tiefgreifende Änderungen in der erdgeschichtlichen Entwicklung eingetreten seien. Er befürwortete eher die damals geläufige „Kontinuitätstheorie" nach Charles Lyell (1797-1875). Wildschrey beschrieb die stetigen, lang andauernden Prozesse der erdgeschichtlichen Entwicklungen daher wie folgt: *„Alles das, was wir heute beobachten können, sind so kleine, unauffällige Erscheinungen, an denen der Durchschnittsmensch gewöhnlich achtlos vorübergeht. Und doch bilden sie eine Kette der tiefsten Wirkung ringsumher [...] Also Zeit –*

Zeit und abermals Zeit – das ist der Faktor, mit dem die Geologie alles erklärt."
Damit verbunden ist auch das heute noch grundsätzlich gültige „Aktualitätsprinzip". Den Aktualismus vertrat Wildschrey durchgängig in seinen Veröffentlichungen, wonach die gegenwärtigen geologischen, landschaftsgestaltenden Prozesse zu beobachten und zu analysieren seien, um aus ihnen die geologische Vergangenheit erschließen zu können und ggf. auf frühere geologische Vorgänge zu übertragen: *„Und wenn man wissen will, wie sie [die Naturkräfte] früher gewirkt haben, braucht man sich nur dafür zu interessieren, was sie heute anstellen."* Wildschrey hielt dieses Prinzip auch für den Laien verständlich fest, wenn er z.B. formulierte: *„Denn über Berg und Tal zu hüpfen, das fällt heutzutage keinem Fluss ein, der irgendwie auf Reputation hält. Früher wahrscheinlich auch nicht."*[30]
Dass Wildschrey sich aber durchaus auf dem neuesten Stand der damaligen geologischen Forschung bewegte, zeigt seine Bezugnahme auf Alfred Wegener (1880-1930) und dessen „Kontinentalverschiebungstheorie" von 1912. Diese *„äußerst geistreiche Hypothese"* Wegeners zog Wildschrey bereits 1921 heran, um den interessierten Laien verständlich zu machen, warum die Kontinentalränder von Afrika und (Süd-)Amerika so gut aneinanderpassen, und wie Großkontinente entstehen und zerbrechen können. Er griff dabei Wegeners Theorie der Kontinentaldrift auf: *„Das spezifisch schwerere Erdinnere ist nicht absolut starr, sondern zähflüssig, etwa so wie Pech oder Asphalt in der Sonne. Darauf schwimmt die leichtere, aber starre Erdkruste der Festländer."* Dies kommt der heute in der Geologie allgemein anerkannten „Plattentektonik" schon recht nahe, die sich erst nach dem Zweiten Weltkrieg in der Wissenschaft allmählich durchsetzen konnte.
Auch sein Verweis auf die Datierungsmethode der Uran-Blei-Datierung aufgrund des radioaktiven Zerfalls für die Ermittlung des Alters des *„Steinkohlengebirges"* (Karbon) verdeutlicht seinen Stand des damaligen Fachwissens. Moderne Methoden zur geologischen Altersbestimmung wie Paläomagnetik, Isotopenstratigraphie oder ^{14}C-Methode standen Wildschrey und seinen zeitgenössischen Geologen noch nicht zur Verfügung.
Im Mai 1916, also noch während des Ersten Weltkrieges, veröffentlichte Wildschrey einen Artikel in der *„Illustrierten Monatsschrift"* *„Unsere Welt"* zur Thematik *Die Natur der Röntgenstrahlen*. Sein Verweis auf die erst 1912 begründete Kristall- bzw. Röntgenstrukturanalyse und ihre Bedeutung für die Kristallographie und Mineralogie verdeutlicht erneut seinen aktuellen Stand des damaligen geologischen Fachwissens.[31]

Der Frage nach den Ursachen der Eiszeiten ging Wildschrey im Jahr 1926 in einem Zeitungsartikel nach und stellte die Zusammenhänge für ein breiteres Publikum dar. Er verwies dabei auf die damals noch junge Erkenntnis des serbischen Mathematikers Milutin Milanković (1879-1958), dass die Eiszeiten sich auf die drei Erdzyklen »Exzentrizität der Erdbahn«, »Schiefe der Erdachse« und »Perihelstellung der Erde zur Sonne« zurückführen ließen: *„Die Wärme der Erde schwankt also im Laufe langer Zeiträume. Nun ist aber die Astronomie den meisten anderen Wissenschaften in einem Punkte überlegen: Sie kann haarscharfe mathematische Berechnungen anstellen. Sie kann genau feststellen, wann die ungünstigen Faktoren zusammengewirkt haben – dann gibt es eben eine Eiszeit."*[32]

Die sich damals entwickelnde Paläogeographie, in der für die unterschiedlichen Erdzeitalter die Land- und Meeresverteilungen auch kartographisch dargestellt wurden, zog Wildschrey ebenfalls wiederholt heran. In seinem Beitrag *Die erdgeschichtliche Vergangenheit des Niederrheins* (Nr. 10) lud Wildschrey beispielsweise den Leser zu einer Segeltour und einem Rundflug über das devonische Meer und das angrenzende Land ein.

Erwähnt sei schließlich, dass Wildschrey wiederholt Beiträge zur Rekonstruktion der alten Flussläufe von Rhein und Ruhr lieferte (siehe hier Text Nr. 16). In Zeitungsbeiträgen wie *„Ruhrmündungsgebiet und Meiderich"*, *„Die Römer in Duisburg"*, *„Der alte Duisburger Rheinlauf wieder aufgefunden"* (Nr. 21) oder *„Ruhrort – Name und Entstehung"* wurden Wildschreys Erkenntnisse zu den Flussverläufen dargelegt.[33] Im Jahr 1925 beispielsweise wurde unter der Überschrift *„Eine neue heimatliche Entdeckung Dr. Wildschrey's"* vermeldet, dass *„eine Entdeckung von großer Bedeutung gelungen [und] die nördliche Fortsetzung des römischen Rheinlaufes in der Beecker Gegend aufgefunden."* sei.[34] Seine zu den Flussverläufen getätigten Aussagen wurden durch spätere Forschungsergebnisse von geologischer und archäologischer Seite teils bestätigt, teils aktualisiert.[35] In seiner detaillierten Untersuchung zum Rheinverlauf in Duisburg hielt 1957 Hans Scheller fest: *„Trotz der aufgefundenen Mängel [der Karte zum Rheinverlauf] gebührt Dr. Wildschrey Dank für seine Karte, da er es erstmals wagte, eine Darstellung des Rheines zu römischer Zeit zu bringen, obgleich nur wenige Anhaltspunkte vorlagen."*[36]

Geologie und Geomorphologie

Häufig lassen sich Wildschreys Geländebeschreibungen und landschaftsgeschichtlichen Erläuterungen im Schnittbereich von Geologie und Geomorphologie verorten. In Sinne der Geologie beschrieb er die zeitliche Entstehung von Ablagerungen und den Aufbau und die Struktur der Erdkruste; im Sinne der Geomorphologie brachte er die räumlichen Komponenten der Landschaftsgenese und der (aktuellen) Landschaftsformen zum Ausdruck. Grundsätzlich lassen sich Wildschreys Texte überwiegend in die sich damals wissenschaftlich etablierende Quartärforschung einordnen, die sich im Schnittbereich von Geologie und Geographie insbesondere mit der Eiszeitforschung und der jüngeren Reliefgenese beschäftigte.

„Gerade die Oberflächengebilde besitzen hohe Bedeutung." So hob Wildschrey die Relevanz der oberflächennahen aktuellen Prozesse der Reliefbildung heraus, die auch gerade aufgrund ihrer leichteren Zugänglichkeit für den Laien interessant wären. Seine Landschaftsbeschreibungen dokumentierten vor allem die reliefbildenden geomorphologischen Prozesse, beispielsweise von Erosion, Abtragung und Ablagerung, der Dünen- und Flugsandbildung, der glazialen Ablagerungen, der Terrassenbildung und der Flussgenese. Zeitliche und räumliche Faktoren der Landschaftsentstehung dachte Wildschrey zusammen. Für seine Zeit aktuell war sicherlich auch, dass bereits klimatische Ursachen für die geländebildenden Prozesse, wie z.B. für die Flussterrassen, Flugsanddecken oder Lössablagerungen, herangezogen wurden.

Dass die geologische Forschung gerne in ihren Traditionen fortlebt, zeigt das Zitat eines Gedichtes von Victor von Scheffel (1826-1886) aus dem Jahr 1868, dass sowohl Wildschrey in seiner *Erdgeschichte des Niederrheins* (Nr. 10) als auch über 100 Jahre später beispielsweise der Quartärforscher Jürgen Ehlers in seinem Buch *Das Eiszeitalter* anführt, um die Herleitung der geologischen Formationen zu veranschaulichen:[37]

„Es rauscht in den Schachtelhalmen,
verdächtig leuchtet das Meer,
da schwimmt mit Tränen im Auge
ein Ichthyosaurus daher ..."

„Die Geologie ist keine Geheimwissenschaft"

Wildschrey verfolgte in seinen Veröffentlichungen zur Geologie die Intention, einer breiteren Leser- und Hörerschaft - den „geologischen Laien", wie sich Wildschrey gelegentlich ausdrückte -, die erdgeschichtlichen Zusammenhänge der niederrheinischen Heimat näher zu bringen. Dabei hatte er den Anspruch, dies möglichst verständlich und anschaulich umzusetzen. Wildschrey benutzte dazu sprachliche Mittel, setzte Abbildungen, Schemata und (Gelände-)Modelle ein und legte vor allem sehr großen Wert auf die Praxis bei Exkursionen.

Exemplarisch lässt sich Wildschreys Vorgehensweise, geologische Fragestellungen verständlich zu erläutern, anhand seiner umfangreicheren Veröffentlichung *„Die erdgeschichtliche Vergangenheit des Niederrheins"* (Nr. 10) belegen. Zunächst betonte er hierin die Veränderlichkeit der Landschaft und stellte die grundsätzliche Forderung auf, dass die (geologische) Wissenschaft ihre Erkenntnisse für alle verständlich machen sollte. In Folge erläuterte er die nach dem damaligen Kenntnisstand gültigen Prinzipien der Geologie und ihre Methoden, damit der interessierte Laie die Genese der geologischen Erscheinungen nachvollziehen konnte. Schließlich beschrieb er möglichst bildhaft die geologischen Vorgänge und Befunde an Beispielen, die er zumeist der heimatlichen Region entnahm.

Wiederholt stellte Wildschrey in seinen Veröffentlichungen einen Vergleich zwischen Geschichte und Geologie her: *„Die Geschichte ist die Anwendung des gesunden Menschenverstandes auf die Vergangenheit. Die Geologie ist die Anwendung des gesunden Menschenverstandes auf die Erdgeschichte." – „Und wie der Kunsthistoriker aus den Bauten einer Stadt ihre ganze Geschichte abliest, so findet der Geologe die Vergangenheit seiner Heimat in der Erdrinde wieder."* Insgesamt betrachtete er die geologischen Abläufe als Teil einer übergeordneten Erdgeschichte, die sich dann auch in historischen Prozessen fortsetzt. So verstand er geologische Geschichte als *„eine Art Chronik"*.

Auffallend ist in seinen Texten die häufige Verwendung von Analogien, die er zumeist der unmittelbaren Erfahrungswelt der Leserschaft entnahm, um geologische Prozesse für den Leser verständlich zu machen. Teilweise bediente er sich dem Zeitgeist entsprechend militärischer Ausdrücke, die sicherlich dem damaligen Leser unmittelbar nach dem Ersten Weltkrieg sehr geläufig waren und so die geologischen Abläufe deutlich werden lassen sollten. So heißt es z.B. *„Der Gletscher machte einen Flankenangriff auf die Ruhr"* oder *„Ausweichen sagte man in den Heeresberichten."* Auch wurden die Schuttmassen in *„streng militärischer Ordnung niedergelegt"*. Auch befand sich der Taunus *„in der vordersten Kampflinie (während wir hier am Niederrhein in Ruhestellung oder gar in der Etappe lagen)"*. Weiter *„entschloss sich [die Nordsee] zu einer groß angelegten Offensive gegen das Gebirge."*

Immer wieder hatte Wildschrey in seinen Texten einen Vergleich zwischen der erdgeschichtlichen Entwicklung und ihren geologischen Phasen mit dem Ablauf eines Theaterstückes mit unterschiedlichen Szenen, Akten, Pausen oder Zwischenakten gezogen. *„Die Geschichte ist wie eine Bühne: Das Klingelzeichen ertönt, der Vorhang hebt sich, und das Schauspiel geht* *in Szene. [...] Das Klingelzeichen ertönt. - Ein neuer Akt des Erdgeschehens hebt an."* Wildschrey verdeutlichte damit die unterschiedlichen Entwicklungsstufen des Lebens und den Wechsel der stratigraphischen Formationen und verwendete z.B. den Bühnenvorhang als Bild für Prozesse, die dem menschlichen Betrachter direkter Beobachtung entzogen sind oder (noch) nicht wissenschaftlich erkannt wurden, die aber trotzdem in ihrer Verborgenheit stattfinden und sich auf die Landschaftsgenese auswirken. Auch diese Analogie sollte dem Leser helfen, mit Hilfe ihm bekannter Lebensbereiche des Schauspiels oder Theaterstückes geologische Prozesse verständlicher zu machen.

In einer weiteren Metapher wurden die geologischen Gesteinsschichten mit einem Buch und seinen Blättern verglichen. *„Wunderlich genug sieht dieses Buch aus. Es ist nämlich die Erdkruste selbst. [...] Ursprünglich lagen alle diese Schichten hübsch waagerecht, so nett in Ordnung wie die Seiten eines Buches."* Und wie die Seiten in einem *„Manuskript"* sind nach Wildschrey auch die Erdschichten nummeriert. Oder weiter: *„So stellt also der geschichtete Fels für unsere Heimat das Buch des Werdens, das Buch des Lebens dar. Die einzelnen Schichten sind die Blätter."*

Besonders wichtig war Wildschrey die Einsicht des geologischen Laien, dass die Formen der Erdoberfläche *„nicht von Urbeginn aller Dinge gewesen sind. Dass sie geworden sind. Oder besser gesagt – dass sie werden."* Dazu nahm er in einer weiteren Analogie den damaligen Leser mit auf einen *„Hühnerhof"*. Die Abläufe auf dem Hof vom Ei, über das Küken bis zum ausgewachsenen Hahn und den Hennen sollte allen Lesern in Analogie die Stadien einer Flussgeschichte klar machen: *„Diese Hühnerhofmethode kann man mit Vorteil auch auf die Entstehung der Täler anwenden. Vielleicht gelingt es uns, die Talküken nebeneinander zu beobachten."*

Häufig schrieb Wildschrey den Landschaftselementen wie Flüssen, Bächen, Gletscher etc. bei ihrer geologischen Prozessgeschichte personale Charaktere zu: *„So entschied sich die Ruhr, über die Monning zu fließen."* – *„Da kam die Nordsee auf einen gar absonderlichen Gedanken: sie machte einen Seitensprung mitten in das Schiefergebirge hinein."* - Auch die Beeck bei Hamborn, die in einem alten Emscherlauf floss, beschrieb Wildschrey entsprechend: *„Das Bett unserer Beeck gleicht also gewissermaßen einem Kleid, das für den schmächtigen Leib viel zu groß ist und um die zarten Glieder schlottert. [...] Es ist nicht auf Maß gearbeitet, sondern gehörte früher der größeren Schwester an. Und als diese das Gewand abgetragen hatte, überließ sie es der kleinen Beeck."*

Mit Humor durch die Erdgeschichte

In seinen Überlegungen zur Didaktik und Arbeitsmethode für die Exkursionen in der Volkshochschule hielt Wildschrey explizit fest, dass *„ein wenig Humor, u.U. sogar Satire"* geeignet sei *„die ganze Arbeit zu würzen und zu beleben."* So finden wir auch in seinen Texten immer wieder mit Humor „gewürzte" Einlagen, die den vermeintlich trockenen und abstrakten geologischen Stoff für den Laien zugänglicher machen sollten; wobei sich Wildschrey dabei durchaus auch selbst auf die „Schüppe" nahm. In seinem Artikel *Die Duisburger Landschaft im Wechsel der Zeiten* von 1925 (hier nicht abgedruckt) veranschaulichte er beispielsweise die Frühzeit der Erde mit der brodelnden Tiefe und der „vulkanisch-heißen Erdrinde" wie folgt: *„Die Duisburger Hausfrau hätte damals kostenlos ihre Eier in dem damaligen Dickelsbach kochen können – wenn es nur Eier gegeben hätte! Tragisches Geschick! Heute gibt es in Duisburg Eier, es gibt sogar Hausfrauen, die sie geschickt zu kochen verstehen – aber es gibt keine kochenden Bäche und Flüsse mehr. Es bleibt der Menschheit, es bleibt Duisburg eben nichts erspart!"*

In einem weiteren Text mit dem Titel *Aus Duisburgs vergangenen Tagen* berichtete Wildschrey von einer Geländebegehung in der Eifel, als er dort mit dem Geologenhammer unterwegs war und einen ansässigen Landwirt von der Veränderlichkeit der Landschaft und dem Eifelvulkanismus überzeugen wollte. Der Landwirt gab Wildschrey aber in der ihm eigenen Souveränität zur Antwort: *„«Nä, Mann, wenn Ehr Üch do nit verduht! Als min Großvatter sel. noch läwte, do woren et ganz genau sone Steinberg wie hückzodag ooch.» Tableau! Dramatischer, aber für mich nicht besonders glänzender Abgang; machte mir nicht ½ ja nicht ⅓ so viel Spaß als ihm, der es «so'nem verrückten Stadtkerl mal gesagt» hatte."*

Auch in der lokalen Presse bescheinigte man Wildschrey wiederholt, dass er die *„mit gespannter Aufmerksamkeit"* zuhörenden Vortragsbesucher mit seinen *„interessanten Ausführungen (...), in denen Humor und Sarkasmus des öfteren aufblitzten"*, fesseln konnte.[38]

Unmittelbare Anschauung – oder der Wert der Exkursionen

„Nunmehr lade ich den Leser zu einem Spaziergang ein, der uns vom Rhein (Schwelgern) an Hamborn und Sterkrade vorbei auf die Höhe hinaufführen soll." -- „Wir suchen die Spitze des Kassenbergs zu erreichen. - Nun werfen wir einen Rückblick auf das Panorama." – „Nunmehr möchte ich den Leser zu einer Segelfahrt auf dem Devonmeer einladen."

Solche oder ähnliche Formulierungen verwendete Wildschrey wiederholt in seinen Texten, um die Leser mit auf einen Spaziergang durch die geologischen Erscheinungen der niederrheinischen Heimat mitzunehmen. Heute würde man sie vielleicht „virtuelle" Spaziergänge nennen. Der Leser sollte dadurch eine eigene Vorstellung von der Landschaft und den ihr zugrundeliegenden Prozessen entwickeln.
Wichtiger als solche „virtuellen" geologischen Wanderungen waren Wildschrey aber reale Exkursionen, die er regelmäßig im Duisburger Stadtgebiet und seiner Umgebung durchführte. Hier abgedruckte Texte wie *Sedanwiese und Versunkenes Kloster* (Nr. 1), *Der Kassenberg bei Broich* (Nr. 6), *Die Entstehung des Kaiserbergs* (Nr. 12) oder *Das Urmeer am Duissernschen Berg* (Nr. 19) gingen auf durchgeführte Exkursionen oder Geländebegehungen zurück. Auch die Geologie Hamborns beschrieb Wildschrey in seinem Beitrag *Die Heimaterde und ihr Antlitz – Eine Entdeckungsfahrt* (Nr. 17) wie einen Spaziergang entlang der besonderen Landschaftselemente durch die Hamborner Gemeinde.[39]
Als wichtigste Methode des geologischen Unterrichts in der Volkshochschule und als wirksamstes Element in der populären geologischen Bildung stellte Wildschrey eindeutig die Exkursionen heraus: *„Das Material liefert die Erdrinde der Umgebung. Dieses kann nur auf Exkursionen dargeboten werden. Die Exkursion muss daher im Vordergrund des ganzen Unterrichts stehen, oder - besser gesagt – die Grundlage des ganzen Unterrichtsbetriebs werden."*
Welche Bedeutung Wildschrey der Geländebegehung und Landschaftsbeschreibung beimaß, geht auch aus dem kleinen Bändchen *Rund um Alt-Duisburg* hervor, dass Wildschrey gemeinsam mit Walter Ring in der Schriftenreihe der Averdunk-Gesellschaft im Jahr 1925 herausgab.[40] Dieses Bändchen enthielt als Briefe verfasste *Landschaftsschilderungen aus dem Jahre 1800* von Prof. A. Ch. Borheck (1751-1815) von der alten Universität Duisburg. In seiner Einleitung des Sammelbändchens hob Wildschrey hervor, dass die Landschaftsbeschreibungen Borhecks *„vor allem den Eindruck der Landschaft anschaulich wiedergeben"*. Diesem Anliegen wollte Wildschrey in seinen eigenen Texten ebenfalls gerecht werden.
Als weitere bedeutende Orientierung Wildschreys für seine eigenen geologischen Landschaftsschilderungen ist sicherlich das Buch von Richard Bärtling (1878-1936) *Geologisches Wanderbuch für den niederrheinisch-westfälischen Industriebezirk* zu nennen.[41] Bärtlings Wanderführer diente Wildschrey in seinen geologischen Texten immer wieder als maßgebende Fachreferenz.[42] Die bei Bärtling beschriebenen geologischen Wanderun-

gen Nr. 40 *Von Duisburg über den Kaiserberg und die Monning nach Speldorf* und Nr. 41 *Von Bocholt nach Dingden* zog Wildschrey in seinen Artikeln immer wieder heran und diskutierte seinerseits auch *Geologische Irrtümer am Niederrhein* (siehe hier abgedruckten Text Nr. 11) gegenüber Bärtling.[43]

Geologie, Siedlungsgeschichte und Siedlungsgeographie

„Man kann die Menschheitsgeschichte nicht verstehen, wenn man nicht die Landschaft kennt."

So formulierte Wildschrey seinen Grundsatz zum Zusammenhang von Erdgeschichte und Menschheitsgeschichte in seinem kleinen Büchlein *Die Entwicklung Rheinhausens*. Er betrachtete die naturräumlichen Gegebenheiten als Voraussetzungen der Siedlungsgeschichte. Diese Verbindung kommt in zahlreichen Artikeln zur Duisburger Stadtgeschichte zum Tragen, besonders aber in der separaten kleinen Veröffentlichung *Zur Naturgeschichte der niederrheinischen Siedlungen* aus dem Jahr 1928 (hier nicht abgedruckt), veröffentlicht in *Schriften der Averdunk-Gesellschaft für Heimatschutz u. Heimatforschung zu Duisburg*. Darin klassifizierte Wildschrey die Siedlungen nach topographischen und geologischen Standorten bzw. Standortvoraussetzungen: *„Ursiedlung auf Sandboden"*, *„Kantensiedlung"*, *„Bruchsiedlung"*.

Auch in einem längeren Zeitungsbeitrag aus dem Jahr 1925 mit dem Titel *Die Duisburger Landschaft im Wechsel der Zeiten* entwickelte Wildschrey beispielsweise ausgehend von den erdgeschichtlichen Voraussetzungen des Duisburger Raumes und seiner Geologie die weitere Besiedlungsgeschichte; der Zeitlauf geht von der *„Steinkohlenzeit"* bis zum *„Urwald im Mittelalter"*. Ähnlich lotste Wildschrey den Leser in einem Artikel des *Rheinischen Kuriers* aus dem Jahr 1927 mit der Überschrift *Hamborn – Werdegang einer Großstadt* ausgehend von der Hamborner Landschaft und seinen geologischen Voraussetzungen über die frühzeitliche Besiedlung bis hin zur *„modernen Industrialisierung [...] und dem Übergang vom Dorf zur Großstadt"* durch die Geschichte Hamborns. (beide Texte hier nicht abgedruckt).

In der Schrift *Zur Naturgeschichte der niederrheinischen Siedlungen* unterschied Wildschrey *„Ortslage"* und *„Verkehrslage"* von Siedlungen. Die Ortslage resultiert primär aus den naturräumlichen Gegebenheiten der Landschaft wie Oberflächenformen, Terrassenkante, Petrographie, Quelllage oder Bodenfeuchte des Untergrundes. Die Verkehrslage einer Siedlung wird durch die Lage zu den Verkehrswegen wie Hellweg, (alte) Römerstraße oder dem Rhein als Schifffahrtsweg bestimmt. In seinen beiden Veröffentlichungen Zur *Frühgeschichte von Moers* (von 1928) und *Die Entwicklung Rheinhausens* (von 1936) wandte Wildschrey diese siedlungsgeographische Kategorisierung exemplarisch an (beide Texte hier nicht abgedruckt).[44] Auch beispielsweise in der „*Geschichtlichen Vereinigung für das Ruhrgebiet*" legte Wildschrey seine Auffassungen zur Orts- und Verkehrslage und den Zusammenhang von „*Siedlung und Bodenbeschaffenheit*" in einem Vortrag dar.[45] Ob Wildschrey in diesen Überlegungen von dem Siedlungsgeographen Otto Schlüter (1872-1959) beeinflusst war – Schlüter lehrte von 1906 bis 1910 auch an der Universität Bonn -, lässt sich nur vermuten. Schlüter hatte einen geographischen Landschaftsbegriff vertreten, wonach die (Kultur-)Landschaft aus einem Komplex von Wechselwirkungen naturräumlicher und historischer Faktoren bestünde.

Wiederholt hatte Wildschrey auch die frühe (steinzeitliche) Besiedlung der lokalen Heidegebiete herausgestellt. Einer seiner frühesten Aufsätze behandelte bereits 1920 die *Steppenzeit bei Duisburg* (Nr. 2). Die Heidegebiete auf den Dünen und Flugsanddecken seien aufgrund des natürlichen geringen Waldbestandes für die frühen Siedler leichter als Ackerland nutzbar gewesen, so Wildschrey; die Waldgebiete auf den Lehmböden hingegen hätten die damaligen Menschen mit den ihnen zur Verfügung stehenden Mitteln nicht für den Ackerbau roden können. Diese Annahme erinnert an die damals in der Siedlungsgeographie verbreitete „Steppenheidetheorie", die vor allem von dem Geographen Robert Gradmann (1865-1950) vertreten wurde.

Insgesamt standen bei Wildschrey der vorherrschenden Auffassung der damaligen Siedlungsgeographie gemäß die Physiognomik der Landschaft und deren Beschreibung im Vordergrund. In einem Schreiben aus dem Jahr 1931 an den damaligen Duisburger Oberbürgermeister Karl Jarres formulierte Wildschrey zusammenfassend seine ganzheitliche, mehrere Wissensgebiete umschließende Vorgehensweise der heimatkundlichen Forschung:

„Allgemein besteht mein Arbeitsprinzip darin, bei heimatlichen Forschungen alle in Betracht kommenden Wissenschaften zu verwerten (Geologie, Geographie, Siedlungskunde, Vor- und Frühgeschichte, Geschichte, Kulturgeschichte, Kunstgeschichte usw.), aus diesem Gesamtkomplex ein einheitliches System zu schaffen und die leitenden Gesichtspunkte herauszuschälen. Vor allem kommt es mir darauf an, die kausalen Gesichtspunkte herzustellen, die zwischen diesen gewöhnlich getrennt behandelten Wissensgebieten bestehen."[46]

Wildschreys Anspruch in seinen geologischen Veröffentlichungen

„Das ist eben der große Fehler, an der unsere ganze Bildungsarbeit krankt: Es klafft ein tiefer Spalt zwischen der Ideenwelt des Laien und der des Forschers. Dass die Wissenschaft ihre Ergebnisse häufig einfach dekretiert, dass sie überredet, statt zu überzeugen. Nicht als ob sie für ihre Ergebnisse keine Gründe hätte. Aber meist teilt sie sie nicht mit. Dem Forscher sind die Tatsachen, mit denen er tagtäglich zu tun hat, so vertraut, dass er überhaupt nicht auf den Gedanken kommt, sie könnten anderen fremd sein."

In dieser programmatischen Aussage kommt das Hauptanliegen Wildschreys klar zum Ausdruck, dass er die geologischen Erkenntnisse dem Laien zugänglich machen wollte.

rheins einzuführen. Die Wanderungen sollen sich auf beide Rheinseiten erstrecken.

Am Donnerstag hielt Dr. Wildschrey den ersten einleitenden Vortrag, durch den er vor allen Dingen den Begriff des Werdens in der Erdgeschichte klarzumachen versuchte Es kommt nicht in erster Linie auf das theoretische Wissen an, sondern auf das Verstehen der heimatlichen Verhältnisse im Boden. Die Erdgeschichte ist ein Buch mit vielen Blättern und Zeilen, die man zu verstehen lernen muß. Sobald man in den Versteinerungen und Schichtenfolgen Bescheid weiß, enträtselt sich das Geheimnisvolle der heimatlichen Geologie Diese Wissenschaft steht auch in der Gegenwart noch nicht still. Der Vortragende zeigte an Beispielen daß das Gebirge im Untergrund arbeitet. Was wir jetzt sehen, ist das letzte Glied in einer langen Entwicklungsgeschichte der Heimat, deren Antlitz in langen Zeiträumen sich dauernd ändert. Am kommenden Samstag findet die erste geologische Wanderung statt, bei der die Maitheck, Schwafheim, Asberg und das Winkelhauser Bruch besichtigt werden sollen.

Der Zeitungsbericht anlässlich eines Vortrages vor der Moerser Lehrerschaft verdeutlicht das Anliegen Wildschreys, Geologie allgemeinverständlich vorzutragen und während einer Exkursion im Gelände aufzuzeigen (DGA vom 10.05.1924).

Der Begriff des Werdens und der Veränderung stand für ihn im Zentrum. Den Lesern oder Exkursionsteilnehmern sollte verständlich sein, dass auch die heutige Landschaft nicht etwas seit unendlichen Zeiten Bestehendes oder Unveränderliches ist, sondern erdgeschichtlichen Prozessen unterliegt – wenn auch häufig sehr lang währenden Abläufen. Daher zitierte Wildschrey in diesem Zusammenhang wiederholt das Griechische „panta rhei" oder „alles fließt". Genealogisch sollten den Zuhörern gerade auf den Exkursionen die geologischen Wirkkräfte entwickelt werden, wenn möglich von ihnen auf selbstständigem Wege erarbeitet oder entdeckt.

Textquellen:

ZEITUNGSPORTAL NRW (zeit.punkt NRW (zeitpunkt.nrw)):

- Sedanwiese und Versunkenes Kloster
- Die Steppenzeit bei Duisburg
- Ein Ur-Stromtal der Ruhr im Duisburg-Großenbaumer Walde
- Beiträge zur Geologie Mülheims
- Zur Geologie des Niederrheins
- Der Kassenberg bei Broich
- Der Duisburger Steinbruch, eine Stromschnelle der Ur-Ruhr
- Geologie in der Unterwelt
- Aus Duisburger Vorzeit
- Der Unkelstein
- Der alte Duisburger Rheinlauf wieder aufgefunden
- Geologie und Tiefbau
- Vom Tropenhimmel über Duisburg
- „Was uns ein Stein erzählt“
- Wenn die Steine reden ...

Stadtarchiv Duisburg „Wildschrey - Heimatforscher“ (Akte 46-006)

- Die erdgeschichtliche Vergangenheit des Niederrheins
- D.-Ruhrort – ein alter Rheinlauf festgestellt
- Das Urmeer am Duisserschen Berg
- Aus der Vorgeschichte Neudorfs
- Die Entstehung des Kaiserbergs

Stadtarchiv Duisburg: Niederrheinisches Museum, Zeitungsbeilage zur Hamborner Volkszeitung:

- Das Kreidemeer am Kassenberg bei Broich
- Geologische Irrtümer am Niederrhein
- Die Geologie von Sterkrade – Hamborn
- Aus Duisburger Vorzeit

Weiser, Leo: Hamborn. Ein Heimatbuch, Hamborn im September 1925, S. 7-25:

- Die Heimaterde und ihr Antlitz – eine heimische Entdeckungsfahrt

Dieck, W.: Ziele und Wege der deutschen Volkshochschule, Erster Band, M.Gladbach, 1923, Volksvereins-Verlag, S. 33-40:

- Die Geologie in der Volkshochschule

Liste der Ortsnamen

Eine kurze Liste (Auswahl) der bei Eduard Wildschrey häufiger erwähnten Ortsbezeichnungen[47] [48]:

Ortsbezeichnung	Beschreibung
Berg und Tal	West-Ost verlaufender Weg im Duisburger Wald
Duisser(n)scher Berg (Kaiserberg)	Frühere Bezeichnung des Kaiserberges (seit 1881)
Gabelplatz	Ortsbezeichnung für einen Platz am Südende des Kaiserberges an der Mülheimer Str. (gegenüber heutiger Universität)
Heiliger Brunnen	Quelle im Duisburger Stadtwald, der früher eine besondere Heilkraft zugeschrieben wurde (zuerst 1563 erwähnt)
Kassenberg	Anhöhe auf dem Gebiet von Mülheim-Broich
Kiwitzberg	Ehemalige kleine Düne am Ostrand des Schwelgenbruchs bei Marxloh; hier stand die alte Kiebitzmühle
Marienquell / Marienborn	Von Wildschrey so bezeichnete Quelle im östlichen Geländeabfall der Sedanwiese zum Versunken Kloster hin
Monning	Wirtshaus an der Grenze zu Mülheim an der Mülheimer (Duisburger) Str.; Monninger Hof lag etwas nördlich davon
Nachtigallental	Geländeeinschnitt mit West-Ost verlaufendem Weg südlich von Berg und Tal im Duisburger Wald
Prinzenhöhe	Am Grenzweg zw. Duisburg und Mülheim auf Mülheimer Gebiet liegende Anhöhe südlich der Duisburger Str.
Schnaben(l)huck	Nördliche Spitze des Kaiserberges zum Ruhrtal hin
Schwelgernbruch (Schwellinger Bruch)	Ehemaliges Bruchgebiet westlich von Marxloh; früherer Rheinarm; heutiger Schwelgernpark
Swinsbruch	Ehemaliges Bruchgebiet, das sich südwestlich der Abtei Hamborn um den Ostacker herum zog
Sedanwiese	Wiesengelände auf dem Kaiserberg; nach dem Deutsch-Französischen Krieg 1870/71 über Jahrzehnte für die jährliche „Sedanfeier“ genutzt
Steinbruch (Duisburger ...)	Gemeint ist hier der ehemalige Duisburger Steinbruch im südlichen Duisburger Wald (heute fast zugewachsen)
Unterwelt	Unterhalb der Sedanwiese zur Ruhr hin gelegene Niederung
Versunkenes Kloster	Unterhalb (östlich) der Sedanwiese Geländebezeichnung, wo zeitweise ein Frauenkloster gewesen sein soll
Wolfsberg	Anhöhe am Grenzweg zw. Duisburg und Mülheim; auf Mülheimer Seite auch Prinzenhöhe genannt

Anmerkungen:

[1] *Niederrheinisches Museum – Zwanglose Blätter für Heimatgeschichte und Heimatkunde*, 10.07.1921, Jg. 1, Nr. 1, Geleit des Herausgebers Dr. Haberer.

[2] Siehe u.a. Rhein-Ruhr-Zeitung (RRZ) vom 23.05.1923 oder 05.09.1923.

[3] Im März 1908 wurde Wildschrey zum zweiten Assistenten des mineralogisch-petrographischen Instituts der Universität Bonn ernannt (Bonner General-Anzeiger vom 13.03.1908). – Die wissenschaftliche Arbeit Wildschreys wurde 1909 von der Universität Bonn preisgekrönt (Bonner General-Anzeiger vom 04.08.1909).

[4] Online-Ressource: Verhandlungen : Naturhistorischer Verein der Preussischen Rheinlande und Westfalens : Free Download, Borrow, and Streaming : Internet Archive

[5] Vgl. z.B. Bonner General-Anzeiger vom 22.11.1913.

[6] Wildschrey, E.: *„Die zerstörende Tätigkeit der Lebewesen in der Geologie"*, in: Unsere Welt. Illustrierte Monatsschrift zur Förderung der Naturerkenntnis, hrsg. vom Keplerbund, VIII. Jahrgang, Februar 1916, Heft 2, S. 39-46. – Der Keplerbund war eine christlich-evangelische Vereinigung zur populärwissenschaftlichen Förderung der Naturerkenntnis und stand dem Darwinismus kritisch gegenüber. Hier veröffentlichte Wildschrey von 1916-1921 wiederholt Artikel. Wildschrey war auch als Referent bei den vom Keplerbund organisierten mehrtägigen „Naturwissenschaftlich-naturphilosophischen Kursen" tätig.

[7] Im Januar 1918 wurde Wildschrey noch zum Leutnant der Reserve ernannt; Bonner General-Anzeiger vom 07.01.1918.

[8] Online-Ressource der „Essener Gesellschaft für Geographie und Geologie; Chronik der Geologischen Gesellschaft 1919 – 2008": Microsoft Word - Geologische Gesellschaft Essen Chronik (Webfassung neu).doc (eggg.de).

[9] RRZ vom 24.02.1922 und 28.06.1922.

[10] RRZ vom 28.06.1922.

[11] RRZ vom 09.06.1925.

[12] Zur Geschichte des Averdunk-Museums bzw. zum Stadtmuseum Duisburg und der Bedeutung E. Wildschreys für das Museum siehe den Beitrag von Susanne Sommer: *Von „Alterthümern" und „überliefertem Hausgerät". Museumsgeschichte am Beispiel des volkskundlichen Sammelbestandes 1900-1950*, in: *1902-2002. Kultur- und Stadthistorisches Museum Duisburg. Festschrift zum 100jährigen Bestehen*, hrsg. von Susanne Sommer und Peter Dunas, Duisburger Forschungen, Bd. 48, 2002, S. 93ff.

[13] RRZ vom 22.06.1930.

[14] Der gesamte Vorgang der Auseinandersetzung zw. der Stadt Duisburg und E. Wildschrey über die Leitung des Heimatmuseums und die weitere wissenschaftliche heimatkundliche Tätigkeit von Wildschrey für die Stadt findet sich dokumentiert in der Personalakte „Eduard Wildschrey" (103A/9707) im Stadtarchiv Duisburg. - Sicherlich hatte auch Wildschreys schwieriger Charakter zu der Auseinandersetzung mit der Stadt Duisburg und den anderen örtlichen Heimatforschern beigetragen. So neigte er dazu, neben seiner eigenen Auffassung ungern andere Meinungen zu akzeptieren.

[15] RRZ vom 22.06.1930.

[16] Wildschrey hatte bereits beim Luftangriff vom 07.09.1942 auf Duisburg schwere Verletzungen erlitten. – Zudem war er bereits 1931 von einem Kraftwagen bei Remagen überfahren worden und trug dabei schwere Kopfverletzungen davon (Stadtarchiv Duisburg, Akte 103A/9707).

[17] Leo Weiser war ein Hamborner Studienrat, der immer wieder Beiträge zur Duisburger, Hamborner und niederrheinischen Geschichte veröffentlichte. Kritisch ist anzumerken, dass Weiser 1934 dem Zeitgeist gehorchend ein Büchlein zum „Leben und Werk" des nationalsozialistischen Dichters und Vordenkers von Hitler „Dietrich Eckart" anlässlich dessen zehnten Todestages herausbrachte.

[18] Der in der Zeitschrift *„Industriekultur"* verfasste Text entspricht in weiten Teilen einem zweiteiligen Artikel in der Hamborner Volkszeitung, der bereits im Jahr 1922 von Leo Weiser veröffentlicht wurde; HVZ 30.04.1922 u. 02.05.1922.

[19] Ruhrland" war nach dem Ersten Weltkrieg ein gebräuchlicher Begriff für die Region. Darüber hinaus gab es eine (Dichter-)Gemeinschaft „Ruhrland", wesentlich initiiert durch den Heimat- und Bergarbeiterdichter Otto Wohlgemuth (1884-1965).

[20] Roden, von Günter: *Geschichte der Stadt Duisburg. Das alte Duisburg von den Anfängen bis 1905*, Duisburg, 1980, S. 15.

[21] Rasch, Manfred: *„Bürgerliches Selbstbewußtsein und bürgerliche Selbstdarstellung. Zur Musealisierung von Industrie- und Technikgeschichte in Duisburg zu Beginn des 20. Jahrhunderts"*, in: *1902-2002. Kultur- und Stadthistorisches Museum Duisburg. Festschrift zum 100jährigen Bestehen*, hrsg. von Susanne Sommer und Peter Dunas, Duisburger Forschungen, Bd. 48, 2002, S. 171.

[22] Krause, Günter: Archäologische Zeugnisse zur frühen Geschichte Duisburgs, Duisburg, 2020, S. 33. – Siehe dort auch S. 185f. die kritischen Anmerkungen zu einer von E. Wildschrey erstellten *„Geologisch-Prähistorischen Karte des Ruhrmündungsgebietes"*. (Siehe Karte hier im Anhang).

[23] In einem Zeitungsbeitrag vom 15.12.1935 im Duisburger General-Anzeiger bezeichnete Wildschrey Duisburg als die *„älteste germanische Stadt – vielleicht die älteste Stadt Mitteleuropas"*.

[24] Auszug aus einem Schreiben Eduard Wildschreys an Walter Ring vom 20.11.1941; Stadtarchiv Duisburg Mappe „Schriftverkehr mit Dr. Wildschrey".

[25] Eine Ausnahme bildet z.B. die Veröffentlichung des Geologischen Dienstes NRW *„Gletscher der Saale-Kaltzeit am Niederrhein"*, in der E. Wildschrey wiederholt Erwähnung findet: Skupin, K. / Zandstra, J.G.: Gletscher der Saale-Kaltzeit am Niederrhein, Krefeld, 2010.

[26] Einen Überblick über die Entwicklung der Wissenschaft Geologie vermitteln die beiden folgenden Bücher: Hofbauer, Gottfried: *Die geologische Revolution: wie die Entdeckung der Erdgeschichte unser Denken veränderte*, WBG, Darmstadt, 2015. + Wagenbreth, Ottfried: *Geschichte der Geologie in Deutschland*, Enke, Stuttgart, 1999.

[27] Zur aktuellen Regionalgeologie sei u.a. auf die beiden kostenlos zur Verfügung stehenden pdf-Downloads des *Geologischen Dienst NRW* verwiesen: *„Geologie und Boden in Nordrhein-Westfalen"* (2016) und *„Böden am Niederrhein"* (2005): Lesetipps | Geologischer Dienst NRW.

[28] Wildschrey, E.: Das Niederrheinische Diluvium, Sonder-Abdruck aus den Berichten über die Versammlungen des Niederrheinischen geologischen Vereins für Rheinland-Westfalen 1921, Niederrh. geolog. Verein f. Rheinland-Westfalen, Bonn, 1925.

[29] Zu der aktuellen chronostratigraphischen Gliederung der Erdzeitalter siehe die Tabelle der „Internationalen Stratigraphischen Kommission (ICS)" auf:
ICS-GeologicalTimescale2017-02German (stratigraphy.org).

[30] Eine aktuelle Darstellung, wie Katastrophen-Ereignisse Erdgeschichte und Evolution bestimmt haben könnten und es ggf. in frühen Erdperioden (anders als nach dem Aktualitätsprinzip) von heutigen Abläufen abweichende Prozesse gegeben haben könnte, vermittelt folgendes Buch: Ward, Peter / Kirschvink, Joe: *Eine neue Geschichte des Lebens. Wie Katastrophen den Lauf der Evolution bestimmt haben*, München, 2018.

[31] Wildschrey, E.: *„Die Natur der Röntgenstrahlen"*, in: Unsere Welt. Illustrierte Monatsschrift zur Förderung der Naturerkenntnis, VIII. Jahrg., Mai 1916, S. 155-163. Unsere Welt - Illustrierte Monatschrift zur Förderung der Naturerkenntnis 7.1915-8.1916 : Free Download, Borrow, and Streaming : Internet Archive. - Bereits 1914 hielt Wildschrey in Bonn einem Vortrag zur *„Photographie der Moleküle mit Röntgenstrahlen"* (Bonner General-Anzeiger vom 07.05.1914).

[32] Siehe Zeitungsartikel *„Landschaften und Jahreszahlen"*, RRZ vom 24.01.1926.

[33] Duisburger General Anzeiger (DGA) vom 20.03.1924, DGA vom 12.06.1924, RRZ 02.06.1926, RRZ vom 20.08.1929, RRZ vom 12.06.1937.

[34] RRZ vom 16.07.1925.

[35] Die im Anhang abgedruckte Karte Wildschreys zu den Rheinverläufen lässt sich gut mit der Karte nach aktuellem Forschungsstand unter dem Wikipedia-Beitrag zu Duisburg vergleichen (https://de.wikipedia.org/wiki/Duisburg#/media/Datei:Rheinverlagerung_Duisburg.png). Zur Genese der Flussläufe im Duisburger Stadtgebiet siehe auch: Gerlach, Renate: *„Die Entwicklung der naturräumlichen historischen Topographie rund um den Alten Markt"*, in: Duisburger Forschungen, Bd. 38, S. 66-92. Sowie: Krause, Günter: *Archäologische Zeugnisse zur frühen Geschichte Duisburgs*, Duisburg, 2020, S. 179ff.

[36] Scheller, Hans: *„Der Rhein bei Duisburg im Mittelalter"*, in: Duisburger Forschungen, Schriftenreihe der Mercator-Gesellschaft, Band 1, 1957 ,S. 47.

[37] Ehlers, Jürgen: *Das Eiszeitalter*, 2.Aufl., Springer-Verlag, Berlin, 2020.

[38] Beispielsweise RRZ vom 13.05.1924.

[39] Eine Bemerkung Wildschreys in seinem Büchlein *Das Niederrheinische Diluvium – „Meine Kartothek umfaßt heute schon über 2000 Blätter."* – verdeutlicht, dass er am Niederrhein zahlreiche Geländebegehungen unternommen hatte und dabei seine Beobachtungen wohl stets kartographisch festgehalten hatte. Wildschrey, 1924, S. 46.

[40] Ring, Walter / Wildschrey. Eduard (Hrsg.): *Rund um Alt-Duisburg. Eine Landschaftsschilderung aus dem Jahre 1800 von A. Ch. Borheck, Prof. der ehem. Universität Duisburg*, Schriften der Averdunk-Gesellschaft für Heimatschutz und Heimatforschung zu Duisburg, Duisburg, 1929. – Zuvor waren diese Briefe schon in April und Mai 1926 als kleine Serie in der Rhein-Ruhr-Zeitung erschienen.

[41] Bärtling, Richard: *Geologisches Wanderbuch für den niederrheinisch-westfälischen Industriebezirk: umfassend das Gebiet vom nördlichen Teil des Rheinischen Schiefergebirges bis zur holländischen Grenze*. - 2., neubarb. u. verm. Aufl. Stuttgart, Enke , 1925.

[42] Bärtling war bei der Preußischen Geologischen Landesanstalt zu Berlin und erstellte u.a. geologische Karten vom rheinisch-westfälischen Industriegebiet.

[43] Zu einem direkten wissenschaftlichen Disput zw. Wildschrey und Bärtling kam es im Jahr 1925 über eine *„angebliche prähistorische Landbrücke bei Hörde"*, in dem beide Forscher sich zu einem Lokaltermin trafen und Wildschrey anschließend in verschiedenen Tageszeitungen zum Vorgang berichtete (Dortmunder Zeitung vom 12.09.1925, Kölnische Zeitung vom 25.09.1925, RRZ 26.09.1925).

[44] Auch in einem dreiteiligen Beitrag im Duisburger General-Anzeiger mit dem Titel *„Moderne Verkehrswege und urzeitliche Flussläufe"* aus dem Jahr 1933 erläuterte Wildschrey seine Thesen zur Verkehrs- und Ortslage der Siedlungen (DGA 21.01., 05.02., 12.02.1933).

[45] RRZ vom 20.02.1927.

[46] Ähnlich äußerte sich Wildschrey in einem Brief vom 09.11.1928 aus Detmold an den Duisburger Oberbürgermeister Karl Jarres. Darin wagte Wildschrey sogar die Behauptung, den genauen Ort der Varusschlacht ausfindig gemacht zu haben. (Akte Stadtarchiv Duisburg mit der Bezeichnung „Wildschrey, Eduard, Heimatforscher"). Siehe dazu auch seinen Artikel in DGA v. 22.04.34.

[47] Zur Erläuterung der Duisburger Flurnamen siehe die immer noch informative Schrift: Averdunk, Heinrich: *Die Flurnamen und anderen Ortsbezeichnungen in Duisburg im Anschlusse an die Flurkarten von Duisburg, Meiderich, Ruhrort und Beeck aus den Jahren 1727-1735*, Schriften des Duisburger Museumsvereins, Duisburg, 1911.

[48] Kaiserberg, Versunkenes Kloster, Heiliger Brunnen, Nachtigallental, Duisburger Steinbruch, Wolfsberg, Kassenberg sind heute im „GeoPark Ruhrgebiet" als Geotope ausgewiesen: https://www.geopark.ruhr/standorte/regionen-standorte/.

Kartenanhang

Zur Auswahl der Karten:

Die im Anhang versammelten Karten stellen Entwürfe von Eduard Wildschrey dar, die er verschiedenen Veröffentlichungen beigefügt hatte; teilweise auch dieselbe Karte unterschiedlichen Veröffentlichungen. Die Inhalte der Karten bleiben hier unkommentiert. Die in einzelnen Karten enthaltenen Eintragungen sind z.T. wie Wildschreys historische Thesen, kritisch beurteilt worden. Dies betrifft beispielsweise sowohl die verzeichneten Rheinverläufe als auch die eingezeichneten Siedlungsstellen wie „Deuso" oder „Fluchtburg" am Kaiserberg.

Die Karten dienen hier primär zur besseren Orientierung für die in Wildschreys Texten beschriebenen Ortslagen.

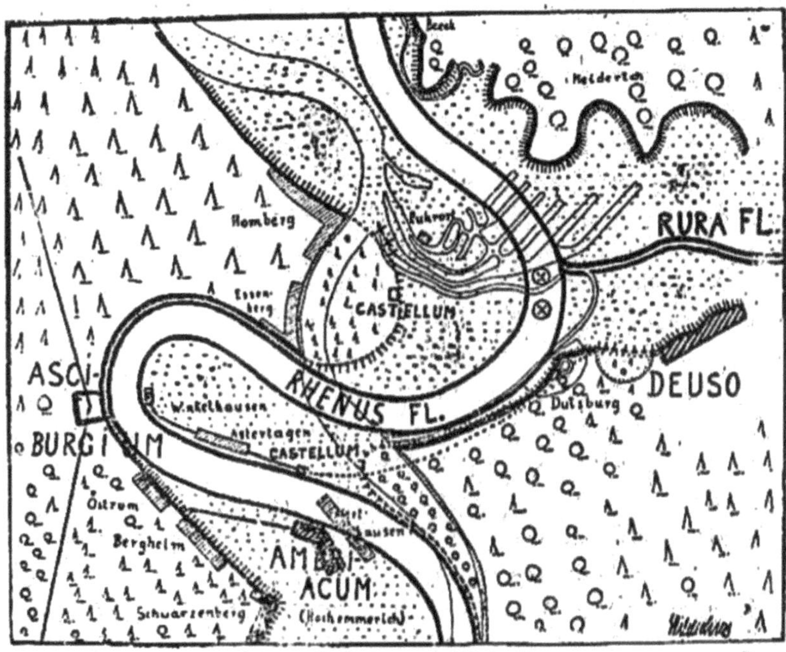

Duisburgs Gemarkung zur Römerzeit.

Dünn ausgezogen: heutige Verhältnisse. Dick ausgezogen: Verhältnisse zur Römerzeit, Flußläufe, Terrassenkanten und Siedelungen. Die gestrichelten Terrassenkanten östlich Homberg-Essenberg mit Castellum (= Kaßler Feld), sowie westlich Hochfeld sind ergänzt. Bewaldet: Hochwasserfreie Niederterrasse. Wiesengelände: Ueberschwemmte Aue. × × ×: Römerfunde an der Ruhrmündung, kaum abgerollt. (×) Abgerollte und angeschwemmte Römerfunde von Kanalmündung II am Stauwehr (nördlich der Ruhr), sowie „Op de Höch", südlich der Ruhr. Duisburg existierte noch nicht: Deuß = Duissern, Ambriacum aus Emmerich (= Hochemmerich) rekonstruiert, wohl eine alte keltische Siedelung.

„Die Römer in Duisburg"

(aus: Rhein-Ruhr-Zeitung vom 12.06.1924; Beitrag von Wildschrey, Eduard zur römischen Besiedlung im Duisburger Raum)

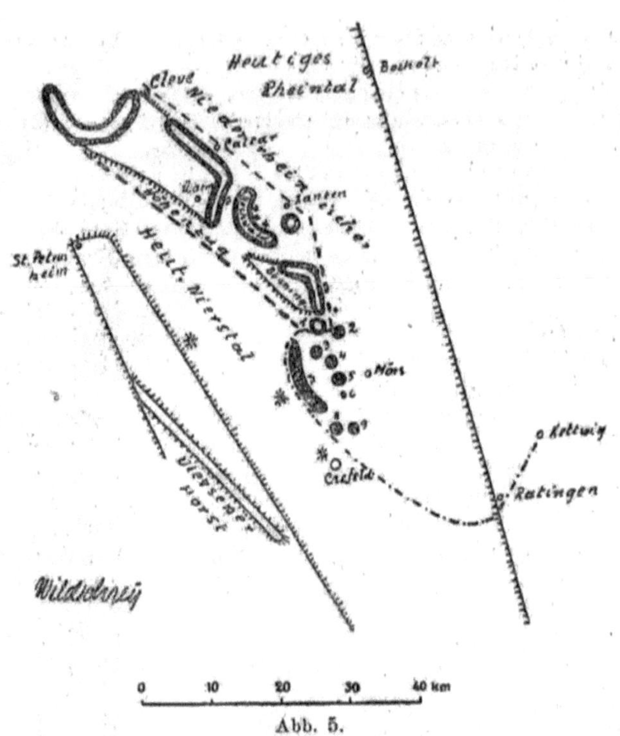

Abb. 5.

Schematischer Plan des Niederrheins.

— — — — — Umrahmung des Niederrheinischen Höhenzuges (Uedemer Horst?). Man beachte, daß die Grenzen dem Viersener Horst parallel laufen — Verwerfungsspalten?

—·—·—·— Grenze der Staumoränen im Bereich des Mittelterrassentals zwischen Kamp (1) und Ratingen. Man bemerkt, daß diese Grenze gegenüber dem Niederrheinischen Höhenzug (Uedemer Horst) um einige km weit nach SW vorquillt.

(Dick schwarz umrahmt): Endmoränenzüge im Bereich des Niederrheinischen Höhenzuges (Uedemer Horstes), der bisher sog. „Hauptterrasse“. Südlichster Punkt = Kamperberg (1).

+ + + Mittelterrassenmaterial in der Moräne des Niederrheinischen Höhenzuges bei Xanten; es beweist, daß die Talfurchen von Xanten bei Ankunft des Gletschers schon vorgebildet waren.

●●● (Schwarz ausgefüllt): Südliche Staumoränen auf der Mittelterrasse (Inselberge). 2 = Niersenberg, 3 = Dachsberg, 4 = Eyll'scher Berg, 5 = Rayer Berg, 6 = Gülixberg, 7 = Schaephuysener Endmoräne, 8 = Hülser Berg, 9 = Egelsberg.

✱✱✱ Gletscherspuren im Vorfeld.

„Schematischer Plan des Niederrheins“

(aus: Wildschrey, Eduard: Das Niederrheinische Diluvium, Bonn 1925, S. 55.)

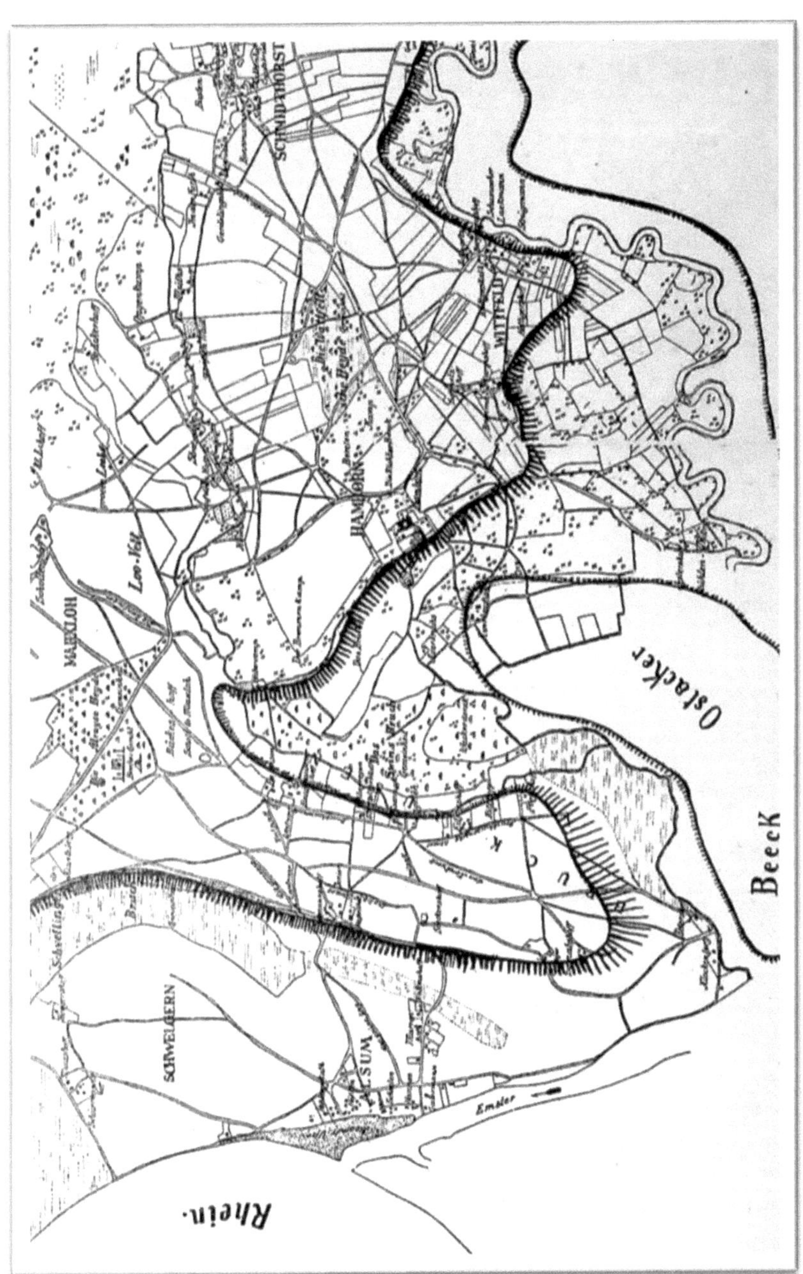

Hamborn vor 150 Jahren
(aus: Wildschrey, E.: Die Heimaterde und ihr Antlitz. Eine Entdeckungsfahrt, Duisburg, 1925, S. 14/15.)

Die Mörser Talfläche und ihre Randgebirge

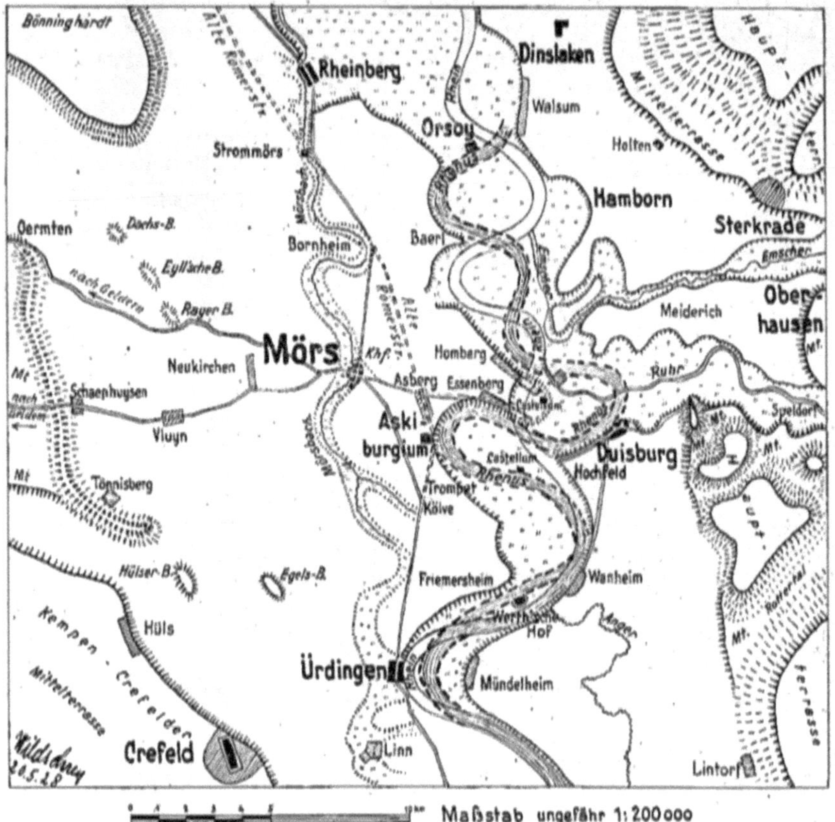

Maßstab ungefähr 1:200000

Der Kartenausschnitt wurde so gewählt, daß von der Talfläche, auf der Moers liegt, beiderseits noch die natürliche Gebirgsgrenzung zu sehen ist; rechtsrheinisch die Hauptterrasse Lintorf—Duisburg—Sterkrade—Dinslaken; linksrheinisch die Mittelterrasse von Crefeld, der Endmoränenzug Tönnisberg—Oermten, der — wie auch die Inselberge (Rayer Bg., Eyll'sche Bg. und Dachsberg) — durch Aufpressung der Mittelterrasse entstanden ist; und die Bönninghard, mit der der Niederrheinische Centralzug beginnt, und die eine Zwischenstufe zwischen Haupt- und Mittelterrasse darstellt. — Die Aue ist als Wiesengelände signiert; Mittelterrasse (Mt) und Hauptterrasse sind durch Beschriftung kenntlich gemacht. Die ganze weiß gelassene Talfläche ist Niederterrasse. — Der heutige Rheinlauf (= Rhein) hat dünn ausgezogene Uferlinien und da, wo er einen eigenen Lauf hat, weiße Wasserfläche. Der römisch-mittelalterliche Rheinlauf (= Rhenus) hat dicker gestrichelte Uferlinien und in seinem ganzen Verlauf — auch da, wo er mit dem heutigen Rheinlauf zusammenfällt — ausgezogene Wasserlinien. — Von den vielen Auekendeln ist nur das bedeutendste hervorgehoben, an dem Moers liegt. Es steht bei Uerdingen und Rheinberg mit dem Rheinbett in Verbindung und diente früher als Hochflutbett; es ist dasjenige, das zur Entstehung von Moers den Anlaß gab. — Der Weg von Duisburg über Essenberg-Asberg nach Moers führte ursprünglich zwischen Hochfeld und Essenberg über den Rhein. Seine Verlängerung über Moers nach Geldern ging ursprünglich wohl über Rayen—Oermten—Sevelen; jetzt über Vluyn—Schaephuysen—Aldekerk. Es scheint übrigens, als ob die Straße ursprünglich nicht auf Moers, sondern — wie die Punktierung andeutet — auf das nördlich gelegene Butendorp (auf der Karte als Kirchhof Khf. kenntlich gemacht) hinzielte. — Die Grundlage für den in der Nord-Südrichtung ziehenden Talweg bildet die alte Römerstraße. Diese wird von der heutigen Provinzialstraße aber nur noch in dem Stück über Uerdingen bis Kölve-Trompet, ferner von Bornheim bis Strommoers benutzt. In dem Stück zwischen Kölve und Bornheim hat sich die heutige Straße von der Römerstraße mit Askiburgium abgewandt und nach Moers herübergezogen. Ebenso ist sie von Strommörs an auf Rheinberg zu abgewichen.

Die Moerser Talfläche und ihre Randgebiete

(aus: Wildschrey, E.: Zur Frühgeschichte von Moers, Duisburg, 1928, S. 5.)

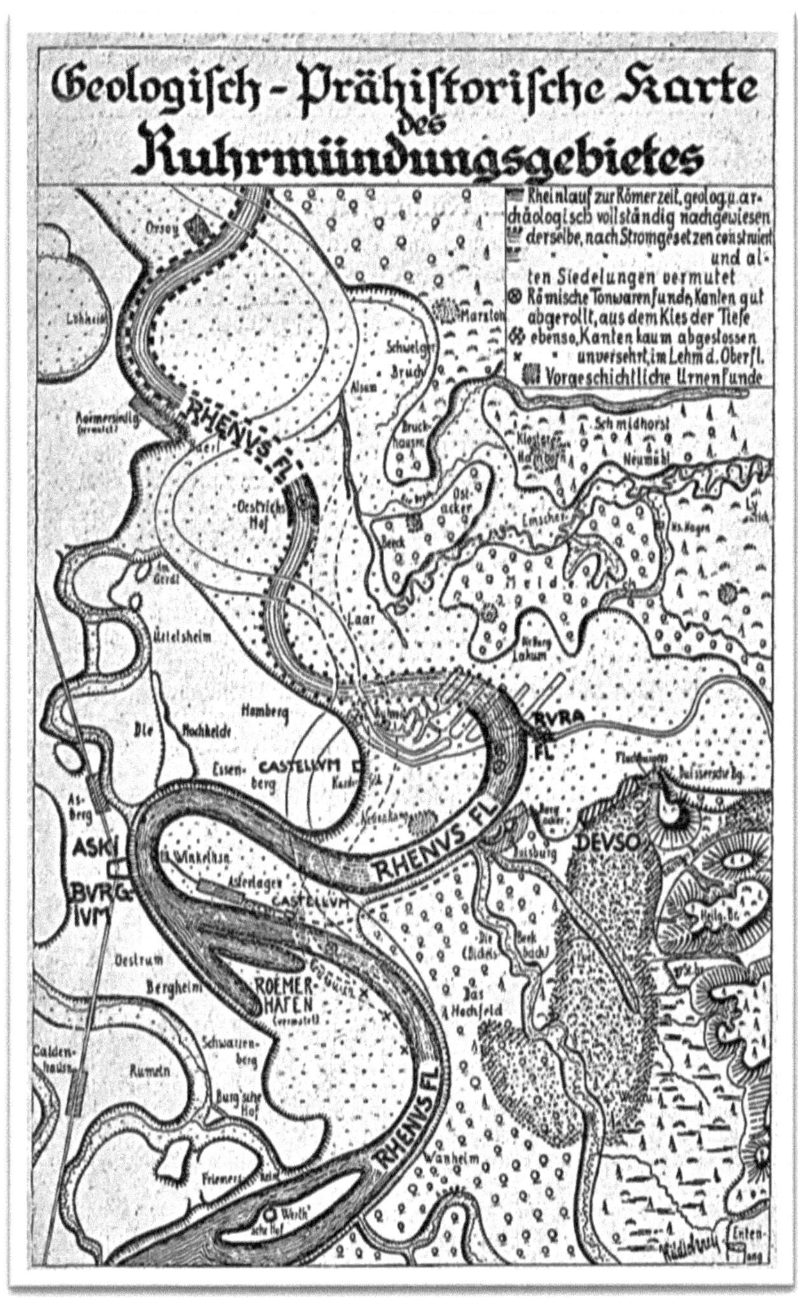

Geologisch-Prähistorische Karte des Ruhrmündungsgebietes
(aus: Wildschrey, E.: Die Entwicklung Rheinhausens, 1936, S. 10).

Orts- und Geländeverzeichnis

Zum Schluss

„So sieht also mein »Literatur-Verzeichnis« gar absonderlich aus:

»Verzeichnis der wichtigsten benutzten Quellen«:

Das Raunen und Rauschen der Buchen am Heiligen Brunnen.

Das Lispeln des Heidekrautes auf den Dünen am Bissingheim.

Die »Hünengräber« an der Monning, am Kalkweg, Hallstatt-scherben, Steinbeile, steinerne Lanzen und Pfeilspitzen.

Die Kiesgruben an der Wedau und im Walde.

Der Ton in Ostermann's Grube auf dem Duissernschen Berg und in der Unterwelt.

Die Austern und andere Muscheln im Grünsandmergel des Dörner Hofs.

Die Schinderhanneshöhle und der Steinbruch.

NB - Das Verzeichnis erhebt auf Vollständigkeit keinerlei Anspruch."[q]

[q] „Literaturverzeichnis" aus Wildschreys Text *Aus Duisburgs vergangenen Tagen*.